普通高等院校"十三五"应用型规划教材

工程招投标与合同管理

主　编　彭　麟　蒋　叶

副主编　张　勇　宋二玮　孙作功

参　编　郭学文　李伟伟　夏　徽　吕　军

主　审　孔庆海　王　捷

华中科技大学出版社

中国·武汉

内 容 提 要

本书结合建设工程招投标市场管理和运行中出现的新政策、新规范、新理念，系统地阐述了建设工程招投标、政府采购和货物招投标及PPP项目的基本理论及其应遵循的工作程序。依据建设工程交易过程中招标方与投标方的工作程序和工作内容，重点介绍了招投标的各项程序和工作。

本书以招投标工作过程为导向，以任务为引领，培养学生完成实际招投标中各项工作任务的能力，充分体现了工学结合的理念。本书可作为普通高等院校建筑工程管理类相关专业教材，也可作为建筑工程管理类专业职业资格考试参考书，还可作为相关技术人员的参考资料。

图书在版编目(CIP)数据

工程招投标与合同管理/彭麟，蒋叶主编. —武汉：华中科技大学出版社，2018.12(2020.1重印)
普通高等院校"十三五"应用型规划教材
ISBN 978-7-5680-4649-7

Ⅰ.①工… Ⅱ.①彭… ②蒋… Ⅲ.①建筑工程-招标-高等学校-教材②建筑工程-投标-高等学校-教材③建筑工程-经济合同-管理-高等学校-教材 Ⅳ.①TU723

中国版本图书馆CIP数据核字(2018)第266849号

工程招投标与合同管理 彭 麟 蒋 叶 主编
Gongcheng Zhaotoubiao yu Hetong Guanli

策划编辑：金 紫
责任编辑：陈 忠
封面设计：原色设计
责任校对：李 弋
责任监印：朱 玢
出版发行：华中科技大学出版社(中国·武汉) 电话：(027)81321913
武汉市东湖新技术开发区华工科技园 邮编：430223
录 排：华中科技大学惠友文印中心
印 刷：武汉市籍缘印刷厂
开 本：787mm×1092mm 1/16
印 张：18
字 数：456千字
版 次：2020年1月第1版第2次印刷
定 价：59.80元

前 言

随着《中华人民共和国招投标法》的深入实施，工程招投标在工程建设、货物采购和服务领域得到了广泛的应用。工程招投标是市场经济特殊性的表现，其以竞争性发承包的方式，为招标方提供择优手段，为投标方提供竞争平台。招投标制度对于推进市场经济、规范市场交易行为、提高投资效益发挥了重要的作用。建设工程招标投标作为建筑市场中的重要工作内容，在建设工程交易中心应依法按程序进行。面对当前快速发展的建筑业，公平竞争、公正评判、高效管理是建筑市场健康发展的保证。

工程招投标与合同管理知识是工程管理人员必须掌握的专业知识，进行工程招标投标的能力、合同管理能力是工程管理人员必备的能力。

本书结合建设工程招投标市场管理和运行中出现的新政策、新规范、新理念，系统地阐述了建设工程招投标、政府采购、货物招投标和 PPP 项目的基本理论以及应遵循的工作程序。依据建设工程交易过程中招标方与投标方的工作程序和工作内容，重点介绍了招投标的各项程序和工作。本书在编写中力求学习过程与工作过程相一致，理论与实际操作相结合，对工程、咨询服务、政府采购及货物招标全过程的实务操作能力进行了系统的训练，满足建设工程招投标管理中相关技术领域和岗位工作的操作技能要求。

本书结合案例对招投标涉及的相关问题予以说明，理论联系实际，突出实践。培养学生的实际应用和操作能力，使学生更加熟悉招投标各项工作过程和操作要点，为其从事招投标工作奠定良好的基础。同时以招投标工作过程为导向，以任务为引领，培养学生完成实际招投标中各项工作任务的能力，充分体现了工学结合的理念。本书可作为普通高等院校建筑工程管理类相关专业教材，也可作为建筑工程管理类专业职业资格考试参考书，还可作为相关技术人员的参考资料。

本书由江苏联合职业技术学院南京分院土木工程系教师和南京信息工程大学基建处人员编写，由彭麟、蒋叶担任主编，张勇、宋二玮、孙作功担任副主编，郭学文、李伟伟、夏徽、农业部南京设计院吕军参编。其中，第一章和第二章由张勇编写，第三章和第四章由蒋叶编写，第五章由宋二玮编写，第六章和第七章由彭麟和孙作功编写，第八章由郭学文编写，第九章和第十章由夏徽、吕军编写，第十一章由李伟伟编写。全书由彭麟统稿，南京信息工程大学基建处总工程师孔庆海、江苏联合职业技术学院南京分院王捷副教授担任主审。

本书在编写过程中参考了大量文献资料，在此谨向这些文献作者表示衷心感谢。

由于编写时间仓促，作者水平有限，书中难免存在不足之处，敬请广大读者批评和指正。

编者

2018 年 6 月

目　　录

第一章　绪　　论

【知识目标】

1. 了解招投标与合同管理的相关概念。

2. 了解招投标与合同管理的产生与发展。

【技能目标】

从学习目的、学习内容、学习思路和学习方法上整体把握课程脉络。

【引导案例】

三峡工程位于长江三峡之一的西陵峡的中段，坝址在湖北省宜昌市的三斗坪。三峡工程分三期，从1992年开工，到2009年竣工，总工期17年。本工程预计总投资1800亿元。

三峡工程规模宏大，中国尚没有一家施工承包商有足够的实力总承包。三峡工程实行招投标制，运用市场机制，择优选择承包商，确保最优施工组合；实行分段负责、分级管理、集体决策的招标管理制度，有效地控制了投资、供货进度。

合同管理是三峡工程施工管理的核心。合同根据不同的项目内容，结合我国实际采用单价合同和总价合同两种形式，根据合同执行期长短又可采用固定价和浮动价两种形式。合同执行过程中如果出现偏差，承包商通过监理反馈给业主和工程项目部，对设计图纸和技术上的问题可会同现场设计代表及时处理，重大问题及时反馈到三峡总公司工程建设部，经决策后付诸实施，从而较好地处理了合同执行过程中出现的各类问题。

一、工程建设活动

（一）工程建设活动概述

1. 工程建设活动的基本概念

工程建设活动简称工程，是对土木建筑工程的建造和线路管道、设备安装及与之相关的其他建设工作的总称。工程建设活动的对象是建设项目，成果是建设产品，房屋建筑是最常见的建设产品。工程建设活动主要分为以下几种。

（1）土木建筑工程：矿山、铁路、公路、道路、隧道、桥梁、堤坝、电站、码头、飞机场、运动场、房屋等工程。

（2）线路管道、设备安装：电力、通信线路，石油、燃气、给水、排水、供热等管道系统和各类机械设备、装置的安装。

（3）其他建设工作：建设单位及其主管部门的投资决策活动、政府的监督管理以及征用土地、工程勘察设计、工程监理和相应的技术咨询等工作。

2. 工程项目建设周期

为了顺利完成工程项目，通常要把每一个工程项目划分为若干个项目阶段，以便更好地控制工程进度。每一个工程项目阶段都以一个或数个可交付成果作为其完成的标志。通常把工程项目建设周期划分为如下四个阶段：工程项目策划和决策阶段，工程项目准备阶段，工程项目实施阶段，工程项目竣工验收阶段。

（二）工程建设活动的参与者

工程建设活动是一个系统性的工作，除政府管理部门、金融机构、社会公众及建筑材料、设备供应商外，我国从事建设活动的主体主要有建设单位、房地产开发企业、工程承包企业、工程勘察设计企业、工程监理单位以及工程咨询服务单位等。在众多的参与者中，业主、承包商、监理人三者关系最为密切。业主往往通过招投标的方式选择工程承包合同的执行者——承包商，"业主的管家"——监理人又根据承包合同监督承包商履行合同义务。业主和承包商是工程合同法律关系；业主和监理人是委托合同法律关系；监理人和承包商是建立在上述两种法律关系基础上的监理事实关系。三者在业务关系中的核心是始终围绕依据招投标方式签订的承包合同条款进行合同管理。

（三）工程建设项目的交易方式

工程建设项目的交易，从业主的角度来看，是指项目的采购或发包，从项目承包者的角度来看，就是对项目的承接或承包。因此，从广义上讲，项目发包就是业主采用一定方式，择优选定项目承接单位的活动；而项目承包是指承包者通过一定的方式取得合同承揽某一项目的全部或其中一部分活动。

1. 按承包范围划分

（1）建设全过程承包。建设全过程承包也称"统包"，发包的工作范围一般包括从项目立项到交付使用的全过程，是目前国际上广泛采用的一种承包方式，如交钥匙工程承包、产品到手承包等。建设全过程承包的优点是能使承包商将整个项目管理形成一个统一的系统，避免多头领导，降低管理费用；方便协调和控制，减少大量的重复管理工作，减少中间检查、交接环节和手续，从而大大缩短工期。通过全过程承包可以减少业主面对的承包商数量，减少合同争执和索赔；业主基本上不再参与建设过程中的具体管理，只对建设过程进行较为宏观的监督和控制。

（2）阶段承包。阶段承包的内容是建设工程中的某一阶段或某些阶段的工作，常见于传统的 Design—Bid—Build(DBB)管理模式，如勘察设计承包、建筑施工承包、设备安装承包。在施工阶段，还可根据承包内容的不同，将阶段承包细分为包工包料、包工部分包料、包工不包料。

（3）专项承包。专项承包是指某一建设阶段中的某一专门项目，由于其专业性强，多由相关的专业承包者承包。例如，勘察设计阶段的工程地质勘查、基础或结构工程设计，施工阶段的基础施工、金属结构制作和安装等。

2. 按获得承包任务的途径划分

（1）投标竞争。投标竞争即招标投标方式。通过投标竞争，中标者获得任务，与业主签订承包合同，这是市场经济条件下实行的主要承包方式。

（2）委托承包。委托承包即直接发包（或称议标），是业主与承包者协调，签订委托其承包某项工程任务的合同。

（3）指令承包。指令承包是由政府主管部门依法指定工程承包者，仅适用于某些特殊情况。

3. 按承包者所处地位划分

（1）总承包。总承包简称总包，是指发包人将一个建设项目的建设全过程、其中某个或某几个阶段的全部工作，发包给一个承包人承包。该承包人可以将自己承包范围内的若干专业性工作，再分包给不同的专业承包人去完成，并统一协调和监督他们的工作，各专业承包人只同这个承包人产生直接关系，不与发包人(建设单位)产生直接关系。

在实践中，总承包主要有两种情况：一是建设全过程总承包；二是建设阶段总承包。其中，建设阶段总承包主要包括下列情形：勘察、设计、施工、设备采购总承包，施工总承包，勘察、设计总承包，勘察、设计、施工总承包，施工、设备采购总承包，投资、设计、施工总承包，投资、设计、施工、经营一体化总承包。

采用总承包方式时，可以根据工程具体情况，将工程总承包任务发包给有实力的具有相应资质的咨询公司、勘察设计单位、土建公司以及设计施工一体化的大建筑公司等承包。由于总包对承包商的要求很高，对业主来说，承包商资信风险很大。业主可以让几个承包商联营投标，通过法律规定联营成员之间的连带责任"抓住"联营各方。

(2) 分承包。分承包简称分包，它是相对于总包而言的，是指从总承包人的承包范围内分包某一分项工程，如土方、模板、钢筋等工程，或某种专业工程，如钢结构制作和安装、电梯安装、卫生设备安装等工程。分承包人不与发包人(建设单位)发生直接关系，而只对总承包人负责，由总承包人在现场统筹安排其活动。总包单位和分包单位就分包工程对建设单位承担连带责任。

① 分包形式。分承包主要有两种分包形式：一是总承包合同约定的分包，总承包人可以直接选择分包人与之订立分包合同；二是总承包合同未约定的分包，须经发包人认可后总承包人方可选择分包人，与之订立分包合同。

在国际上，分包很流行，分包方式也多种多样。例如，除了由总承包人自行选择分包人签订分包合同的方式外，还存在一种允许由发包人直接指定分包人的方式。在我国，一般不允许这种指定分包，对发包人直接指定分包的，总承包人有权拒绝。如果总承包人不拒绝并选用了这家分包人的，则视同总承包人自行选择的分包人。

② 分包的许可和范围。《中华人民共和国建筑法》(以下简称《建筑法》)第二十九条、《中华人民共和国招标投标法》(以下简称《招标投标法》)第四十八条作出了相关规定，达成三点共识：分包需总包合同有约定或者经建设单位(或招标人)同意；总包单位只能分包非主体、非关键性工作；接受分包的人应当具备相应的资质条件，并不得再次分包。

(3) 独立承包。独立承包是指承包人依靠自身力量自行完成承包任务等的发包承包方式。通常主要适用于技术要求比较简单、规模不大的工程和修缮工程。

(4) 联合承包。联合承包是相对于独立承包而言的，是指发包人将一项工程任务发包给两个以上承包人，由这些承包人联合共同承包。参加联合承包的各方，通常是采用成立工程项目合营公司、合资公司、联合集团等联营体形式，推选承包代表人，协调承包人之间的关系，与发包人签订合同，各方共同对发包人承担连带责任。一般说来，合营公司、联合集团属松散型联合，合资公司则属紧密型联合。在市场竞争日趋激烈的形势下，联合承包优势十分明显。它可以有效地减弱多家承包商之间的竞争，分散和化解风险，有助于充分发挥各自的优势，增强共同承包大型或结构复杂的工程的能力，增加了中标、中好标、共同获取更丰厚利润回报的机会。

承包商通过联营进行联合，以承接工程量大、技术复杂、风险大、难以独家承揽的项目，扩大经营范围并在投标中发挥联营各方技术和经济的优势，在情报、信息、资金、劳力、技术和管理上互相取长补短，使报价更有竞争力。而且联合承包各成员具有法律上的连带责任，业主比较放心,使得承包商容易中标。在国际项目中,国外的承包商如果与当地的承包商联营投标,既可以获得价格上的优惠,增加报价的竞争力,又有利于对当地国情风俗、法律法规的了解和适应。

(5) 直接承包。直接承包是指在同一工程项目上,不同的承包人分别与发包人签订承包合同,各自直接对发包人负责。

随着科学技术和经济的发展,工程管理已走向综合型、国际化,PMC 总承包模式、CM 模式在国际上兴起。

PMC(Project Management Contractor)总承包模式是 20 世纪 90 年代中期兴起的总承包模式,是指由业主聘请管理承包商作为业主代表或业主的延伸,对项目进行集成化管理。

CM(Fast—Track—Construction Management)模式是业主委托施工管理单位,以一个承包商的身份,采取有条件的"边设计、边施工"的生产组织方式。

二、招标投标

(一) 招标投标的概念与特点

1. 招标投标的概念

招标投标作为一个整体概念进行定义的典型表示方式有如下几种。

(1) 采购活动说。《中华人民共和国招标投标法》(以下简称《招标投标法》)将招标投标表述为"招标投标活动",如该法开篇写到:"为了规范招标投标活动,保护国家利益、社会公共利益和招标投标活动当事人的合法权益,提高经济效益,保证项目质量,制定本法。"但该法对招投标活动的含义未作进一步的明确。《中华人民共和国招标投标法释义》解释到:"《招标投标法》的适用对象是招标投标活动,即招标人对工程、货物和服务事先公布采购条件和要求,吸引众多投标人参加竞争,并按规定程序选择交易对象的行为。"

(2) 采购过程说。招标投标是指由招标人发出招标公告或通知,最后由招标人通过对各投标人所提出的价格、质量、交货期限和公司技术水平、财务状况等因素进行综合比较,确定其中条件最佳投标人为中标人,并与之最终订立合同的过程。招标投标是指招标人(业主)对自愿参与某一特定项目的投标人(承包商)进行审查、评比和选定的过程。

(3) 交易方式说。招标投标是一种有序的市场竞争交易方式,也是规范选择交易主体、订立交易合同的法律程序。招标方发出招标公告(邀请)和招标文件,公布采购或出售标的物内容、标准要求和交易条件,满足条件的投标人按招标要求进行公平竞争,招标人依法组建的评标委员会按招标文件规定的评标方法和标准公正评审,择优确定中标人,公开交易结果并与中标人签订合同。

招标投标与拍卖都是竞争性的交易方式,其相似之处颇多,以至于在实践中往往将两者混为一谈。招标投标与拍卖的实质性区别如下。

① 标的不同。拍卖的标的是物品或者财产权利,招投标则除物品外,主要是行为。

② 目的不同。拍卖的目的是多次公开竞价,选择最高竞价者,将拍卖的物品或者财产权利转让给他。拍卖是寻找买者,出售标的,而招投标是一次密封报价,购买标的,寻找卖者,如货物、设计、施工、劳务等工作的提供者,在买卖方向上与拍卖正好相反。

③ 串标行为与串通拍卖行为适用的法律不同。前者适用于《招标投标法》第五十三条、《中华人民共和国反不正当竞争法》第二十七条,后者适用于《中华人民共和国拍卖法》第六

十五条。

2. 招标投标的特点

招标投标是最富有竞争力的一种采购方式,能为采购者带来有质量的工程、货物或服务。它主要具备以下几个特点。

(1) 程序规范。按照目前各国做法及国际惯例,招标投标的程序和条件由招标机构事先拟定,在招标投标双方之间具有法律效力的规则一般不能随意改变。当事人双方必须严格按既定程序和条件进行招标投标活动。招标投标程序由固定的招标机构组织实施。

(2) 全方位开放、透明度高。招标人在媒体上发布招标公告,为承包商提供对拟招标项目作出详细说明的招标文件,事先向承包商充分透露评价和比较投标文件,以及选定中标者的标准;在投标截止日公开开标,严格禁止招标人与投标人就投标文件的实质性内容单独谈判,这样招标投标活动完全置于公开的社会监督之下,可以防止不正当的交易行为。

(3) 公平、客观。招标投标全过程自始至终按照事先规定的程序和条件,本着公平竞争的原则进行。在招标或投标邀请书发出后,任何有能力或资格的投标者均可参加投标。招标方不得有任何歧视某一个投标者的行为。同样,评标委员会在组织评标时也必须公平客观地对待每一个投标者。

(4) 交易双方一次成交。一般交易往往在进行多次谈判之后才能成交,招标投标则不同,禁止交易双方面对面地讨价还价。贸易主动权掌握在招标人手中,投标者只能应邀进行一次性报价,并以合理的价格定标。基于以上特点,招标投标对于获取最大限度的竞争,使参与投标的供应商和承包商获得公平、公正的待遇,以及提高公共采购的透明度和客观性,促使资金的节约和采购效益的最大化,杜绝腐败和滥用职权,都具有很重要的作用。

(二) 招标投标的产生与发展

1. 国外的产生与发展

招标投标活动起源于英国。18 世纪后期英国政府和公用事业部门实行公共采购,形成了公开招标的雏形。进入 20 世纪,特别是第二次世界大战之后,招标投标在西方发达国家已成为重要的采购方式,在工程承包、咨询服务及货物采购中广泛应用。

经过两个多世纪的实践,招标投标作为一种交易方式已经得到广泛应用,并日趋成熟。如国际咨询工程师联合会(FIDIC)、英国土木工程师协会(ICE)、美国建筑师学会(AIA)等都编制了多种版本的合同条件,适用于不同类型、不同合同的工程招标投标活动,在世界上的许多国家和地区广泛应用。

2. 国内的发展

随着社会主义市场经济的改革和发展,招标投标已逐步成为我国工程、货物和服务采构的主要方式。

我国政府有关部委为了推行和规范招投标活动,先后发布多项相关法规。至此,较为完善的招投标法律法规体系已逐步建立,这标志着我国招投标活动从此走上法制化的轨道,我国招标投标制进入了全面实施的新阶段。

(三) 招标投标的适用条件

采用招投标交易方式必须具备以下三个基本条件。

(1) 要有能够开展公平竞争的市场经济运行机制。在计划经济条件下,产品购销和工程建设任务是按照指令性计划统一安排,企业习惯于“等、靠、要”的生存和发展模式,不具有采用竞争性交易方式的外部环境。招投标制本质上是一种竞争采购，需要有公平竞争的市场经济运行机制。

(2) 必须存在招标投标采购项目的买方市场。供过于求的买方市场才能使买方居于主导地位，有条件以招标方式从多家竞争者中选择中标者。

(3) 采购行为属于条件型采购。针对条件型采购，潜在的供应商或承包商必须满足需求方指定的商务和技术条件，只有需求方的所有条件被满足，报价才会作为选择成交的最后判定条件。所以条件型采购更适合于招标方式，因为它需要专家的参与，对供应商或承包商能否合理地满足所有条件作出判断，这是一个复杂、特殊的过程。

(四) 招标采购的地位和作用

现在，招标投标作为一种采购方式和订立合同的特殊程序，在国内、国际贸易中得到广泛应用，如建设项目的采购、政府采购、科技项目采购、物业管理采购、BOT 项目采购等。从发展趋势看，招标采购的领域还在继续拓宽，规范化程度也正在进一步提高。

招投标制度具有以下几点作用：①确立了竞争的规范准则，有利于开展公平竞争；②扩大了竞争范围，可以使招标人更充分地获得市场利益，社会获得更大的利益；③有利于引进先进技术和管理经验，提高企业的有效竞争能力；④提供正确的市场信息，有利于规范交易双方的市场行为。

《招标投标法》的出台，标志着招投标将成为我国各部门获取合同的主要手段。仅世界银行每年就有四万份合同是通过招投标方式授予的。所以企业熟悉和掌握招标投标的规则，对适应竞争环境、提高自身的竞争能力有着重大意义。

三、合同与合同管理

(一) 合同

1. 合同的含义

由于合同这一概念的应用十分广泛，根据不同的定义可以将合同分为广义的合同和狭义的合同。

(1) 广义的合同。广义的合同是指以确立权利、义务为内容的一切协议，包括国际法中的国家合同、行政法中的行政合同、民法中的债权债务合同、劳动法中的劳动合同等各种合同。

(2) 狭义的合同。狭义的合同是指平等民事主体之间设立、变更、终止债权债务关系的协议，受民商法尤其是合同法的调整，如买卖合同、建设工程合同。在多数情况下所称的合同都是指狭义的合同，本书所提到的合同主要指狭义的合同。

另外，本书特别强调国际常用合同条件。合同条件是指合同当事人就某一具体项目所签订的具体合同条款，如 FIDIC 合同条件、美国 AIA 合同条件、ICE 施工合同条件、JCT 合同条件等。

2. 合同在工程中的地位和作用

(1) 合同作为工程项目实施和管理的手段和工具。业主经过项目结构分解，将一个完整的工程项目分解为许多专业实施和管理的活动，通过合同将这些活动委托出去，并依据合同对项目过程进行控制。同样，承包商通过分包合同、采购合同和劳务供应合同，委托工程分包和供应工作任务，形成项目的实施过程。工程项目的建设过程实质上又是一系列工程合同的签订和履行过程。

(2) 合同确定了工程实施和管理的主要目标。工程规模、范围、质量、工期、价格等是项目实施前合同确定的项目主要目标，是合同各方在工程中各种活动的依据。

(3) 合同是工程项目组织的纽带。它将工程所涉及的各专业设计和施工的分工合作关系联系起来，协调并统一项目各参与者的行为。

(4) 合同使双方结成一定的经济关系。工作任务通过合同委托，业主和承包商通过合同连接，他们之间的经济和法律关系通过合同调整，合同规定了双方在合同实施过程中的经济责任、利益和权利。

(5) 合同是工程过程中当事人的行为依据和标准。工程过程中的一切活动都是为了履行合同，双方的行为主要靠合同来约束。

(6) 合同是工程过程中双方争执解决的依据。合同争执是经济利益冲突的表现，常起因于双方对合同理解的不一致、合同实施环境的变化、有一方未履行或未正确履行合同等。争执的判定以合同作为法律依据，或争执的解决方法和解决程序由合同规定。

3. 工程合同的发展

(1) 传统合同存在的问题。虽然传统的DBB模式起源于19世纪，但直到20世纪，工程承包的合同关系和形式仍然没有大的变化，主流模式是设计和施工分离的平行承发包，而且在设计和施工领域还有专业化的分工。它存在的问题表现为如下几点。

① 设计和施工分离，设计单位对施工成本和方案了解很少，对工程成本不关心。设计单位和施工单位都希望扩大工程范围和工程量，这不仅对工程质量、工期和成本的改善不利，而且对设计方案本身的影响也很大。

② 工程师的权力和责任很大，如在工程中发出指令，决定增加费用和延长工期，裁决合同争端等。但工程师与工程最终利益无关，业主对其难以控制，承包商又怀疑其公正性。

③ 承包商不仅对工程设计没有发言权，而且对设计理解需要时间，容易产生偏差。承包商必须按图预算和按图施工。由于工程是分散平行承包，承包商对整个工程的实施办法、进度和风险无法有效地统一安排。其结果不仅会大大拖延整个工期，而且将增加工程成本。

④ 早期工程合同由律师起草，他首先注重的是合同的系列法律问题，而非高效率地完成工程目标，在合同中强调制衡措施，注意划清各方面的责任和权益，注重合同语言在法律上的严谨性和严密性。过强的法律色彩和语言风格使工程管理人员无法阅读、理解和执行合同，使项目组织界面管理十分困难，沟通障碍多，争执大，合作气氛不好，最终导致工程实施低效。

⑤ 由于人们过多地强调合同双方利益的不一致，导致合同各方只关心自己的利益和目标，不关心他人利益和项目的总目标。例如，合同并不激励承包商进行良好的管理和创新，以提高效率和降低成本。承包商的管理和技术创新反而会带来合同、估价和管理方面的困难，带来费用、工期方面的争执。所以传统合同从客观上鼓励承包商索赔和设法让业主多支付工程款。各方研究和了解合同，都将重点放在如何索赔和反索赔。合同争执和索赔较多，很难形成良好的合作气氛。多数工程业主都要追加投资，延长工期，很难实现多赢的目标。合同签订和执行环境恶化，承包商发现工程问题后，只有在符合自己利益的情况下才通知业主，这导致工程的合同关系越来越复杂，而合同文本和条款也越来越多。

(2) 现代工程合同的特征和发展趋向。由于现代工程项目有许多特殊的融资方式、承包模式和管理模式，不仅使工程项目的合同关系变得复杂，而且使合同的形式多样化、内容复杂化。由于社会化大生产和专业化分工，工程的参与者和协作者增多，各方责任界限的划分、合同的权利和义务的定义异常复杂，合同文件出错和矛盾的可能性加大。合同在内容上、签订和实施的时间和空间上的衔接和协调极为重要，这项工作同时又极为复杂和困难。现代工程合同条件的复杂性不仅表现在合同条款多、所属的合同文件多，而且还表现在与主合同相关的其他合同也很多。

传统合同存在的问题越来越不适应现代工程的要求。从 20 世纪 70 年代开始对传统的合同关系和合同文本进行改革。近十几年来，逐渐完成由传统合同向现代合同的转变。FIDIC 合同 1999 年版被称为“第一版”，英国 NEC 合同称为“新工程合同”，就显示这种转变。现代合同具有以下特点。

① 力求使合同文本有广泛的适应性，适用于多种合同策略和情况；使合同适用于不同的融资方式、承发包方式和管理模式，不同的计价方式，独立承包和联合承包，不同国家和不同法律基础等。

② 合同反映新的项目管理理念和方法：合同应促使项目参与者按照现代项目管理和方法管理好自己的工作；调动双方的积极性，鼓励合作，促成相互信任，而不必相互制衡；鼓励创新，照顾各方利益，实现双赢；合同应体现工程项目的社会和历史责任，强调对“健康-安全-环境”管理的要求；合同应反映工程项目的全生命周期管理和集成化管理；合同应反映供应链和虚拟组织在工程项目中的运作。

③ 在保证法律的严谨性和严密性的前提下，更趋向注重符合工程高效管理的需要，有助于促进良好的管理。

④ 合同同化的趋向。这体现在各国的标准合同趋于 FIDIC 化，FIDIC 合同又在吸收各国合同的特点。

⑤ 合同文本的灵活性。现代合同文本都有非常全面的选择性条款，让人们在使用时可选择，以减少专用条款的数量，减少人们的随意性。

（二）合同管理

1. 合同管理的含义

（1）广义的合同管理。广义的合同管理是指为了保障狭义的合同与《中华人民共和国合同法》得以顺利实施，保护合同当事人的一切合法权益，维护市场经济秩序，凡是与合同有关的一切部门所进行的一系列的管理活动。它包括工商行政对合同的管理，公证部门、司法部门、仲裁机构对合同的审理，行业主管对合同的审核，融资机构对合同的监督管理，银行、保险等部门参与的管理，当事人自身对合同行为的管理。

（2）狭义的合同管理。狭义的合同管理即发包方、承包方、工程师依据法律和行政法规、规章制度，采取一系列宏观或微观的手段对建设工程合同的订立、履行过程进行管理。发包方要对合同进行总体策划和控制，对授标及合同的签订进行决策，为承包商的合同实施提供必要的条件。工程师受业主委托起草合同文件和各种相关文件，监督合同的执行并进行合同控制，协调业主、承包商、供应商之间的合同关系。承包商主要从合同实施者的角度进行投标报价、合同谈判、合同执行，圆满地完成合同所规定的义务。

2. 合同管理理论和实践的发展过程

在工程管理领域，人们对合同和合同管理的认识、研究和应用有一个发展过程。近十几年来，人们越来越重视合同管理工作，它已成为工程项目管理中与成本（投资）、工期、质量等管理并列的一大管理职能。它将工程项目管理的理论研究和实际应用推向新阶段。

在20世纪80年代前，由于工程比较简单，合同关系不复杂，合同条款简单，所以人们较多地从法律方面研究合同，关注合同条件在法律方面的严谨性和严密性。

在20世纪80年代初，人们较多地研究合同事务的管理。由于工程合同关系复杂，合同文本复杂以及合同文本的标准化，合同的相关性事务越来越复杂。在应用方面，人们注重合同的文本管理，并开发出合同的文本检索软件和相关的事务性管理软件，如EXP合同管理软件。在施工企业，承包企业注重对管理人员合同管理意识的培养和加强。合同管理的研究重点放在招投标工作程序和合同条款内容的解释上。

20世纪80年代中后期，我国工程界对FIDIC合同条件、国际上先进的合同管理方法和程序以及索赔管理的案例、方法、措施、手段和经验进行了全面的研究。

随着工程项目管理研究和实践的深入，人们加强了工程项目管理中合同管理的职能，重构工程项目管理系统，具体定义合同管理的地位、职能、工作流程、规章制度，确定合同与成本、工期、质量等管理子系统，将合同管理融于工程项目管理全过程。在计算机应用方面，研究并开发合同管理的信息系统。在许多工程项目管理组织和工程承包企业组织中，建立工程合同管理职能机构，使合同管理专业化。

近十几年来，工程合同管理的研究和应用又产生许多新的内容，具体表现为将合同管理作为体现项目实施策略、承发包模式、管理模式和方法、程序的体系，不仅注重对一份合同的签订和执行过程的管理，而且注重整个工程项目合同体系的策划与协调。工程中新的融资方式、承发包模式、管理模式以及许多新的项目管理理念、理论和方法的应用，给合同形式、内容、合同管理方法提出许多新的变革。此外，还开始进行合同管理的集成化研究，即合同管理与工程管理的其他职能之间存在的工作流程和信息流程关系。

3. 合同管理的目标

合同是项目管理的一种工具或手段，合同管理的目标就是使这种手段更先进，使合同更好地发挥作用，更好地保障项目管理目标的实现。广义地说，工程项目的实施和管理全部工作都可以纳入合同管理的范围。它作为其他工作的指南，对整个项目的实施起总控制和总保证作用。在现代工程中，没有合同意识，则项目总体目标不明确；没有合同管理，则项目管理难以形成系统，难以有高效率；没有有效的合同管理，则不可能实现有效的工程项目管理，不可能实现工程项目的目标。合同管理直接为项目总目标和企业总目标服务，保证它们的顺利实现。具体地说，合同管理的目标包括如下几项。

（1）明确项目目标，确定管理依据。

（2）明确权利义务，规范主体行为。

（3）合理分担风险，保障目标实现。

（4）完善合作关系，实现目标双赢。

【能力训练】

在中国招投标网、中国国际招标网、中国建设招标网、中国工程建设网、中国政府采购网、中国建设工程造价信息网以及各地招投标信息网等网站查阅完成以下两项工作。

1. 浏览各网站板块有关招投标和合同管理相关信息，提升对专业的认识。

2. 查阅招投标的违法案例，分析招投标中的违法行为主要有哪些？

第二章　招标投标制度

【知识目标】

1. 掌握招标投标的基本特点、方式。

2. 掌握招标投标的行政监督和国际组织招标采购的规则。

【技能目标】

模拟招标投标的一般程序。

【引导案例】

招标中细节决定成败

2010年10月16日，甲公司在某商报上登出招标公告，宣布自己受集团公司委托，拟修建一栋甲公司总部办公大楼。10月30日，甲公司在公开媒体上发布该工程的资格预审公告。11月4日，乙建筑公司提交资格预审文件。11月18日，乙建筑公司收到该工程的招标文件。11月24日，乙建筑公司提交工程投标文件。此后，该招投标活动的评标委员会对参加竞标的建筑企业进行公开、公平、公正的评标后，确定乙建筑公司为中标人。12月10日，双方签订《建设工程施工合同》及《补充协议》，确定由乙建筑公司承建甲公司的总部大楼工程，资金来源为自筹，工期为310天，12月25日开工。12月13日，监理单位向乙建筑公司发函，称工期尤为紧张，将开工日期提前到12月22日，要求乙建筑公司做好施工准备，并准备好相关资料。12月9日，乙建筑公司项目部及相关人员进场做施工准备，初步定于12月22日开工。为了使项目能顺利进行，乙建筑公司与相关材料供应商签订了"供应合同"等。

数月之后，即2011年3月22日，甲公司致函乙建筑公司，以招标程序不合法为由要求终止合同。乙建筑公司两次致函甲公司，明确表示自己投标程序合法，合同合法有效，应由甲公司先赔偿损失之后退场。乙建筑公司称，5月22日，甲公司未取得乙建筑公司的同意，砸开工地大门，将乙建筑公司已入场的设备用吊车吊走。乙建筑公司立即向所在地派出所报案，并向市中级人民法院提起诉讼，要求判令甲公司向乙建筑公司赔偿临时设施费、人工费预期利润及其他损失共计335万元。

7月11日，市中级人民法院开庭公开审理了此案，甲公司做了如下答辩：由于本案所涉及的工程招标程序不合法，相关审批手续未办理，故合同无效；乙建筑公司明知招标程序不符合规定，应承担相应过失责任；开工日期应以正式开工日期为准，且合同上没有法定代表人签字，乙建筑公司未按约定在收到中标通知书后交付保证金、出具银行保函，且损失证据不充分。甲公司认为，终止合同是因为合同无效，合同无效是因为招标程序不合法。因此，甲集团总部大楼工程招标程序合法与否，成为双方纠纷的焦点。

问题：该工程招标程序是否合法完整，若不完整，缺少哪些步骤？

【评析】这个案例的招标投标程序根据招标投标法的规定，进行了招标公告、资格预审、投标、评标、开标子程序，唯一缺少的就是甲公司在办理48小时应报有关部门备案（登记），根据《招标投标法》第十二条规定："依法必进行招标的项目，招标人自行办理招标事宜的，应当向有关行政监督部门备案。"但《招标投标法》对此仅规定了"应报备案"，并未规定合同在备案后才生效。根据《最高人民法院关于适用〈中华人民共和国合同法〉若干问题的解释

(一)》第九条规定:“法律、行政法规规定合同应当办理登记手续,但未规定登记后生效的,当事人未办理登记手续不影响合同的效力。”故招投标程序中未报相关行政管理部门备案并不影响合同关系的建立和生效。所以,本案中,除甲公司自己未将招标事宜向政府备案外,其余程序均符合招投标法规定,不备案不影响合同关系的建立。因此,本案双方所签订同是合法有效的,据此,本案中甲公司为违法解约,应承担违约责任。

第一节　招标投标制度概述

一、招标投标的基本原则

《招标投标法》第五条规定:“招标投标活动应当遵循公开、公平、公正和诚实信用的原则。”一部法律的基本原则,贯穿于整部法律,统帅该法律的各项制度和各项规范,是该法律立法、执法、守法的指导思想,是解释、补充该法律的准则。《招标投标法》第五条明确规定了该法律的基本原则,即公开、公平、公正和诚实信用的原则,从《招标投标法》中还可以提炼出四项原则,即合法原则、强制与自愿相结合原则、开放性原则和行政监督原则。这些原则本身具有模范作用,当事人必须遵守。

1. 公开、公平、公正和诚实信用的原则

公开、公平、公正和诚实信用的原则是招标投标活动应当遵循的基本原则。

2. 强制与自愿相结合原则

强制与自愿相结合原则是指法律强制规定范围内的项目必须采取招标方式进行采购,而强制招标范围以外的项目采取何种采购方式(招标或非招标)、何种招标方式(公开招标或邀请招标)都由当事人依法自愿决定。这是我国《招标投标法》的核心内容之一,也是最能体现立法目的的条款之一。

3. 合法原则

合法原则是指在我国境内进行的一切招标投标活动,必须符合我国的《招标投标法》。凡是在中国境内进行的招标投标活动,不论招标主体的性质、招标采购项目的性质如何,都应适用《招标投标法》的有关规定。

4. 开放性原则

《招标投标法》第六条规定:“依法必须进行招标的项目,其招标投标活动不受地区或者部门的限制。任何单位和个人不得违法限制或者排斥本地区、本系统以外的法人或者其他组织参加投标,不得以任何方式非法干涉招标投标活动。”

这条规定的实质是确立了招标投标活动开放性原则——不得进行部门或地方保护,不得非法干涉。

5. 行政监督原则

《招标投标法》第七条中规定:“招标投标活动及其当事人应当接受依法实施的监督。有关行政监督部门依法对招标投标活动实施监督,依法查处招标投标活动中的违法行为。”

《招标投标法》规定的强制招标制度主要针对关系社会公共利益、公众安全的基础设施和公用事业项目,利用自有资金或国际组织、外国政府贷款及援助资金进行的项目等。由于这些项目关系国计民生,政府必须对其进行必要的监控,招标投标活动便是其中一个重要的

环节。同时,强制招标制度的建立使当事人在招标与不招标之间没有自主的权利,也就是赋予当事人一项强制性的义务,必须主动、自觉接受监督。

二、我国招标投标的法律、法规框架

1. 国家法律

(1)《中华人民共和国招标投标法》(全国人民代表大会常务委员会,中华人民共和国主席令第21号,2000年1月1日)。

(2)《中华人民共和国建筑法》(全国人民代表大会常务委员会,中华人民共和国主席令第46号,2011年4月22日)。

(3)《中华人民共和国合同法》(全国人民代表大会常务委员会,中华人民共和国主席令第15号,1999年3月15日)。

(4)《中华人民共和国政府采购法》(全国人民代表大会常务委员会,中华人民共和国主席令第68号,2002年6月29日)。

2. 行政法规

(1)《关于国务院有关部门实施招标投标活动行政监督的职责分工的意见》(国务院办公厅,国办发[2000]34号,2000年5月3日)。

(2)《国务院办公厅关于进一步规范招投标活动的若干意见》(国务院办公厅,国办发[2004]56号,2004年7月12日)。

(3)《中华人民共和国招标投标法实施条例》(国务院,中华人民共和国国务院令第613号,2011年12月20日)。

(4)《中华人民共和国政府采购法实施条例》(国务院,中华人民共和国国务院令第658号,2015年1月30日)。

3. 部委规章

(1)《建筑工程设计招标投标管理办法》(住房和城乡建设部,住房和城乡建设部令第33号,2017年1月24日)。

(2)《房屋建筑和市政基础设施工程施工招标投标管理办法》(建设部,建设部令第89号,2001年6月1日)。

(3)《工程建设项目招标代理机构资格认定办法》(建设部,建设部令第154号,2007年1月11日)。

(4)《评标委员会和评标方法暂行规定》(七部委,国家计委令第12号,2001年7月5日)。

(5)《工程建设项目施工招标投标办法》(七部委,国家发改委令第30号,2003年3月8日)。

(6)《工程建设项目勘察设计招标投标办法〉(七部委,国家发改委令第2号,2003年6月12日)。

(7)《工程建设项目招标投标活动投诉处理办法》(七部委,国家发改委令第11号,2004年7月6日)。

(8)《机电产品国际招标投标实施办法(试行)》(商务部,商务部2014年第1号,2014年2月21日)。

(9)《工程建设项目货物招标投标办法》(七部委,国家发改委令第27号,2005年1月18日)。

(10)《国家电网公司招标活动管理办法》修订(国家电网公司,国家电网公司[2005]161号文,2005年3月30日)。

(11)《关于做好〈标准施工招标资格预审文件〉和〈标准施工招标文件〉贯彻实施工作的通知》(九部委,发改法规[2007]3419 号,2007 年 12 月 13 日)。

(12)《〈标准施工招标资格预审文件〉和〈标准施工招标文件〉试行规定》(九部委,国家发改委令第 56 号,2007 年 11 月 1 日)。

(13)《关于印发〈招标投标违法行为记录公告暂行办法〉的通知》(十部委,发改法规[2008]1531 号,2008 年 6 月 18 日)。

(14)《关于印发〈简明标准施工招标文件〉和〈标准设计施工总承包招标文件〉的通知》(九部委,发改法规[2011]3018 号,2012 年 1 月 10 日)。

(15)《工程建设项目施工招标投标办法》(七部委,国家发改委令第 30 号,2003 年 3 月 8 日)。

4. 国家部委规范性文件

(1)《工程建设项目招标范围和规模标准规定》(国家发展计划委员会,国家计委第 3 号令,2000 年 5 月 1 日)。

(2)《招标公告和公示信息发布管理办法》(国家发展和改革委员会,国家发展和改革委员会第 10 号令,2017 年 11 月 23 日)。

(3)《工程建设项目自行招标试行办法》(国家发展计划委员会,国家发展计划委员会令第 5 号,2000 年 7 月 1 日)。

(4)《国家重大建设项目招标投标监督暂行办法》(国家计委,国家计委令第 18 号,2002 年 2 月 1 日)。

(5)《关于整顿和规范招标投标收费的通知》(国家计委、财政部,计价格[2002]520 号,2002 年 4 月 2 日)。

(6)《评标专家和评标专家库管理暂行办法》(国家发展改革委员会,国家计委令第 29 号,2003 年 2 月 22 日)。

(7)《国家发展改革委办公厅关于招标代理服务收费有关问题的通知》(国家发展改革委办公厅,发改办价格[2003] 857 号,2003 年 9 月 15 日)。

(8)《招标代理服务收费管理暂行办法》(国家发展计划委员会,计价格[2002]1980 号,2002 年 10 月 15 日)。

(9)《国际金融组织和外国政府贷款投资项目管理暂行办法》(国家发展和改革委员会,国家发改委令第 28 号,2005 年 2 月 28 日)。

(10)《关于做好中央投资项目招标代理资格日常管理工作的通知》(国家发展改革委办公厅,发改办投资[2008]2354 号,2008 年 10 月 29 日)。

(11)《建设工程工程量清单计价规范》(GB 50500—2013)(住建部与质监总局,公告第 1567 号,2012 年 2 月 25 日)。

三、招标投标的适用范围和标准

世界各国和主要国际组织都规定,对某些工程建设项门必须实行招标投标。我国有关的法律、法规和部门规章根据工程建设项目的投资性质、工程规模等因素,也对工程建设招标范围和规模标准进行了界定,在此范围之内的项目,必须通过招标进行发包,而在此范围之外的项目,业主可以自愿选择是否招标。

1. 强制招标的范围和规模标准

(1) 强制招标的范围。《招标投标法》第三条规定,在中华人民共和国境内进行下列工程建设项目，包括项目的勘察、设计、施工、监理以及与工程建设有关的重要设备、材料等的采购，必须进行招标。

① 大型基础设施、公用事业等关系社会公共利益、公众安全的项目；

② 全部或者部分使用国有资金投资或者国家融资的项目；

③ 使用国际组织或者外国政府贷款、援助资金的项目。

《招标投标法》中规定的招标范围是一个原则性的规定。2000 年 5 月 1 日施行的原国家计委第 3 号令《工程建设项目招标范围和规模标准规定》对招标范围和规模标准作了更具体的规定。

(2) 强制招标的规模标准。《工程建设项目招标范围和规模标准规定》第七条规定，结合国家发改委 16 号令《必须招标的工程项目规定》，自 2018 年 5 月 1 日实行，针对上述招标范围内的各类工程建设项目，包括项目的勘察、设计、施工、监理以及与工程建设有关的重要设备、材料等的采购，达到下列标准之一的，必须进行招标：

① 施工单项合同估算价在 400 万元人民币以上的；

② 重要设备、材料等货物的采购，单项合同估算价在 200 万元人民币以上的；

③ 勘察、设计、监理等服务的采购，单项合同估算价在 100 万元人民币以上的；

④ 单项合同估算价低于前三项规定的标准，但项目总投资额在 3000 万元人民币以上的。

《工程建设项目招标范围和规模标准规定》第十条规定："省、自治区、直辖市人民政府根据实际情况可以规定本地区必须进行招标的具体范围和规模标准，但不得缩小本规定确定的必须进行招标的范围。"

2. 依法必须公开招标的项目

《招标投标法实施条例》第八条规定，国有资金占控股或者主导地位的依法必须进行招标的项目，应当公开招标。

3. 应公开招标可进行邀请招标的条件

《中华人民共和国招标投标法实施条例》第八条规定，依法必须公开招标的项目有下列情形之一的，可以邀请招标：

① 技术复杂、有特殊要求或者受自然环境限制，只有少量潜在投标人可供选择；

② 采用公开招标方式的费用占项目合同金额的比例过大。

有前款第二项所列情形，属于《中华人民共和国招标投标法实施条例》第七条规定的项目，由项目审批、核准部门在审批、核准项目时作出认定，其他项目由招标人申请有关行政监督部门作出认定。

4. 经审批可以不进行招标的项目范围

《招标投标法》第六十六条规定："涉及国家安全、国家秘密、抢险救灾或者属于利用扶贫资金实行以工代赈、需要使用农民工等特殊情况，不适宜进行招标的项目，按照国家有关规定可以不进行招标。"《中华人民共和国招标投标法实施条例》第九条规定，除《招标投标法》第六十六条规定的可以不进行招标的特殊情况外，有下列情形之一的，可以不进行招标：

(1) 需要采用不可替代的专利或者专有技术；

(2) 采购人依法能够自行建设、生产或者提供；

(3) 已通过招标方式选定的特许经营项目，投资人依法能够自行建设、生产或者提供；

(4) 需要向原中标人采购工程、货物或者服务，否则将影响施工或者功能配套要求；

(5) 国家规定的其他特殊情形。

招标人为适用前款规定弄虚作假的，属于《招标投标法》第四条规定的规避招标。

第二节　招标采购应具备的条件

一、招标单位应具备的条件

《工程建设项目自行招标试行办法》规定，招标人是指依照法律规定进行工程建设项目的勘察、设计、施工、监理以及与工程建设有关的重要设备、材料等招标的法人。招标人若具有编制招标文件和组织评标能力，则可自行办理招标事宜，并向有关行政监督部门备案。工程项目招标人必须满足下列资质条件和能力时，才可以进行自行施工招标：

(1) 具有项目法人资格(或法人资格)；

(2) 具有与招标工程规模和复杂程度相适应的工程技术、概预算、财务和工程管理等方面的专业技术力量；

(3) 有从事同类工程建设项目招标的经验；

(4) 拥有 3 名以上取得招标职业资格的专职招标业务人员；

(5) 熟悉和掌握《招标投标法》及有关法规规章。

招标人自行招标的，项目法人或者组建中的项目法人应当在向国家发展改革委上报项目可行性研究报告或者资金申请报告、项目申请报告时，一并报送书面材料。报送的书面材料应当至少包括：项目法人营业执照、法人证书或者项目法人组建文件；与招标项目相适应的专业技术力量；取得招标职业资格的专职招标业务人员的基本情况；拟使用的专家库情况；以往编制的同类工程建设项目招标文件和评估报告；招标业绩的证明材料以及其他材料。

二、招标代理机构应具备的条件

《招标投标法》规定，招标人有权自行选择招标代理机构，委托其办理招标事宜。任何单位和个人不得以任何方式为招标人指定招标代理机构。招标代理机构是依法设立、从事招标代理业务并提供相关服务的社会中介组织。招标代理机构应当具备下列条件：

(1) 有从事招标代理业务的营业场所和相应资金；

(2) 有能够编制招标文件和组织评标的相应专业力量；

(3) 符合法律、行政法规规定的条件，有可以作为评标委员会成员人选的技术、经济等方面的专家库。

招标代理机构的资格依照法律和国务院的规定由有关部门认定。国务院住房和城乡建设、商务、发展改革、工业和信息化等部门，按照规定的职责分工对招标代理机构依法实施监督管理。从事工程建设项目招标代理业务的招标代理机构，其资质由国务院或者省、自治区、直辖市人民政府的建设行政主管部门认定。具体办法由国务院建设行政主管部门会同国务院有关部门制定。

招标代理机构应当拥有一定数量的、取得招标职业资格的专业人员。取得招标职业资格的具体办法由国务院人力资源社会保障部门会同国务院发展改革部门制定。招标代理机构与行政机关和其他国家机关不得存在隶属关系或者其他利益关系。为此，建设部于 2000

年6月30日以第79号部令发布了《工程建设项目招标代理机构资格认定办法》，对招标代理机构资质认定进行了详细规定。

三、招标项目应具备的条件

《工程建设项目施工招标投标办法》规定，依法必须招标的工程建设项目，应当具备下列条件才能进行施工招标：

（1）招标人已经依法成立；

（2）初步设计及概算应当履行审批手续的，已经批准；

（3）有相应资金或资金来源已经落实；

（4）有招标所需的设计图纸及技术资料。

施工招标可以采用项目的全部工程招标、单位工程招标、特殊专业工程招标等办法，但不得对单位工程的分部、分项工程进行招标。

四、投标人应具备的条件

《招标投标法》第二十六条规定："投标人应当具备承担招标项目的能力；国家有关规定对投标人资格条件或者招标文件对投标人资格条件有规定的，投标人应当具备规定的资格条件。"投标人应具备以下条件。

首先，投标人应当具备承担招标项目的能力，即投标人在资金、技术、人员、装备等方面具备完成招标项目的能力或者条件。

其次，投标人应当具备国家相关法律法规或招标文件规定的资格条件。例如，《建筑法》规定，从事房屋建筑活动的建筑施工企业、勘察单位、设计单位和工程监理单位，应当具备符合国家规定的注册资本，有与其从事的建筑活动相适应的具有法定执业资格的专业技术人员、有从事相关建筑活动所应有的技术装备以及法律、行政法规规定的其他条件。从事建筑活动的建筑施工企业、勘察单位、设计单位和工程监理单位，按照其拥有的注册资本、专业技术人员、技术装备和已完成的建筑工程业绩等资质条件，划分为不同的资质等级，经资质审查合格并取得相应等级的资质证书后，方可在其资质等级许可的范围内从事建筑活动。

第三节　招标方式及其选择

为了规范招标投标活动，保护国家利益和社会公共利益以及招投标活动当事人的合法权益，《招标投标法》规定招标方式有两种，即公开招标和邀请招标。

一、公开招标

1. 公开招标的定义

公开招标又称为无限竞争招标，是由招标单位通过报刊等媒体发布招标公告，有投标意向的承包商均可参加投标资格审查，审查合格的承包商可购买或领取招标文件参加投标。

2. 公开招标的特点

（1）公开招标是最具竞争性的招标方式。公开招标参与竞争的投标人数较多，只要承包商通过资格审查便可参加投标，在实际招标中，参与公开招标的承包商常常少则十几家，多则几十家，甚至上百家，因而竞争程度最为激烈。

（2）公开招标是程序最完整、最规范、最典型的招标方式。公开招标形式严密，步骤完整，运作环节环环相扣。在国际上，招标通常都是指公开招标。在我国，公开招标是最常用的招标方式。

（3）公开招标也是所需费用较高、花费时间较长的招标方式。由于竞争激烈，程序复杂，组织招标和参加投标需要做的准备工作和需要处理的实际事务比较多，特别是编制、审查有关招标投标文件的工作量十分繁重。

二、邀请招标

1. 邀请招标的定义

邀请招标又称有限竞争性招标，是由招标单位向符合其工程承包资质要求，且工程质量及企业信誉都较好的承包商发出招标邀请书，约请被邀单位参加投标的招标方式。邀请招标的工程通常是有特殊要求或需要保密的工程。招标单位发出投标邀请书后，被邀请的单位可以不参加投标。招标单位不得以任何借口拒绝被邀请单位参加投标，否则招标单位应当承担由此引起的一切责任。

2. 邀请招标和公开招标的区别

（1）发布信息的方式不同。公开招标采用公告的形式发布，邀请招标采用投标邀请书的形式发布。

（2）竞争的范围不同。公开招标中，所有符合条件的法人或者其他组织都有机会参加投标，竞争的范围较广，竞争性体现得也比较充分，招标人拥有绝对的选择余地，容易获得最佳招标效果；邀请招标中，投标人的数目有限，邀请招标参加人数是经过选择限定的，被邀请的承包商数目为 3～10 个，由于参加人数相对较少，易于控制，因此其竞争范围没有公开招标大，竞争程度也明显不如公开招标强。

（3）公开的程度不同。公开招标中，所有的活动都必须严格按照预先指定并为大家所知的程序和标准公开进行，大大降低了作弊的可能性；相比而言，邀请招标的公开程度逊色一些，产生不法行为的机会也更多一些。

（4）时间和费用不同。公开招标的程序比较复杂，从发布招标公告到投标人签订合同，有许多时间上的要求，要准备许多文件，因而耗时较长，费用也比较高。邀请招标可以省去发布招标公告、资格审查和可能发生的更多的评标的时间和费用。

建设工程项目采用何种方式招标，是由业主决定的。业主根据自身的管理能力、设计进度情况、建设项目本身的特点、外部环境条件、两种招标方式的特点等因素，经过充分思考后，在确定分标方式和合同类型的基础上，再来选择合适的招标方式。

三、其他招标方式

有时通过公开招标或邀请招标都不能获得理想的中标人，可以将两种招标方式组合起来使用，这种招标方式称为两阶段招标。两阶段招标的具体做法是先按公开招标方式进行招标，经过评标后，再邀请其中报价较低的或者最有资格的 3～4 家承包商进行第二次报价。在第一阶段报价、开标、评标之后，如最低报价超过招标控制价 20%，且经过减价之后仍然不能低于招标控制价时，则可邀请其中数家商谈，再做第二阶段报价。还有一种两阶段招标的做法是先公开招标，第一阶段只对技术标进行评审，只有技术标合格的投标人才有资格报价，第二阶段是邀请技术标合格的若干投标人参加进一步的投标。

两阶段招标方式往往应用于以下三种情况。

(1) 招标工程内容属高新技术，需在第一阶段招标中博采众长，进行评比，选出最新、最优的技术方案，然后在第二阶段中邀请被选中方案的投标人进行详细报价。

(2) 在某些新型的大项目的承发包之前，招标人对此项目的建造方式尚未最后确定，这时可以在第一阶段招标中向投标人提出要求，就其最擅长的建造方式进行报价，或者按招标人提供的建造方案报价。经过评比，选出其中最佳方案的投标人，再进行第二阶段的按具体方案的详细报价。

(3) 一旦招标不成功，只好在现有基础上邀请其中若干家报价相对较低的投标人再次进行投标报价。

第四节　招投标的类型及其程序

一、建设工程施工招标投标及其程序

1. 建设工程施工招标投标的性质

我国法学界一般认为，建设工程施工招标是要约邀请，而投标是要约，中标通知书是承诺。我国《合同法》明确规定，招标公告是要约邀请，招标实际上是邀请投标人对其提出要约(即报价)，也属于要约邀请。投标则是一种要约，它符合要约的所有条件：具有缔结合同的主观目的；一旦中标，投标人将受投标书的约束；投标书的内容具有足以合同成立的主要条件等。招标人向中标的投标人发出中标通知书，则代表招标人同意接受中标的投标人的投标条件，即同意接受该投标人的要约的意思表示，属于承诺。

2. 建设工程施工招标与投标的基本程序

建设工程施工招标投标一般要经历招标准备阶段、招标投标阶段和决标成交阶段。与邀请招标相比，公开招标程序仅是在招标准备阶段多了发布招标公告、进行资格预审的内容。

(1) 招标准备阶段主要工作。招标准备阶段的工作由招标人单独完成，投标人不参与。主要工作包括以下方面：①招标组织工作；②选择招标方式、范围；③申请招标；④编制招标有关文件。

(2) 招标投标阶段主要工作。公开招标时，从发布招标公告开始，若为邀请招标，则从发出投标邀请函开始，到投标截止日期为止的期间称为招标投标阶段。主要工作包括以下方面：①发布招标公告或者发出投标邀请书；②资格预审；③发售招标文件；④组织现场考察；⑤标前会议。

(3) 决标成交阶段的主要工作。从开标日到签订合同这一期间称为决标成交阶段，是对各投标文件进行评审比较，最终确定中标人的过程。主要工作包括以下方面：①开标；②评标；③定标。

以公开招标为例，建设工程施工招标与投标工作流程如图 2-1 所示。

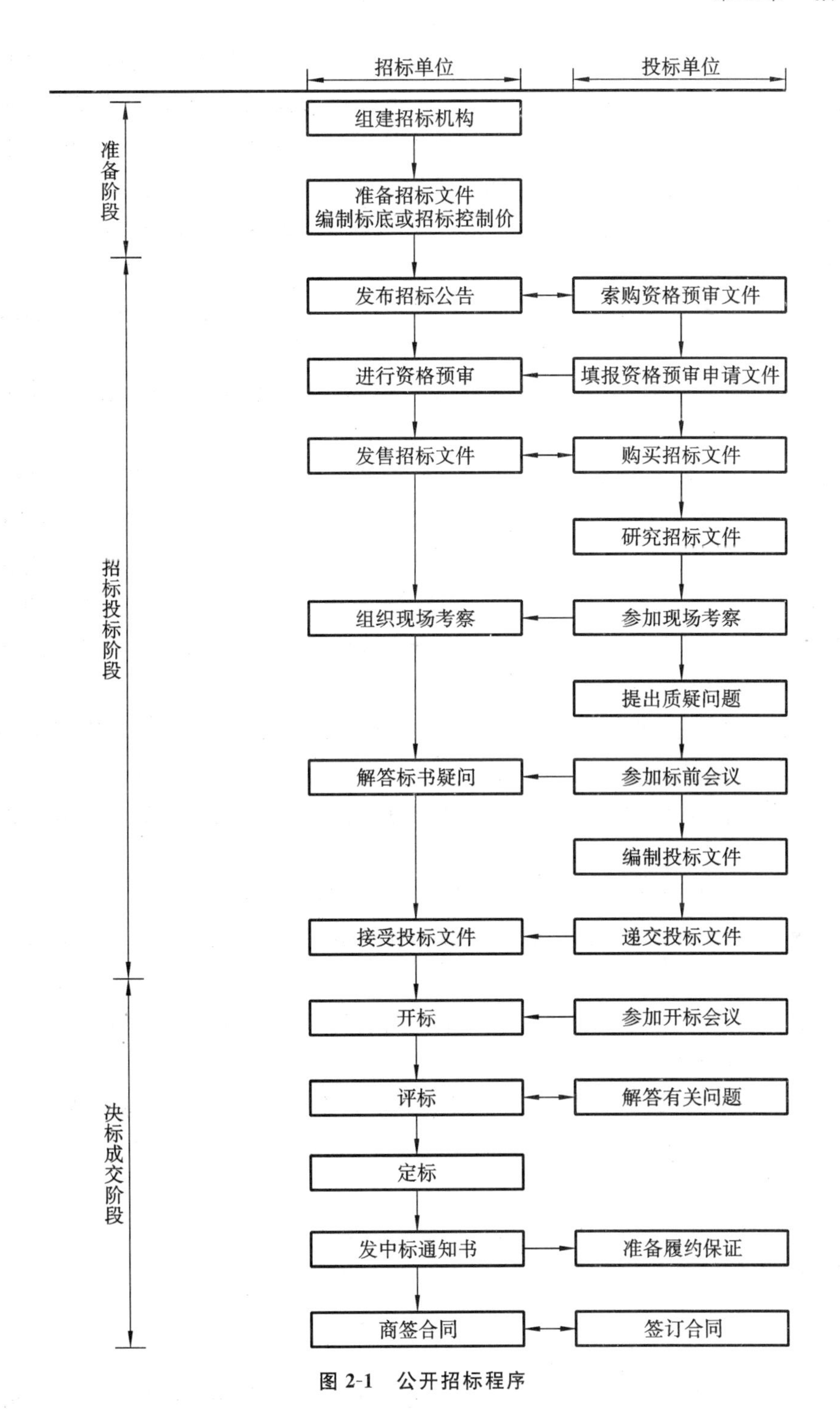

图 2-1 公开招标程序

二、工程货物采购招标投标及其程序

1. 工程货物采购的含义

工程货物采购一般是指工程项目法人(买方)通过招标、询价等形式选择合格的供货商(卖方),购买工程项目建设所需要的物资(设备和材料)的过程。货物采购不仅包括单纯的采购工程设备、材料等货物，还包括按照工程项目的要求进行设备、材料的综合采购、运输、安装、调试等，以及交钥匙工程（即工程设计、土建施工、设备采购、安装调试等实施阶段全过程的工作）的货物采购。总之，工程项目中的货物采购是一项复杂的系统工程，它不但应遵守一定的采购程序，还要求采购人员或机构了解和掌握市场价格情况和供求关系，贸易支付方式、保险、运输等贸易惯例与商务知识，以及与采购有关的法律法规及规定等。

2. 工程货物采购的方式

货物采购的方式应依据标的物的性质、特点及供货商的供货能力等方面来选择，一般采用以下三种方式。

（1）招标采购。招标采购采用公开招标或邀请招标方式选择供货商，一般适用于购买大宗建筑材料或订购大型设备，且标的金额较大、市场竞争激烈的情况。

（2）询价采购。询价采购是向几个供货商（通常至少3家）就采购货物的标的物进行询价，将他们的报价加以比较后，选择其中一家签订供货合同。询价单上应注明货物的说明、数量以及要求的交货时间、地点及交货方式等。报价可以采用电传或传真的形式进行。这种方式类似于议标，其优点是无需经过复杂的招标程序，大大节约了选择供货商的时间。但由于报价的竞争性差，不便于公众监督，容易导致非法交易，一般仅适用于采购价值较小的建筑材料、设备和标准规格产品。

（3）直接订购。直接订购由于不进行产品的质量和价格比较，属于非竞争性采购方式。一般适用于如下几种情况：

① 为保证设备或零配件标准化，以便和现有设备相配套，向原供货商增加供货品种或数量；

② 所需设备或材料具有专卖性，只能从某一家供货商获得；

③ 负责工艺设计的单位要求从指定供货商处采购关键性部件，并以此作为保证工程质量的条件；

④ 在特殊情况下（如对付自然灾害），急需采购某些材料、小型工具或设备。

3. 工程货物采购招标程序

凡工程建设项目符合《工程建设项目招标范围和规模标准规定》（国家计委令第3号令，2000年5月1日）规定的范围和标准的，必须通过招标选择货物供应单位。以公开招标为例，其招标程序一般如下：

（1）工程建设部门同招标单位办理招标委托手续；

（2）招标单位编制招标文件；

（3）发出招标公告或投标邀请书；

（4）对投标单位进行资格审查；

（5）发放招标文件和有关技术资料，进行技术交底，解释投标单位提出的有关招标文件疑问；

（6）组成评标组织，制订评标原则、办法、程序；

（7）在规定的时间、地点接受投标；

（8）确定标底；

（9）开标（一般采用公开方式开标）；

(10) 评标、定标；

(11) 发出中标通知，设备需求方和中标单位签订供货合同；

(12) 项目总结归档，标后跟踪服务。

三、工程勘察、设计招标投标

建设工程实施阶段的第一项工作就是工程勘察、设计。建设工程勘察是指根据建设工程的要求，查明、分析、评价建设场地的地质地理环境特征和岩土工程条件，编制建设工程勘察文件的活动。建设工程设计是指根据建设工程的要求，对建设工程所需的技术、经济、资源、环境等条件进行综合分析、论证并编制建设工程设计文件的活动。勘察、设计质量的优劣，对工程建设能否顺利完成起着至关重要的作用。以招标方式选择勘察、设计单位，是为了使设计技术和成果作为有价值的技术商品进入市场，打破部门、地区的界限，引入竞争机制，通过招标择优确定勘察、设计单位，可防止垄断，促进勘察、设计单位采用先进技术，更好地完成日趋繁重、复杂的工程勘察设计任务，以降低工程造价，缩短工期和提高投资效益。

依据委托勘察、设计的工程项目规模以及招标方式的不同，各建设项目勘察、设计招标的程序繁简程度也不尽相同。国家有关建设法规规定了与施工招标相似的标准化公开招标程序，一般有以下几点区别。

(1) 招标文件的内容不同。勘察招标的招标文件一般给出任务的数量指标，如地质勘探的孔位、眼数、总钻探进尺长度等。设计招标文件中仅提出设计依据、工程项目应达到的技术指标、项目限定的工作范围、项目所在地的基本资料、要求完成的时间等内容，而无具体的工作量。

(2) 对投标文件的编制要求不同。投标人的投标报价不是按规定的工程量清单填报单价后算出总价，而是首先提出勘察的实施方案、设计的构思等，并论述该方案的优点和实施计划，在此基础上进一步提出报价。

(3) 开标形式不同。开标时不是由招标单位的主持人宣读投标书并按报价高低排定标价次序，而是由各投标人自己说明完成勘察数据在精度、内容和进度方面对设计的满足程度或其设计方案的基本构思和意图，以及其他实质性内容，而且不按报价高低排定标价次序。

(4) 评标原则不同。评标时不过分追求投标价的高低，评标委员会更多关注于所提供方案的技术先进性、所达到的技术指标、方案的合理性，以及对工程项目投资效益的影响。

四、工程咨询服务招标投标及其程序

1. 工程咨询的含义

咨询的原意为“征求意见”，现代咨询被赋予了更丰富的内容和含义。工程咨询指的是在工程项目实施的各个阶段，咨询人员利用技术、经验、信息等为客户提供的智力服务。换言之，就是咨询专家受客户委托为寻求解决工程实际问题的最佳途径而提供的技术服务。

2. 工程咨询服务的招投标程序

工程咨询服务的选聘一般可根据服务金额的多少，分为有限竞争选聘、招投标选聘、直接委托等多种方式。其中，招投标选聘又分为公开招标和邀请招标。

（1）公开招标主要程序包括以下内容：①组建项目工作小组；②组建评标委员会；③制订资格预审条件；④发布招标公告；⑤确定通过资格预审的咨询机构；⑥制订任务大纲；⑦确定技术标和财务标的评审标准；⑧准备招标文件（咨询机构须知，包括招标函、任务大纲、招标函附件等）；⑨汇总招标文件并报监督部门备案；⑩发送招标文件；⑪项目实地考察；⑫答疑；⑬准备投标文件；⑭接受投标文件；⑮开标；⑯技术标评审；⑰财务标评审；⑱综合排名；⑲提交排名结果；⑳报监督部门备案；㉑宣布中标；㉒合同谈判；㉓签署合同；㉔合同谈判失败的后果处理。

（2）邀请招标实施步骤包括成立项目工作小组和评标委员会，公布项目消息和预审资质条件，后续步骤与公开招标基本相同。

（3）直接委托方式的实施步骤。直接委托咨询服务的主要工作是合同谈判。政府机构先将任务大纲发给拟直接委托的咨询机构。合同谈判的主要内容是任务大纲以及咨询机构应完成的工作。咨询机构应提交包括工作计划、人员和进度安排及预算在内的技术建议书和财务建议书。政府机构应慎重审核其财务建议书，避免非竞争条件下咨询机构的报价过高。

五、建设工程监理招标投标及其程序

1. 建设工程监理及其范围

建设工程监理是指具有相应资质的监理单位受工程项目建设单位的委托，依据国家有关建设工程的法律、法规，经建设主管部门批准的工程项目建设文件、建设工程委托监理合同及其他建设工程合同，对工程建设实施的专业化监督管理。实行建设工程监理制度，目的在于提高建设工程的经济效益和社会效益。

建设工程监理制度是我国基本建设领域的一项重要制度，目前属于强制推行阶段。根据建设部颁布的《建设工程监理范围和规模标准规定》，下列工程必须实行建设监理。

（1）国家重点建设工程。国家重点建设工程是指依据《国家重点建设项目管理办法》所确定的对国民经济和社会发展有重大影响的骨干项目。

（2）大中型公用事业工程。大中型公用事业工程是指项目总投资额在 3000 万元以上的供水、供电、供气、供热等市政工程项目，科技、教育、文化等项目，体育、旅游、商业等项目，卫生、社会福利等项目以及其他公用事业项目。

（3）成片开发建设的住宅小区工程。建筑面积在 5 万平方米以上的住宅建设工程必须实行监理，5 万平方米以下的住宅建设工程可以实行监理，具体范围和规模标准由建设行政主管部门规定，对高层住宅及地基、结构复杂的多层住宅应当实行监理。

（4）利用外国政府或者国际组织贷款、援助资金的工程。此类工程是指使用世界银行、亚洲开发银行等国际组织贷款资金的项目，或使用国外政府及其机构贷款资金的项目，或使用国际组织或者国外政府援助资金的项目。

（5）国家规定必须实行监理的其他工程。此类工程是指项目总投资额在 3000 万元以上的关系社会公共利益、公众安全的基础设施项目和学校、影剧院、体育场馆项目。《工程建设项目招标范围和规模标准规定》要求，监理单位监理的单项合同估算价在50万元人民币以上的，或单项合同估算低于规定的标准，但项目总投资额在3000万人民币以上的项目必须进行监理招标。

2. 建设工程监理招标投标的主体

建设工程监理招标的主体是承建招标项目的建设单位，又称招标人。招标人可以自行组织监理招标，也可以委托具有相应资质的招标代理机构组织招标。必须进行监理招标的项目，招标人自行办理招标事宜的，应向招标管理部门备案。

参加投标的监理单位首先应当是取得监理资质证书，具有法人资格的监理公司、监理事务所或兼承监理业务的工程设计、科学研究及工程建设咨询的单位，同时必须具有与招标工程规模相适应的资质等级。资质等级是经各级建设行政主管部门按照监理单位的人员素质、资金数量、专业技能、管理水平及监理业绩的不同而审批核定的。我国工程监理企业资质分为综合资质、专业资质和事务所资质。其中，专业资质按照工程性质和技术特点划分为若干工程类别。综合资质、事务所资质不分级别。专业资质分为甲级、乙级；其中，房屋建筑、水利水电、公路和市政公用专业资质可设立丙级。综合资质可以承担所有专业工程类别建设工程项目的工程监理业务。专业甲级资质可承担相应专业工程类别建设工程项目的工程监理业务；专业乙级资质可承担相应专业工程类别二级以下(含二级)建设工程项目的工程监理业务；专业丙级资质可承担相应专业工程类别三级建设工程项目的工程监理业务。事务所资质可承担三级建设工程项目的工程监理业务，但是，国家规定必须实行强制监理的工程除外。

国务院建设主管部门负责管理全国建设监理招标投标的管理工作，各省、市、自治区及工业、交通部门建设行政管理机构负责本地区、本部门建设监理招标投标管理工作，各地区、各部门建设工程招标投标管理办公室对监理招标与投标活动实施监督管理。

3. 建设工程监理招标投标程序的特点

建设工程监理招标投标在程序上与施工招标投标略有不同，一方面由于其性质属于工程咨询招投标的范畴，所以在招标的范围上可以包括建设工程过程中的全部工作，如项目建设前期的可行性研究、项目评估，项目实施阶段的勘察、设计、施工等，较施工招投标在内容上进行了延伸。另一方面在评标定标上，建设工程监理招投标综合考虑监理规划(或监理大纲)、人员素质、监理业绩、监理取费、检测手段等因素，但其中最主要的是考虑人员素质。

六、BOT项目招投标及其程序

1. BOT项目的特点

BOT项目的特点是由本国公司或外国公司作为项目的投资者和经营者组成项目公司，从项目所在国政府获取“特许权协议”作为项目开发和安排融资的基础，筹集资金和建设基础设施项目，并承担风险。在“特许权协议”终止时，政府可以以固定价格或无偿收回整个项目。项目公司在特许期限内拥有、运营和维护该项设施，并通过收取使用费或服务费用回收投资并取得合理的利润。特许期满后，这项基础设施的所有权无偿移交给政府。

2. BOT 项目招标与传统的基础设施项目招标的区别

(1) 招标文件的详细程度不同。在传统的招标形式中,招标文件详细地列出了拟采购的工程或货物的说明或技术规格,投标人必须按招标文件的具体要求进行报价和响应性说明;而 BOT 形式中,招标文件可能只是一些初步的说明,粗略地列出项目应满足的需要或性能标准。BOT 项目在招标时可吸取各投标人提出的满足招标文件需要的专门知识和创新能力,但由于缺乏一个完全统一的标准或规格,所以对投标文件的评审工作要求较高。

(2) 财务方面安排要求不同。在传统的招标形式中,招标文件详细地列出了拟采购的工程或货物的说明或技术规格,投标人必须按招标文件的具体要求进行报价和响应性说明;而 BOT 形式中首要的是财务问题而非技术问题。对于招标单位来说,在编制招标文件时说明接受怎样的投资人是至关重要的,而对于投标单位来说,能否编制出一揽子具有吸引力的财务安排是竞标成功与否的关键。

(3) 对投标人的选择不同。传统的招标形式一般需考虑投标人参与的广泛性和竞争性,而 BOT 形式中确保投标人的质量更为重要。

(4) 是否需要谈判不同。在传统的招标形式中,在评标结束后经有关部门或机构批准后即可授予合同,不需要与投标人进行技术或财务谈判;而 BOT 形式中,投标文件评审阶段就应与投标人进行技术、财务安排等方面的谈判,在投标时鼓励投标人提出替代解决办法和创新建议。

(5) 是否可以改变招标范围。招标单位在评价不同的 BOT 设想和解决方案时,如果认为有必要,可以改变 BOT 项目的范围。在这种情况下,招标单位可以重新招标或仅与少量最佳的投标人提出进行谈判项目范围的修改,而这些在传统的招标中一般不采用。BOT 项目与传统招标形式相比,其招标文件内容更全面,反映出在 BOT 项目中就是投标人须承担更广泛的义务,在评标时所用的评价标准更灵活多变,不仅考虑投标价格或者与项目密切相关的其他标准的组合,而且还需评价投标人的一揽子财务安排、技术方案的吸引力、投标人(包括主办人和联合体)的实力和融资能力以及技术转让和建设、运营级别或能力等。BOT 项目在最后授予和签署项目议定书之前与选定的投标人进行最后的谈判。而在传统的招标形式中,如选定了一个中标人,则一般不能进行类似的谈判程序。

3. BOT 项目的招投标程序

一般来说,BOT 项目的招投标程序主要包括以下内容:确定项目方案阶段、立项阶段、招标准备阶段、资格预审阶段、准备投标文件阶段、评标与决标阶段、合同谈判阶段、融资与审批阶段、实施阶段(包括设计、建设、运营和移交)。

(1) 确定项目方案。这一阶段的主要工作是研究并提出项目建设的必要性、确定项目需要达到的目标。

(2) 立项。立项是指计划管理部门对项目建议书或预可行性研究报告以文件形式进行同意建设的批复。目前,外资 BOT 项目需要得到国家发展改革委的批复,内资 BOT 项目可以由地方政府批复。在前期准备工作不足的情况下,计划管理部门也可不批复项目建议书或预可行性研究报告,而是批复同意进行项目融资招标,这种批复也可作为招标的依据。

(3) 招标准备。招标准备的主要工作包括以下几个方面:①成立招标委员会和招标办公室；②聘请中介机构，包括专业的投融资咨询公司、律师事务所和设计院；③进行项目技术问题研究，明确技术要求；④准备资格预审文件，制订资格预审标准；⑤设计项目结构，落实项目条件；⑥准备招标文件、特许权协议，制订评标标准。

(4) 资格预审。邀请对项目有兴趣的公司参加资格预审，如果是公开招标，则应该在媒体上刊登招标公告。参加资格预审的公司应提交资格申请文件，包括技术力量、工程经验、财务状况、履约记录等方面的资料。参加资格预审的投标人数量越多，招标人选择的范围就越大。为了在确保充分竞争的前提下尽可能减少招标评标的工作量，通过资格预审的投标人数量不宜过多，一般以 3～5 家为宜。

(5) 准备投标文件。在获得招标委员会的书面邀请后，通过资格预审的投标者，如果决定继续投标，则应按照招标文件的要求，提出详细的建议书(即投标文件)。

(6) 评标与决标。投标截止后，招标委员会将组建评标委员会，按照招标文件中规定的评标标准对投标人提交的标书进行评审。评标标准必须在招标文件中作出明确陈述。评标方法的选择将显著地影响到最终的评标结果，因此，一般情况下，招标文件中规定的评标标准不允许更改。

(7) 合同谈判。决标后，招标委员会应邀请中标者与政府进行合同谈判。BOT 项目的合同谈判时间较长，而且非常复杂，因为项目牵涉到一系列合同以及相关条件，谈判的结果要使中标人能为项目筹集资金，并保证政府把项目交给最合适的投标人。在特许权协议签订之前，政府和中标人都必须准备花费大量的时间和精力进行谈判和修改合同。中标人是否能够顺利地签订上述相关合同，取决于其与政府商定的合同条款。因此，从中标人的角度来看，政府应提供项目所需的一揽子基本的保障体系，政府则希望尽可能地减少这种保障。

(8) 融资与审批。谈判结束且草签"特许权协议"以后，中标人应报批可行性研究报告，并组建项目公司。项目公司将正式与贷款人、建筑承包商、运营维护承包商和保险公司等签订相关合同，最后，与政府正式签署"特许权协议"。至此，BOT 项目的前期工作全部结束，项目进入设计、建设、运营和移交阶段。

(9) 实施。项目公司在签订所有合同之后，开始进入项目的实施阶段，即按照合同规定，聘请设计单位开始工程设计，聘请总承包商开始工程施工，工程竣工后开始正式商业运营，在特许期届满时将项目设施移交给政府或其指定机构。

需要强调的是，在实施阶段的任何时间，政府都不能放弃监督和检查的权利。因为项目最终要由政府或其指定机构接管，并在相当长的时间内继续运营，所以必须确保项目从设计、建设到运营和维护都完全按照政府和中标人在合同中规定的要求进行。

第五节　招标投标活动的行政监督

有关行政监督部门应依法对招标投标活动及其当事人实施监督，并根据监督检查的结果或当事人的投诉，依法查处招标投标活动中的违法行为。当事人有权拒绝行政部门违法实施的监督，或者违法给予的行政处罚，并可依照《中华人民共和国行政复议法》《中华人民共和国行政诉讼法》和《中华人民共和国国家赔偿法》的有关规定获得帮助。

一、行政监督体制及具体内容

1. 行政监督体制

我国的招投标活动的行政监督实行分级负责制，国务院行政主管部门负责全国工程招投标活动的监督管理，县级以上地方人民政府建设行政主管部门负责本行政区域内工程招投标活动的监督管理，有的地方委托工程招标投标监督管理机构负责实施具体的监督管理工作。

2. 行政监督的具体内容

行政监督的具体内容包括：依照《招标投标法》及其他法律、法规规定，必须招标的项目是否进行了招标；是否按照《招标投标法》的规定，选择了有利于竞争的招标方式；在已招标的项目中，是否严格执行了《招标投标法》规定的程序、规则，是否体现了公开、公平、公正和诚实信用原则；招标投标主体资格是否符合规定；必要时可派人监督开标、评标、定标等活动。

根据有关法律、法规的规定，招标过程中应当向有关行政监督部门备案或报告的事项主要如下：

(1) 依法必须进行招标的项目，招标人自行办理招标事宜的，应当向有关行政监督部门备案；

(2) 依法必须进行招标的工程，招标人应当在招标文件发出的同时，将招标文件报工程所在地的县级以上地方人民政府建设行政主管部门备案；

(3) 招标人对已发出的招标文件进行必要的澄清或修改的，应以书面形式报工程所在地的县级以上地方人民政府建设行政主管部门备案；

(4) 在订立书面合同后的一定时日内，中标人应当将合同送工程所在地的县级以上地方人民政府建设行政主管部门备案；

(5) 重新招标的，招标人应当将重新招标方案报有关主管部门备案，招标文件有修改的，应当将修改后的招标文件一并备案；

(6) 评标委员会完成评标后，应当将书面评标报告抄送有关行政监督部门；

(7) 依法必须进行招标的项目，招标人应当自确定中标人之日起 15 日内，向有关行政监督部门提交招标投标情况的书面情况。

二、政府监督部门及职责

国务院发展改革部门指导和协调全国招标投标工作，对国家重大建设项目的工程招标投标活动实施监督检查。国务院工业和信息化、住房和城乡建设、交通运输、水利、商务等部门，按照规定的职责分工对有关招标投标活动实施监督。

县级以上地方人民政府发展改革部门指导和协调本行政区域的招标投标工作。县级以上地方人民政府有关部门按照规定的职责分工，对招标投标活动实施监督，依法查处招标投标活动中的违法行为。县级以上地方人民政府对其所属部门有关招标投标活动的监督职责分工另有规定的，从其规定。

财政部门依法对实行招标投标的政府采购工程建设项目的预算执行情况和政府采购政策执行情况实施监督。监察机关依法对与招标投标活动有关的监察对象实施监察。

三、建设工程交易中心

1. 建设工程交易中心的性质

建设工程交易中心是服务性机构，不是政府管理部门，也不是政府授权的监督机构，本身并不具备监督管理职能。但建设工程交易中心又不是一般意义上的服务机构，其设立须得到政府或政府授权主管部门的批准，并非任何单位和个人可随意成立；它不以营利为目的，旨在为建立公开、公正、平等竞争的招投标制度服务，只可经批准收取一定的服务费。

按照我国有关规定，所有建设项目都要在建设工程交易中心内报建、发布招标信息、授予合同、申领施工许可证。工程交易行为不能在场外发生，招标投标活动都需要在场内进行，并接受政府有关管理部门的监督。建设工程交易中心的设立，对建立国有投资的监督制约机制、规范建设工程承发包行为，以及将建筑市场纳入法制管理轨道都有重要作用，是符合我国特点的一种形式。

建设工程交易中心建立以来，由于实行集中办公、公开办事制度和程序以及“一条龙”的窗口服务，不仅有力地促进了工程招投标制度的推行，而且遏制了违法违规行为，对于防止腐败、提高管理透明度起到了显著的成效。

2. 建设工程交易中心的基本功能

我国的建设工程交易中心是按照如下三大功能进行构建的。

（1）信息服务功能。信息服务功能包括收集、储存和发布各类工程信息、法律法规、造价信息、建材价格、承包商信息、咨询单位和专业人士信息等。工程建设交易中心一般要定期公布工程造价指数和建筑材料价格、人工费、机械租赁费、工程咨询费以及各类工程指导价等，以指导业主、承包商、咨询单位进行投资控制和投标报价。但在市场经济条件下，工程建设交易中心公布的价格指数仅是一种参考，投标最终报价还需要依靠承包商根据本企业的经验或企业定额、企业机械装备和生产效率、管理能力和市场竞争需要来决定。

（2）场所服务功能。我国明确规定，对于政府部门、国有企业、事业单位的投资项目，一般情况下都必须进行公开招标，只有特殊情况下才允许采用邀请招标。所有建设项目进行招投标必须在有形建筑市场内进行，必须由有关管理部门进行监督。按照这个要求，工程建设交易中心必须为工程承发包交易双方进行的必要活动（包括建设工程的招标、评标、定标、合同谈判等），提供设施和场所服务。原建设部《建设工程交易中心管理办法》规定，建设工程交易中心应具备信息发布大厅、洽谈室、开标室、会议室及相关设施，以满足业主和承包商、分包商、设备材料供应商之间的交易需要。同时，要为政府有关管理部门进行集中办公、办理有关手续和依法监督招标投标活动提供场所服务。

（3）集中办公功能。由于众多建设项目要进入有形建筑市场进行报建、招投标交易和办理有关批准手续，这就要求政府有关建设管理部门各职能机构进驻工程交易中心，集中办理有关审批手续和进行管理。受理申报的内容一般包括工程报建、招标登记、承包商资质审查、合同登记、质量报监、“施工许可证”发放等。进驻建设工程交易中心的相关管理部门集中办公，要公布各自的办事制度和程序，既能按照各自的职责依法对建设工程交易活动实施有力监督，也方便当事人办事，有利于提高办公效率。按照我国有关法规，每个城市原则上只能设立一个建设工程交易中心，特大城市可增设若干个分中心，但分中心的三项基本功能必须健全。

3. 建设工程交易中心的运作程序

按照有关规定，建设项目进入建设工程交易中心后，一般按下列程序运行，如图 2-2 所示。

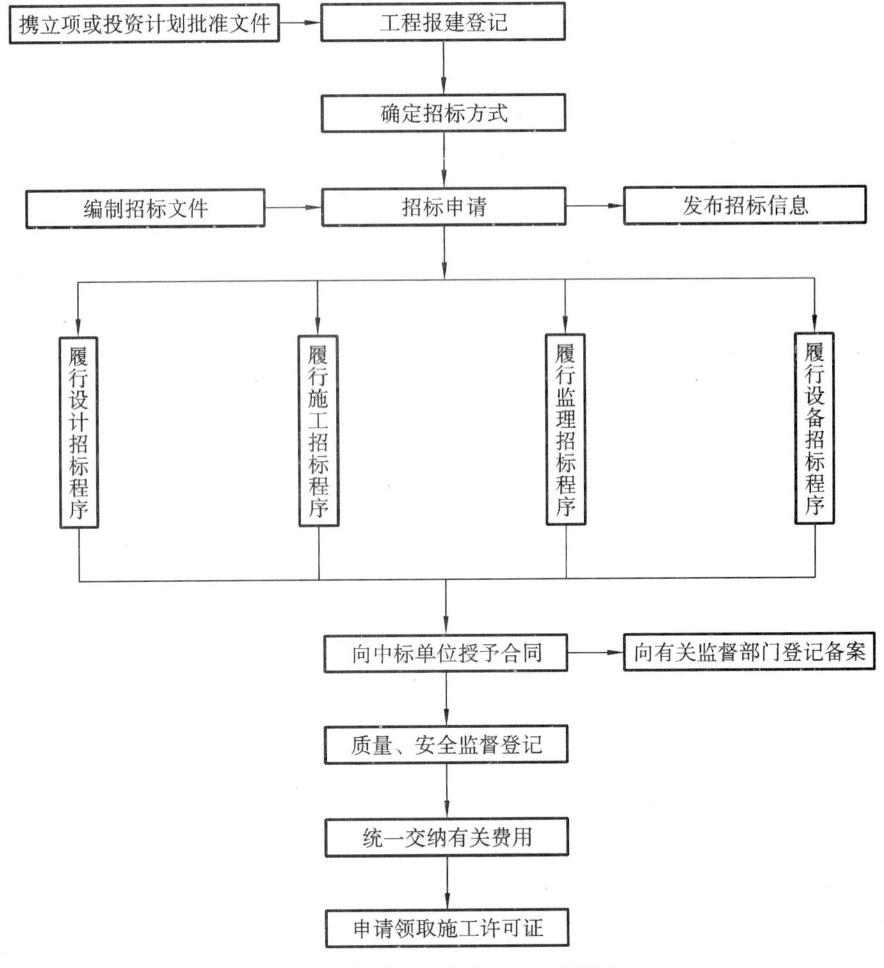

图 2-2 建设工程交易中心运行程序

（1）拟建工程得到计划管理部门立项（或计划）批准后，到中心办理报建备案手续。工程建设项目的报建内容主要包括工程名称、建设地点、投资规模、资金来源、当年投资额、工程规模、工程筹建情况、计划开工和竣工日期等。

（2）报建工程由招标监督部门依据《招标投标法》和有关规定确认招标方式。

（3）招标人依据《招标投标法》规定招标投标程序，组织招标活动。

（4）自中标之日起 30 日内，发包单位与中标单位签订合同。

（5）按规定进行质量、安全监督登记。

（6）统一交纳有关工程前期费用。

（7）领取施工许可证。

申请领取施工许可证，应当按原建设部第 71 号部令规定，具备以下条件。

（1）已经办理该建筑工程用地批准手续。

（2）在城市规划区的建筑工程，已经取得规划许可证。

（3）施工场地已经基本具备施工条件，需要拆迁的，其拆迁进度符合施工要求。

（4）已经确定建筑施工企业，但按照规定应该招标的工程没有招标，应该公开招标的工程没有公开招标，或者肢解发包工程，以及将工程发包给不具备相应资质条件的，所确定的施工企业无效。

(5) 有满足施工需要的施工图纸及技术资料。

(6) 施工图设计文件已按规定进行了审查。

(7) 有保证工程质量和安全的具体措施。

(8) 施工企业编制的施工组织设计中有根据建筑工程特点制定的相应质量、安全技术措施，专业性较强的工程项目编制了专项质量、安全施工组织设计，并按照规定办理了工程质量、安全监督手续。

(9) 按照规定应该委托监理的工程已委托监理。

(10) 建设资金已经落实。

(11) 建设工期不足一年的，到位资金原则上不得少于工程合同价的 50%，建设工期超过一年的，到位资金原则上不得少于工程合同价的 30%，建设单位应当提供银行出具的到位资金证明，有条件的可以实行银行付款保函或者其他第三方担保。

(12) 法律、行政法规规定的其他条件。

四、违法行为与法律责任

违法行为是指违反国家现行法律规定，危害法律所保护的社会关系的行为。

法律责任是指行为人因违反法律规定或合同约定的义务而应当承担的强制性的不利后果。法律责任一般包括主体、过错、违法行为、损害事实和因果关系等构成要件。

《招标投标法》规定的法律责任主体有招标人、投标人、招标代理机构、有关行政监督部门、评标委员会成员、有关单位对招标投标活动直接负责的主管人员和其他直接责任人员，以及任何干涉招标投标活动正常进行的单位或个人。部分法律责任主体的主要法律责任见表 2-1。

表 2-1　招标投标活动主要参与者的法律责任

主体	违法行为	处罚	备注
招标人	必须进行招标的项目不招标；将必须进行招标的项目化整为零或者以其他任何方式规避招标	责令限期改正；可以处项目合同金额 5%以上 10%以下的罚款；对全部或者部分使用国有资金的项目，可以暂停项目执行或者暂停资金拨付；对单位责任人依法给予处分	
	以不合理的条件限制或者排斥潜在投标人；对潜在投标人实行歧视待遇；强制要求投标人组成联合体共同投标，或者限制投标人之间竞争	责令改正；可以处 1 万元以上 5 万元以下的罚款	
	强制招标项目，招标人向他人透露已获取招标文件的潜在投标人的名称、数量，可能影响公平竞争的有关招标投标的其他情况，或者泄露标底	给予警告；可以并处 1 万元以上 10 万元以下的罚款；对单位责任人依法给予处分；构成犯罪的，依法追究刑事责任；影响中标结果的，中标无效	

续表

主体	违法行为	处罚	备注
招标人	强制招标项目，招标人与投标人就投标价格、投标方案等实质性内容进行谈判	给予警告；对单位责任人依法给予处分；影响中标结果的，中标无效	1. 强制招标项目违反《招标投标法》规定，中标无效，应当依照规定的中标条件从其余投标人中重新确定中标人或者依照法律重新进行招标。 2. 任何单位违反法律规定，限制或者排斥本地区、本系统以外的法人或者其他组织参加投标的，为招标人指定招标代理机构的，强制招标人委托招标代理机构办理招标事宜的，或者以其他方式干涉招标投标活动的，责令改正；对单位责任人依法给予警告、记过、记大过的处分，情节较重的，依法给予降级、撤职、开除的处分。个人利用职权进行前款违法行为的，依照前款规定追究责任。 3. 本表中“单位责任人”是指单位直接负责的主管人员和其他直接责任人员
	在依法推荐的中标候选人以外确定中标人的；强制招标项目在所有投标被否决后自行确定中标人	责令改正；可以处中标项目金额5%以上10%以下的罚款；对单位责任人依法给予处分；影响中标结果的，中标无效	
	不按招标文件和中标人的投标文件订立合同的；与中标人订立背离合同实质性内容的协议	责令改正；可以处中标项目金额5%以上10%以下的罚款	
评标委员会委员	收受投标人的好处；向他人透露对投标文件的评审和比较、中标候选人的推荐以及与评标有关的其他情况	给予警告；没收收受的财物，可以并处3000元以上5万元以下的罚款；取消担任评标委员会成员的资格，不得再参加任何强制招标项目的评标；构成犯罪的，依法追究刑事责任	
招标代理机构	泄露应当保密的与招标投标活动有关的情况和资料；与招标人、投标人串通损害国家利益、社会公共利益或者他人合法权益	处5万元以上25万元以下的罚款；对单位责任人处单位罚款数额5%以上10%以下的罚款；没收违法所得；情节严重的，暂停直至取消招标代理资格；构成犯罪的，依法追究刑事责任；给他人造成损失的，负赔偿责任；影响中标结果的，中标无效	
投标人	相互串通投标或者与招标人串通投标的；以向招标人或者评标委员会成员行贿的手段谋取中标；以他人名义投标或者以其他方式弄虚作假，骗取中标	中标无效；处中标项目金额5%以上10%以下的罚款；对单位责任人处单位罚款数额5%以上10%以下的罚款；并没收违法所得；情节严重的，取消其1～3年内参加强制招标项目的投标资格，直至吊销营业执照；构成犯罪的，依法追究刑事责任；给招标人造成损失的，负赔偿责任	

续表

主体	违法行为	处　罚	备　注
投标人	将中标项目转让；将中标项目肢解后分别转让；将中标项目的部分主体、关键性工作分包；分包人再次分包	转让、分包无效；处转让、分包项目金额5%以上10%以下的罚款；并没收违法所得；可以责令停业整顿；情节严重的，吊销营业执照	
	不履行与招标人订立的合同	履约保证金不予退还，还应当对损失予以赔偿；情节严重的，取消其2～6年内参加强制招标项目的投标资格，直至吊销营业执照	
监管人	徇私舞弊、滥用职权或者玩忽职守	构成犯罪的，依法追究刑事责任；不构成犯罪的，依法给予行政处分	

第六节　国际工程招标投标制度概述

国际工程招投标是指发包方通过国内外的新闻媒体发布招标信息，所有有兴趣的投标人均可参与投标竞争，通过评标比较确定中标人的法律活动。在我国境内的工程建设项目，也有采用国际工程招投标方式的，一般有以下两种情况：①使用我国自有资金的工程建设项目，但是希望工程项目达到目前国际的先进水平，如国家大剧院的设计招标和奥运会相关项目的招标；②由于工程项目建设的资金使用国际金融组织或外国政府贷款，必须遵循贷款协议中采用国际工程招投标方式选择中标人的规定。

一、国内和国际工程招投标的区别和联系

在经济全球化的大趋势下，建筑工程的涉外性已经不足为奇，许多国内的公司也逐步参与到国际工程招投标的活动中。因此，了解国际工程招投标与国内工程招投标的区别与联系也是十分必要的。下面从不同角度对此进行简单介绍。

1. 适用范围上的区别与联系

国际工程招投标与国内工程招投标在适用范围上的区别，主要体现在招标投标制度与政府采购的关系不同。

（1）国内招标投标制度的适用范围。国内的招标投标立法与政府采购立法是相互独立的，现在我国已经先后颁布了《中华人民共和国招标投标法》《中华人民共和国政府采购法》（以下简称《政府采购法》）。在国内进行的招标投标活动，都应该依据《中华人民共和国招标投标法》。《招标投标法》与《政府采购法》既相互区别，也密切联系，两者的联系和区别主要表现在以下几个方面。

①“两法”具有不同的调整范围。《招标投标法》要调整所有的招标采购活动，包括强制

招标与自愿招标;《政府采购法》则要规范所有的政府采购活动,包括通过直接采购、招标以及参与拍卖等方式所进行的政府采购。

② 两者在强制招标问题上有一定的交叉。《政府采购法》规定政府采购达到一定资金数额时必须进行招标,《招标投标法》规定强制招标的范围应包括政府采购中的强制招标,在这一点上两者具有一定的交叉。

③ “两法”具有一定的互补性。《政府采购法》规范政府采购所需的资金来源渠道和程序,以及资金使用的正常监督,同时要求达到规定限额的政府采购要依据《招标投标法》进行招标;而《招标投标法》规范通过招标所进行的政府采购,使这部分采购活动更加公开、公平、公正。“两法”对于通过招标进行采购活动的规范具有互补性。

(2) 国际招标投标制度的适用范围。目前国际上,世界银行和亚洲开发银行都没有独立的招标和投标制度,只有政府采购方面的强制性规定,要求政府采购一般情况下必须采用招标投标。因此,从一般意义上说,《政府采购法》就是《招标投标法》,国际强制性招标投标只适用于政府采购。国际的采购政策,是以公开、公平、清楚明确和一视同仁的招标制度采购货品和服务的,目的是确保投标者受到平等的对待,并使政府能取得价廉物美的货品和服务。

2. 标底的区别与联系

长期以来,国内建设工程的招标投标都是设置标底的。标底是招标工程的预期价格,是招标者对招标工程所需费用的自我测算和控制,并被作为判断投标报价合理性的依据。由于标底的编制依据是政府发布的定额标准,定额不但有单位工程的标准消耗量,也含有材料、机械和人工的单价,实际是一种“量价合一”的单价。因此,从理论上说,任何单位或者个人编制的标底都应当是一样的。标底编制完成后,将成为判断投标人报价是否合理的重要依据。我国在 2003 年 5 月 1 日起施行的《工程建设项目施工招标投标办法》规定招标项目可以不设标底,进行无标底招标。

目前,国际建设工程招标并无实际意义上的标底。当然,招标人(业主)一般在招标前会对拟建项目的造价进行估算,这是其决定是否进行建设和筹措资金的基础。这种事先估算的价格和国内的标底类似,一般是由工料测量师完成的。工料测量师的造价估算一般不会对投标报价产生约束力,不会因为投标报价高于或者低于这一估算就导致废标。

3. 中标原则的区别与联系

《招标投标法》规定,中标人的投标应当符合下列条件之一:①能够最大限度地满足招标文件中规定的各项综合评价标准;②能够满足招标文件的实质性要求,并且经评审的投标报价最低,但是投标价格低于成本的除外。这样的规定体现了国内建设项目的中标原则:综合评价最优中标原则和最低评标价中标原则。

在国际上,建设项目招标实行最低报价中标原则,即应当由报价最低的投标人(承包商)中标。当然,实行这样的中标原则应当具备相应的环境条件,主要是要有严格的合同管理制度(特别是违约责任追究制度)和担保、保险制度等。

4. 评标组织的区别与联系

《招标投标法》对评标的组织作出了明确的规定,评标由招标人依法组建的评标委员会负责,评标委员会成员由招标人从国务院有关部门或者省、自治区、直辖市人民政府有关部门提供的专家名册或者招标代理机构的专家库内的相关专业的专家名单中选定。

而在国际上,政府对非政府投资项目的招标是不进行干预的,对非政府投资项目的评标组织的组成也是不进行干预的。对于非政府投资项目,只有当招标人在评标组织的组成上违反招标文件的规定，才可能受到司法部门的干预。也就是说，在国际上，政府是被动地介入非政府投资项目的招标的。

5. 评标程序的区别与联系

国内评标实践中采用的评标程序一般包括投标文件的符合性鉴定、技术评估、商务评估、投标文件澄清、综合评价与比较、编制评标报告等几个步骤。符合性鉴定是检查投标文件是否实质上响应招标文件的要求。技术评估的目的是确认和比较投标人完成本工程的技术能力，以及施工方案的可靠性。商务评估的目的是从工程成本、财务和经验分析等方面评审投标报价的准确性、合理性、经济效益和风险等，比较授标给不同的投标人产生的不同后果。投标文件澄清是在为了有助于投标文件的审查、评价和比较时，评标委员会可以要求投标人对其投标文件予以澄清，投标人以书面形式正式答复。澄清和确认的问题必须由授权人员正式签字，并声明将其作为投标文件的组成部分，但澄清问题的文件不允许对投标文件进行实质性修改。综合评价与比较是在以上工作的基础上，根据招标文件中规定的评标标准，将价格以外的其他评价指标全部折算成价格累加到投标报价上或从中扣除，最后得到一个评标价。将各个标书的评标价按由低到高的顺序进行排序，然后在符合要求的投标文件中选出评标价最低的作为中标人。

国际建设项目的评标重点集中在最低报价的三份投标文件上。除了审核投标文件在计算上有没有错误之外，主要的分析工作一般集中于小项的单价是否合理。特别是审核那些有可能增加或减少数量的小项及投标的策略是否正常。例如是否将大部分费用集中在早期施工的项目，如地基及混凝土结构上。除上述价格、数量与投标策略的审核外，还要注意前三标承包商的以往工程表现、财务与信用状况以及以往工程现场的安全表现、以往违法记录（如非法聘用劳工、触犯劳工法等行为）。

二、国际工程招标方式

国际工程招标方式可归纳为四种类型，即国际竞争性招标（公开招标）、国际限制性招标、两阶段招标和议标。

1. 国际竞争性招标

国际竞争性招标是指在国际范围内，采用公平竞争方式，定标时按事先规定的原则，对所有具备要求资格的投标人一视同仁，根据其投标报价及评标的所有依据，如工期要求，可兑换外汇比例（指按可兑换和不可兑换两种货币付款的工程项目），投标人的人力、财力和物力及其拟用于工程的机构设备等，进行评标、定标。采用这种方式可以最大限度地挑起竞争，形成买方市场，使招标人有最充分的挑选余地，取得最有利的成交条件。

国际竞争性招标是目前世界上常用的招标方式，业主可以在国际市场上找到最有利于自己的承包商，无论在价格和质量方面，还是在工期及施工技术方面都可以满足自己的要求。按照国际竞争性招标方式，招标的条件由业主（或招标人）决定，因此，订立最有利于业主的合同是理所当然的。国际竞争性招标较其他方式更能使投标人信服。尽管在评标、定标工作中不能排除某些不光明正大行为，但比起其他方式，由于国际竞争性招标影响大、涉及面广，当事人不得不有所收敛等原因而显得比较公平、合理。

国际竞争性招标的适用项目按不同方式划分如下。

（1）按资金来源划分：适用于由世界银行及其附属组织国际开发协会和国际金融公司提供优惠贷款的工程项目；由联合国多边援助机构和国际开发组织地区性金融机构，如亚洲开发银行提供援助性贷款的工程项目；由某些国家的基金会（如科威特基金会）和一些政府

(如日本)提供资助的工程项目;由国际财团或多家金融机构投资的工程项目;两国或两国以上合资的工程项目;需要承包商提供资金即带资承包或延期付款的工程项目以实物偿付(如石油、矿产或其他实物)的工程项目;发包国拥有足够的自有资金,而自己无力实施的工程项目。

(2) 按工程性质划分:大型土木工程,如水坝、电站和高速公路等;施工难度大,发包国在技术或人力方面均无实施能力的工程,如工业综合设施、海底工程等;跨越国境的国际工程,如非洲公路、连接欧亚两大洲的陆上贸易通道;体量巨大的现代工程,如英法海峡过海隧道、日本的海下工程等。

2. 国际限制性招标

国际限制性招标是对于参加该项工程投标者有某些范围限制的招标。由于国际项目的不同特点,特别是建设资金的来源不一,有着各种各样的国际限制性招标。国际限制性招标的特点如下。

(1) 排他性原则。某些援助国或者贷款国给予贷款的建设项目,可能只限于向援助国或援款国的承包商招标;有的可能允许受援国或接受贷款国家的承包商与援助商或贷款国的承包商联合投标,但完全排除第三国的承包商,甚至受援国的承包商与第三国承包商联合投标也在排除之列。

(2) 指定性招标或邀请招标。采用这种方式时,一般不在报刊上刊登广告,而是根据招标人自己积累的经验和资料或由咨询公司提供的承包商名单,由招标人在征得世界银行或其他项目资助机构的同意后对某些承包商发出邀请,经过对应邀人进行资格预审后,再行通知其提出报价,递交投标文件。

(3) 地区性招标。由于资金来源属于某一地区性组织,如阿拉伯基金、沙特发展基金、地区性金融机构贷款等,虽然这些货款项目的招标是国际性的,但限制属于该组织的成员国的承包商才能投标。

(4) 保留性招标。某些国家为了照顾本国公司的利益,对于一些面向国际的招标,保留一些限制条件。例如,规定外国承包商只有同当地承包商组成联合体或者合资才能参加该项目投标;或者规定外国公司必须接受将部分工程分包给当地承包商的条件,才允许参加投标等。所有各种形式的限制性招标的操作,可以参照公开招标的办法和规则进行,也可以自行规定某些专门条款,要求参加投标的承包商共同遵守。

国际限制性招标通常适用于以下情况。

(1) 工程量不大、投标人数目有限或考虑其他不宜国际竞争性招标的正当理由,如对工程有特殊要求等。

(2) 某些大而复杂且专业性很强的工程项目,如石油化工项目。可能的投标者很少,准备招标的成本很高。为了节省时间,又能节省费用,还能取得较好的报价,招标可以限制在少数几家合格企业的范围内,以使每家企业都有争取合同的较好机会。

(3) 由于工程性质特殊,要求有专门经验的技术队伍和熟练的技工及专门技术设备,只有少数承包商能够胜任。

(4) 工程规模太大,中小型公司不能胜任,只好邀请若干家大公司投标。

(5) 工程项目招标通知发出后无人投标,或投标人数目不足法定人数(如至少 3 家),招标人可再邀请少数公司投标。

(6) 由于工期紧迫,或由于保密要求或由于其他原因不宜公开招标的工程。

3. 两阶段招标

两阶段招标实质上是国际竞争性招标与国际限制性招标相结合的方式。第一阶段按公开招标方式招标，经过开标和评标后，再邀请其中报价较低的或较合适的三四家投标人进行第二次投标报价。具体适用情况同国内二阶段招标，在此不再赘述。

4. 议标

议标是一种非竞争性招标。严格来讲，议标不算一种招标方式，最初，议标的习惯做法是由发包人物色一家承包商直接进行合同谈判。只是在某些工程项目的造价过低，不值得组织招标，由于其专业为某一家或几家垄断，因工期紧迫不宜采用竞争性招标，或者招标内容是关于咨询、设计和指导性服务或属保密工程等情况下，才采用议标方式。

随着承包活动的广泛开展，议标的含义和做法也不断发展和改变。目前，在国际承包实践中，发包单位已不再仅仅是同一家承包商议标，而是同时与多家承包商进行谈判，最后无任何约束地将合同授予其中的一家，无须优先授予报价最优惠者。议标给承包商带来较多好处：①承包商不用出具投标保函；②议标竞争性弱，竞争对手不多，因而缔约的可能性较大。

议标在国际上的应用非常广泛。近十年来，国际上规模较大的225家承包商的每年成交额约占世界总成交额的40%，而他们有90%的合同是通过议标取得的。由此可见，议标在国际承发包工程中占据重要地位。

议标通常在以下情况下采用：①由于技术的需要或重大投资原因只能委托给特定的承包商或制造商实施的合同；②属于研究、试验或实验及有待在施工中完善的项目承包合同；③经过招标，没有中标者，这种情况下，业主可以通过议标另行委托承包商；④出于紧急情况或需求急迫的项目；⑤秘密工程；⑥属于国防需要的工程；⑦为业主实施过项目且获得业主满意的承包商再次承担基本技术相同的工程项目。

三、国际工程招标投标程序

国际工程招投标程序主要是指我国建筑施工企业参与投标竞争国外工程所适用的程序，同时也包括在我国境内建设而需要采用国际招标的建设项目招投标时所适用的程序。随着我国改革开放的不断深化和现代化建设的迅速发展，建设工程项目吸收世界银行、亚洲开发银行、外国政府、外国财团和基金会的贷款作为建设资金来源的情况越来越多。所以，这些建设工程项目的招标与投标，必须符合世界银行的有关规定或遵从国际惯例，采用国际工程项目招投标方式进行招投标。国际工程项目招标投标程序如图2-3所示。

四、世界银行对招标采购活动的有关规定

1. 国际竞争性招标的一般程序

世界银行对贷款项目的设备、物资采购和建筑安装工程承包，一般都要求通过国际竞争性招标，向合格的投标商提供公平、平等的投标机会，使项目实施能获得成本最低、效果最好的商品和劳务。同时，为了鼓励和促使借款国的制造业和建筑业的发展，在同等条件下，借款国投标商可以享受一定的优惠条件。借款国应将拟采取的招标办法（国际竞争性招标或其他采购办法）列入协定条款。然后借款国（项目单位）可以根据《世界银行贷款和国际开发协会信贷的采购指南》的程序，组织招标。在某些情况下，为了更加迅速和有效地执行项目，在同世界银行签订贷款协定以前，借款人与厂商已签订了采购合同时，如采购程序符合世界银行准则，可以追认，但应由借款人自己承担风险。

如上所述，世界银行只资助该项目的一部分费用，但《世界银行贷款和国际开发协会信

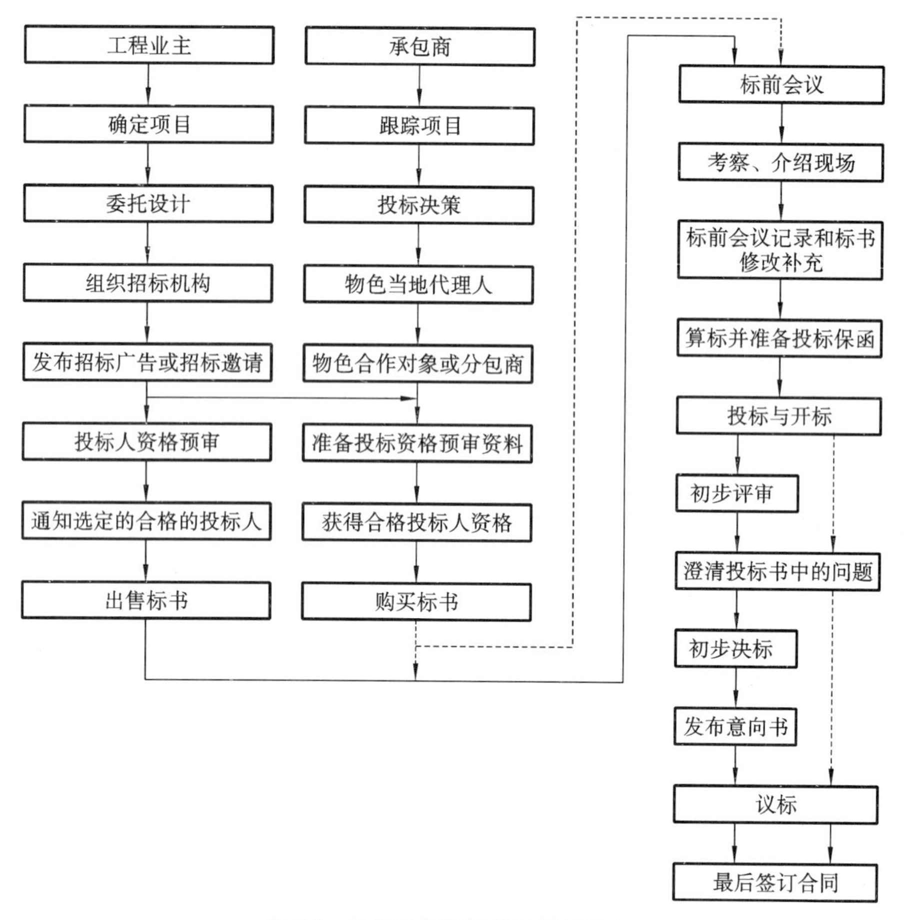

图 2-3 国际工程项目招标投标程序

贷的采购指南》规定的程序都适用于全部或部分使用贷款的采购。对于货物采购和工程招标工作，全部由借款人负责（也可以委托专门的招标机构承办），但世界银行要实行监督。其步骤如下：

（1）由世界银行先批准采购程序；

（2）审定参加投标者的资格和条件（重大项目）；

（3）审查招标文件和发布通告（报送文件副本）；

（4）审查评标、定标的方法和决定，并审定借款国投标者的资格和优惠条件；

（5）审定不进行国际竞争性招标部分的采购程序；

（6）审查采购合同。

世界银行对于违反商定程序进行采购和工程承包（即错误采购），将不予付款或予以扣还，不过世界银行可以根据贷款协定，采取补救措施。

对于某些特定的货物和工程，虽适用国际竞争性招标，但借款国希望能为本国厂商保留这些采购而提出申请保留性采购（应在贷款协定时商定），世界银行可以接受，但必须符合以下条件：

（1）此项采购不属世界银行贷款资助部分；

（2）此项采购不会影响贷款项目执行中的费用、质量和工程进度。

借款国在组织国际性招标之初，即应准备招标文件，并发布通知。公布招标文件到正式投标的时间，应根据采购内容确定，按一般国际惯例至少应有 45 天，如工程较大，则至少应有 90 天，使投标者有充足的时间进行实地调查和准备标书。

对大型或复杂的工程以及某些专用设备和特殊服务，世界银行要求对投标者进行资格预审。哪些合同需要预审，应在贷款协定中加以规定。对一般采购，项目单位也要进行资格审查，必要时可在招标通告中提出投标者应具备的资格或条件，以保证只有足够能力和财力的投标商才能参加投标，以获得优质、低价和有效的商品和劳务。一般情况下，要审查投标者如下基本条件：

(1) 过去履行类似性质的合同的经验和完成情况；

(2) 人事、管理、装备水平和技术能力状况；

(3) 财务状况和信用情况。

另外，对借款国的投标者也要做资格审查，以便确定他们是否可以享受一定程度的价先权利。

世界银行的国际竞争性采购过程可按下列步骤进行：

准备招标文件和投标须知→投标前资格预审→颁布招标文件→开标前会议→现场踏勘、标书澄清→开标→评标→投标后资格审定→合同谈判→签订合同。

至于国内对世界银行借款项目的采购程序，现以中国机械进出口(集团)有限公司(简称“中机”)所属的中机国际招标公司的代理采购(设备、物资)为例介绍，以供参考。

项目部根据贷款协定提出计划和申请→项目办公室或建设单位提出采购清单(符合协定采购项目)→国家发改委或财政部批准→“中机”国际招标公司和相关设计院编制详细的招标文件→商务部(国家机电产品进出口办公室)和主管部门批准招标文件→报送世界银行审查并经同意→“中机”国际招标公司刊登招标通告→出售标书→资格预审(如需要)→投标开标→评标小组初评→评标委员会评标→草拟评标报告→国内有关部门审查并报世界银行复审→世界银行批准评标报告→“中机”国际招标公司发出中标通知书→合同谈判→签订合同→编制合同清单并报国内有关部门审查备案→报世界银行审查备案→办理提款申请和支付手续(开始合同执行)。

其中，出售标书、资格预审、投标开标为 60～120 天；评标小组初评、评标委员会评标、草拟评标报告为 60～120 天；国内有关部门审查并送世界银行复查，世界银行批准评标报告为 30～45 天。

2. 世界银行采购指南

为了使招标采购工作标准化、规范化，世界银行于 1951 年公布了《国际竞争性招标的采购规则》。之后，为适应采购工作发展的需要，世界银行先后对其采购政策进行了 12 次修订。现在正在使用的是 1997 年 9 月世界银行发布的《采购指南》最新修订版，其主要内容包括四个主要部分：指南概述、国际竞争性招标、其他采购方式及指南附录。详细内容可查阅国际复兴开发银行贷款和国际开发协会信贷采购指南目录。

五、亚洲开发银行对招标采购活动的有关规定

1. 亚洲开发银行有关招标的规定

亚洲开发银行(以下简称亚行)对亚太地区各国的经济建设，发挥了很大的促进作用。

与世界银行一样，亚行对于其贷款项目的工程招标，也提出了一系列的规定性文件，要

求借款国遵照执行。

亚行发布的《采购指南》和《招标采购文件范本》,内容基本上与世界银行发布的有关文件相同。尤其对于土建合同,两大金融机构都全文引用FIDIC合同条款蓝本的"通用条款"部分,其合同特殊条款的编制方法也与世界银行项目类似。

亚行对项目使用贷款情况,进行定期的监督检查,其检查方法主要如下:

(1) 审查批准借款人的资格预审文件;

(2) 审查批准借款人的资格预审的评审标准;

(3) 审查批准信款人的资格预审评审报告;

(4) 审查批准借款人的招标采购文件;

(5) 审查批准借款人的评标报告;

(6) 确定派出检查团到项目实地考察;

(7) 必要时派出专门贷款使用检查团。

在项目准备过程中,借款人在与亚行项目官员进行广泛的磋商之后,提出每种工程、货物、设备的采购方式。一般来说,亚行贷款项目采购中,凡属亚行支付的部分,尤其中、大型基础设施的土建工程采购均要求采用国际竞争性招标的方式进行。除国际竞争性招标以外,亚行还提供了其他几种采购方式供借款人在项目采购时使用。

2. 亚洲开发银行的资金来源

亚行自身开展业务的资金分为三部分:一是普通资金,用于亚行的硬贷款业务;二是亚洲开发基金,用于亚行的软贷款业务;三是技术援助特别基金,用于以赠款形式进行的技术援助。除此之外,亚行还从日本政府获得日本特别基金,并从其他资金渠道为项目安排联合融资。

(1) 普通资金。亚行的普通资金主要来源于:①股本;②借款,主要从国际资本市场上发行债券的形式对外借款;③普通储备金。亚行普通资金用于硬贷款,硬贷款利率为浮动利率,每6个月调整一次,贷款期限为10～30年,宽限期为2～7年。

(2) 亚洲开发基金。亚洲开发基金主要来源于亚行发达成员国的捐赠,用于给亚太地区贫困成员发放优惠贷款,即软贷款,仅提供给国民收入低于670美元而且还债能力有限的亚行成员,贷款期限为40年,含10年宽限期,不收取利息,仅收1%的手续费。

(3) 技术援助特别基金。该特别基金主要来源于成员的捐款和亚行业务收入的一部分,用于资助发展中成员聘请咨询专家,培训人员,购置设备,进行项目准备、项目执行,制定发展战略,加强机构建设,加强技术力量,从事部门研究并制定有关国家和部门的计划和规划等。

【能力训练】

一、技能训练

训练任务1:招标方式训练

选取某拟招标工程,对该工程招标方式的选择进行论证分析,分别从该工程的规模、性质、业主的风险、投标人面对的潜在风险等角度分析选择哪种工程招标方式为最优。全班同学可分成若干小组,几个小组从选择公开招标的角度论述,几个小组从选择邀请招标的角度论述,其他小组尝试讨论使用两阶段招标的可行性,最后由老师点评。

训练任务 2:制订招标计划

选定某工程项目,招标方式为公开招标,资格审查方式为资格预审。学生分组讨论,依据最合理时间编制招标计划,各组提交各自招标计划,老师进行审核、评定。

实训要求:掌握招投标业务全过程的主要工作都有哪些;掌握各阶段关键工作之间的时间要求;根据要求编制出合理的招标计划。

二、复习思考题

1. 简述建设工程招标原则与范围。
2. 简述建设工程招标工作程序与招标内容。
3. 建设工程施工资格预审文件由哪些内容组成?
4. 建设工程施工招标文件由哪些内容组成?
5. 简述建设工程施工招标的组成内容。

第三章　建设工程招标

【知识目标】

1. 掌握建设工程招标控制价的编制。
2. 掌握招标文件的组成内容。
3. 熟悉招标的前期工作。
4. 熟悉招标公告或投标邀请书的编制与发布。
5. 了解资格审查的程序、内容。
6. 熟悉标准资格预审文件的格式。
7. 熟悉工程量清单的编制。

【技能目标】

1. 编制招标控制价的能力。
2. 编制招标文件的能力。
3. 编制工程量清单的能力。

【引导案例】

××市××区某工程施工招标，该项目为国有非政府投资项目，由业主自筹资金，出资100%，资金已经落实，招标范围为装修改造施工，计划工期90天。招标文件部分内容如下。

投标人须知前附表如下。

投标人须知前附表

条款号	条款名称	编列内容
1.1.2	招标人	名称：×× 地址：××路32号 联系人：××先生 电话：××
1.1.3	招标代理机构	名称：××工程管理有限公司 地址：××路100号 联系人：×工 电话：××
1.2.1	资金来源及比例	自筹 本工程属于国有非政府投资项目
1.4.1	投标人资质条件、能力	资质条件：专业承包建筑装修装饰工程二级(含)以上且专业承包消防工程三级(含)以上 项目负责人资格：注册建造师证建筑工程二级(含)以上且具有安全生产考核合格证书(B类)
2.1	构成招标文件的其他材料	投标文件电子光盘一份
3.3.1	投标有效期	90天

续表

条款号	条款名称	编列内容
3.4.1	投标保证金	投标保证金的形式:电汇/转账支票/汇票 投标保证金的金额:50000元 投标保证金提交帐号:××
4.2.2	递交投标文件地点	××市交易中心
4.2.3	是否退还投标文件	否
5.1	开标时间和地点	开标时间:同投标截止时间 开标地点:××市交易中心
5.2	开标程序	投标人解密时间:公布投标人名称后90分钟内
7.3.1	履约担保	履约担保的形式:电汇/转账支票/汇票 履约担保的金额:承发包合同价的5%
10	需要补充的其他内容	
10.1	招标控制价	601.34万元
10.5	招标代理费用	工程量清单及招标控制价编制按规定的收费标准的40%计取;由中标人在领取中标通知书时缴纳代理费用和专家评委费

合同协议书如下。

发包人:××

承包人:××

根据《中华人民共和国合同法》等有关规定,遵循平等、自愿、公平和诚实信用的原则,双方就××项目施工及有关事项协商一致,共同达成如下协议。

一、工程概况

1. 工程名称:××装修改造工程

2. 工程地点:××路××号

3. 工程立项批准文号:××发改[2015]××号

4. 资金来源:自筹

5. 工程内容:装修改造工程

6. 工程承包范围:××装修改造

二、合同工期

工期总日历天数:90天。

三、质量标准

四、签约合同价与合同价格形式

五、项目经理

六、合同文件构成

七、承诺

八、词语含义

九、签订时间

十、签订地点
十一、补充协议
十二、合同生效
十三、合同份数

第一节　建设工程招标概述

一、建设工程招标应具备的条件

依法必须招标的工程建设项目，应当具备下列条件才能进行施工招标：

(1) 招标人已经依法成立；

(2) 初步设计及概算应当履行审批手续的，已经批准；

(3) 招标范围、招标方式和招标组织形式等应当履行核准手续的，已经核准；

(4) 有相应资金或资金来源已经落实；

(5) 有招标所需的设计图纸及技术资料。

二、建设工程招标范围

《招标投标法》规定，在中华人民共和国境内进行下列工程建设项目，包括项目的勘察、设计、施工、监理以及与工程建设有关的重要设备、材料等的采购，必须进行招标：

① 大型基础设施、公用事业等关系社会公共利益、公众安全的项目；

② 全部或者部分使用国有资金投资或者国家融资的项目；

③ 使用国际组织或者外国政府贷款、援助资金的项目。

依据《招标投标法》的基本原则，《工程建设项目招标范围和规模标准规定》对必须招标的范围作出了进一步细化，具体要求如下。

(1) 关系社会公共利益、公众安全的基础设施项目的范围包括以下内容：

① 煤炭、石油、天然气、电力、新能源等能源项目；

② 铁路、公路、管道、水运、航空以及其他交通运输业等交通运输项目；

③ 邮政、电信枢纽、通信、信息网络等邮电通信项目；

④ 防洪、灌溉、排涝、引(供)水、滩涂治理、水土保持、水利枢纽等水利项目；

⑤ 道路、桥梁、地铁和轻轨交通、污水排放及处理、垃圾处理、地下管道、公共停车场等城市设施项目；

⑥生态环境保护项目；

⑦其他基础设施项目。

(2) 关系社会公共利益、公众安全的公用事业项目的范围包括以下内容：

① 供水、供电、供气、供热等市政工程项目；

② 科技、教育、文化等项目；

③ 体育、旅游等项目；

④ 卫生、社会福利等项目；

⑤ 商品住宅，包括经济适用房；

⑥其他公用事业项目。

（3）使用国有资金投资项目的范围包括以下内容：

① 使用各级财政预算资金的项目；

② 使用纳入财政管理的各种政府性专项建设基金的项目；

③ 使用国有企事业单位自有资金，并且国有资产投资者实际拥有控制权的项目。

（4）国家融资项目的范围包括以下内容：

① 使用国家发行债券所筹资金的项目；

② 使用国家对外借款或者担保所筹资金的项目；

③ 使用国家政策性贷款的项目；

④ 国家授权投资主体融资的项目；

⑤ 国家特许的融资项目。

（5）使用国际组织或者外国政府资金的项目的范围包括以下内容：

① 使用世界银行、亚洲开发银行等国际组织贷款资金的项目；

② 使用外国政府及其机构贷款资金的项目；

③ 使用国际组织或者外国政府援助资金的项目。

（6）法律或者国务院规定的其他必须招标的项目。

第二节　建设工程招标程序

建设工程招标是招标人和投标人共同参与的一个整体活动，它的基本程序如图 3-1 所示。

一、招标的前期工作

1. 落实招标条件

按照国家有关规定需要履行项目审批手续的招标项目，应当先履行审批手续，取得批准。按照国家有关规定需要履行项目审批、核准手续，依法必须进行招标的项目，其招标范围、招标方式、招标组织形式应当报项目审批、核准部门审批、核准。项目审批、核准部门应当及时将审批、核准确定的招标范围、招标方式、招标组织形式通报有关行政监督部门。依法必须招标的工程项目必须达到上述所规定的条件。所招标的工程建设项目应到当地招标投标监管机构登记备案核准。

2. 划分标段

依据工程项目的特点、总体进度计划的要求进行施工招标规划时，首先应该确定招标的阶段次数与时间、每次招标发包的数量。在充分考虑施工技术的专业特点基础上，合理划分标段。如按照施工的顺序，先进行土建招标，再进行设备安装招标；特殊专业技术施工可以单独划分一个独立的合同包；对单位工程较多的项目，可以采用平行发包。

合同包的数量不能简单地一概而论，应结合项目的施工特点、建设资金的到位计划、可能参与投标竞争的施工承包人的数量和能力进行统筹考虑。平行发包的的数量少，合同管理相对单一。但大型复杂项目的工程总承包，由于要求承包人的施工能力强，因此有能力参与竞争的投标人相对较少，投标竞争的激烈程度相应降低。而且合同包的工作内容过多，施工阶段会有较多的分包，发包人对分包人的施工不能进行有效控制。反之，平行发包的数量

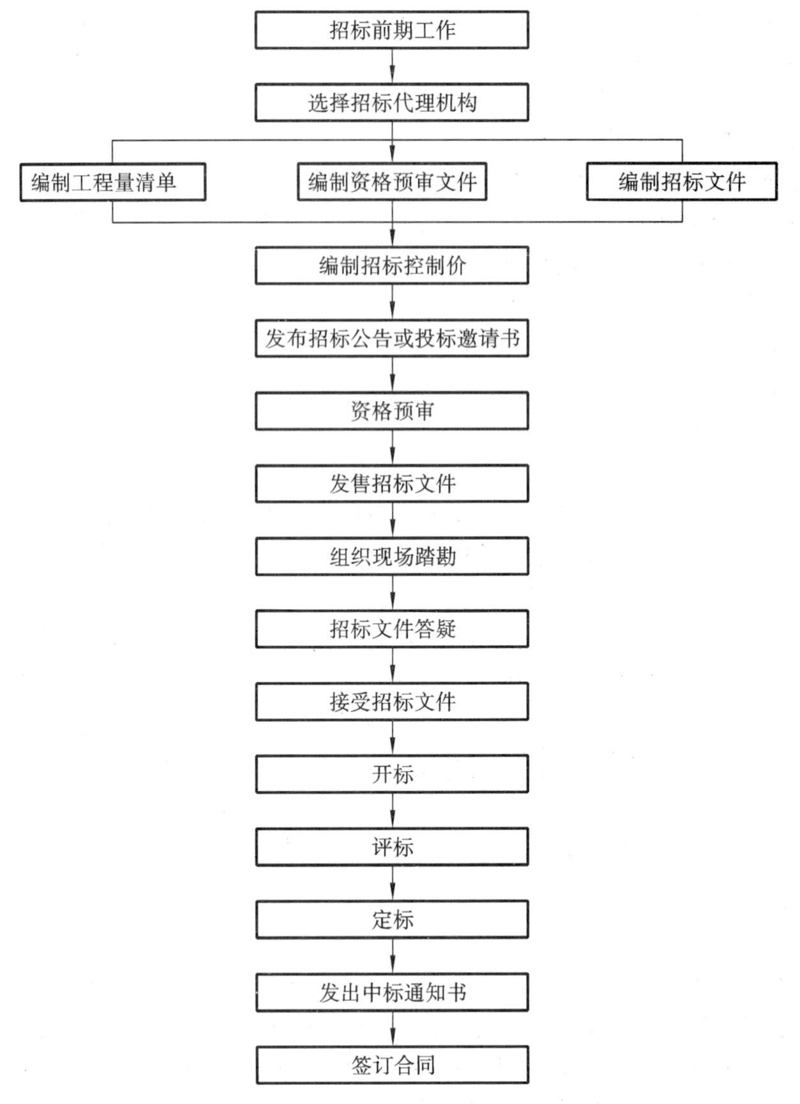

图 3-1　建设工程招标程序

多，可以充分利用多个施工承包人的技术、人力和技术资源，加快整体的施工进度，缩短建设周期。平行发包的缺点是合同数量多，施工阶段的管理、协调复杂。

通常情况下，划分合同包的工作范围时，主要应考虑以下因素的影响。

(1) 施工内容的专业要求。

土建施工和设备安装应分别招标。土建施工采用公开招标，跨行业、跨地域在较广泛的范围内选择技术水平高、管理能力强且报价合理的投标人实施。设备安装工作由于专业技术要求高，可采用邀请招标选择有能力的中标人。

(2) 施工现场条件。

划分合同包时，应充分考虑在施工过程中几个独立承包商同时施工可能发生的交叉干扰的情况，以利于监理对各合同的协调管理。划分合同包的基本原则是现场施工尽可能避免平面或不同高程作业的干扰，还需考虑各合同施工中在空间和时间上的衔接，避免两个合同交接面工作责任的推诿或纠纷，关键线路上的施工内容划分在不同合同包时要保证总进度计划目标的实现。

(3) 对工程总投资影响。

合同包数量划分的多与少对工程总造价的影响不能一概而论,应根据项目的具体特点进行客观分析。只发一个合同包,便于承包人施工,人工、施工机械和临时设施可以统一使用;划分合同包数量较多时,各投标书的报价中均要分别考虑动员准备费、施工机械闲置费、施工干扰的风险费等。但大型复杂项目的工程总承包,由于有能力参与竞争的投标人较少,且报价中往往计入分包管理费,会导致中标的合同价较高。

(4) 其他因素影响。

工程项目的施工是一个复杂的系统工程,影响划分合同包的因素很多,如筹措建设资金的计划到位时间、施工图完成的计划进度等条件。

3. 确定招标方式

招标方式是指招标人(发包人)与投标人(承包人)双方之间的经济关系形式。在编制招标文件前,招标人必须综合考虑招标项目的性质、类型和发包策略,招标发包的范围、招标工作的条件、具体环境和准备程度,项目的设计深度、计价方式和管理模式,以及便利发包人、承包人等因素,适当选择拟在招标文件中采用的招标发包承包方式。

4. 确定合同的计价方式

在实际工程中,合同计价方式丰富多样。目前国内外通常采用的合同方式主要有单价合同、总价合同、成本加酬金合同。

二、选择招标代理机构

发包人拥有与招标项目规模和复杂程度相适应的技术、经济等方面的专业人员,具有编制招标文件和组织评标能力时,可以自行办理招标事宜。任何单位和个人不得强制其委托招标代理机构办理招标事宜。依法必须招标的项目,招标人自行办理招标事宜的,应当向有关行政监督部门备案。若不具备相应能力,应委托招标代理机构负责招标工作的有关事宜。选择招标代理机构时,既要审查是否具有相应资质,还应考察其是否具有主持过与本次招标工程规模和复杂程度相应的经历,以便判断代理招标的能力。

三、编制招标文件

招标人应当根据招标项目的特点和需要编制资格预审文件和招标文件,并按规定报送招标投标监管机构审查备案。编制依法必须进行招标的项目的资格预审文件和招标文件,应当使用国务院发展改革部门会同有关行政监督部门制定的标准文本。

四、编制招标控制价

招标控制价是招标人根据国家或省级、行业建设主管部门颁发的有关计价依据和办法,以及拟定的招标文件和招标工程量清单,结合工程具体情况编制的招标工程的最高投标限价。

五、发布招标公告

进行资格预审的项目,需要发布资格预审公告。不进行资格预审的项目,则直接发布招标公告。招标人发布资格预审公告和招标公告,需通过报刊、广播、电视等公开媒体或者信息网进行发布。依法必须进行招标的项目的资格预审公告和招标公告,应当在国务院发展改革部门依法指定的媒介发布。在不同媒介发布的同一招标项目的资格预审公告或者招标公告的内容应当一致。指定媒介发布依法必须进行招标的项目的境内资格预审公告、招标公告，不得收取费用。

六、资格预审

由招标人对申请参加投标的潜在投标人进行资质条件、业绩、信誉、技术、资金等多方面的情况进行资格审查。只有在资格预审中被认定为合格的潜在投标人(或者投标人)，才可以参加投标。

七、发售招标文件

招标人将招标文件、图纸和有关技术资料发售给通过资格预审获得投标资格的投标人。投标人收到招标文件、图纸和有关资料后，应认真核对，核对无误后，以书面形式予以确认。

招标人应当按资格预审公告、招标公告或者投标邀请书规定的时间、地点出售招标文件。自招标文件开始出售之日到停止出售之日止，最短不得少于 5 日。

招标人发售招标文件收取的费用应当限于补偿印刷、邮寄的成本支出，不得以营利为目的。对于所附的设计文件，可以酌情收取押金，开标后投标人退还设计文件的，招标人应向投标人退还押金。

招标文件售出后，不予退还。招标人在发布招标公告或者售出招标文件或者资格预审文件后不得擅自终止招标。

招标人可以对已发出的招标文件进行必要的澄清或者修改。澄清或者修改的内容可能影响投标文件编制的，招标人应当在投标截止时间至少 15 日前，以书面形式通知所有获取招标文件的潜在投标人；不足 15 日的，招标人应当顺延提交投标文件的截止时间。该澄清或者修改的内容为招标文件的组成部分。

八、踏勘现场

招标人根据招标项目的具体情况，可以组织投标人踏勘现场，向其介绍工程场地和相关环境的有关情况。潜在投标人依据招标人介绍情况作出的判断和决策，由投标人自行负责。

招标人不得组织单个或者部分潜在投标人踏勘项目现场。

九、招标文件答疑

投标人应在招标文件规定的时间前，以书面形式将提出的问题送达招标人，由招标人以投标预备会或以书面答疑的方式澄清。

招标文件中规定召开投标预备会的，招标人应按规定的时间和地点召开投标预备会，澄清投标人提出的问题。预备会后，招标人需要在招标文件中规定的时间之前，将对投标人所提的问题进行澄清，以书面方式通知所有购买招标文件的投标人。

潜在投标人或者其他利害关系人对招标文件有异议的，应当在投标截止时间 10 日前提出。招标人应当自收到异议之日起 3 日内作出答复；作出答复前，应当暂停招标投标活动。

十、接受投标文件

投标人根据招标文件的要求，编制投标文件，并进行密封和标记，在投标截止时间前按规定地点提交至招标人，招标人按照招标文件中规定的时间和地点接收投标文件。未通过资格预审的申请人提交的投标文件，以及逾期送达或者不按照招标文件要求密封的投标文件，招标人应当拒收。招标人应当如实记载投标文件的送达时间和密封情况，并存档备查。依法必须招标的项目，自招标文件开始发出之日至投标人提交投标文件截止之日，最短不得少于 20 日。

十一、开标

招标人在招标文件中确定的提交投标文件截止日期的同一时间即为开标时间，按招标文件中预先确定的地点及规定的议程进行公开开标，并邀请所有投标人的法定代表人或其委托代理人准时参加。

十二、评标

由招标人依法组建评标委员会，在招标投标监管机构的监督下，依据招标文件规定的评标标准和方法，对投标人的报价、工期、质量、主要材料用量、施工方案或施工组织设计、以往业绩、社会信誉、优惠条件等方面进行评价，提出书面评标报告，推荐中标候选人。

十三、定标

依法必须进行招标的项目，招标人应当自收到评标报告之日起 3 日内公示中标候选人，公示期不得少于 3 个月。投标人或者其他利害关系人对依法必须进行招标的项目的评标结果有异议的，应当在中标候选人公示期间提出。招标人应当自收到异议之日起 3 日内作出答复；作出答复前，应暂停招标投标活动。

招标人根据评标报告和推荐的中标候选人确定中标人。招标人也可以授权评标委员会直接确定中标人。

十四、发出中标通知书

中标人选定后由招标投标监管机构核准，获准后在招标文件中规定的投标有效期内招标人以书面形式向中标人发出中标通知书，同时将中标结果通知未中标的投标人。

十五、签订合同

招标人与中标人应当在中标通知书发出之日起 30 日内，按照招标文件签订书面工程承包合同。

依法必须招标的项目，招标人应当自确定中标人之日起 15 日内，向当地有关建设行政监督部门提交招标投标情况的书面报告。书面报告包括以下内容：招标范围事招标方式和发布招标公告的媒介，招标文件中投标人须知、技术条款、评标标准和方法、合同主要条款等内容，评标委员会的组成和评标报告、中标结果。

招标人终止招标的，应当及时发布公告，或者以书面形式通知被邀请的或已经获取资格预审文件、招标文件的潜在投标人。已经发售资格预审文件、招标文件或者已经收取投标保证金的，招标人应当及时退还所收取的资格预审文件、招标文件的费用，以及所收取的投标保证金和银行同期存款利息。

第三节 招标文件的编制

建设工程招标文件，是建设工程招标人单方面阐述自己的招标条件和具体要求的文件，是招标人确定、修改和解释有关招标事项的各种书面表达形式的统称，也是指导整个招标投标工作全过程的纲领性文件。按照《招标投标法》的规定，招标文件应当包括招标项目的技术要求，对投标人资格审查的标准、投标报价要求、评标标准等所有实质性要求和条件，以及拟签合同的主要条款。建设项目施工招标文件是由招标人(或其委托的咨询机构)编制和发布的，它既是投标单位编制投标文件的依据，也是招标人与中标人签订工程承包合同的基础。招标文件中提出的各项要求，对整个招标工作乃至发承包双方都具有约束力，因此招标文件的编制及其内容必须符合有关法律法规的规定。

《工程建设项目施工招标投标办法》规定，招标文件一般包括以下内容：投标邀请书；投标人须知；合同主要条款；投标文件格式；采用工程量清单招标的，提供工程量清单；技术条款；设计图纸；评标标准和方法；投标辅助材料。

《房屋建筑和市政工程标准施工招标文件》规定，招标文件包括以下内容：招标公告(投标邀请书)、投标人须知、评标办法、合同条款及格式、工程量清单、图纸、技术标准和要求、投标文件格式、投标人须知前附表规定的其他材料。

一、招标公告或投标邀请书

建设工程施工招标采用公开招标方式的，招标人应当发布招标公告。当未进行资格预审时，招标文件中应包括招标公告。当进行资格预审时，招标文件中应包括投标邀请书，该邀请书可代替资格预审通过通知书，以明确投标人已具备了在某具体项目某具体标段的投标资格，其他内容包括招标文件的获取、投标文件的递交等。

招标公告具体包括以下内容：

(1) 招标条件；

(2) 项目概况与招标范围；

(3) 投标人资格要求；

(4) 投标报名；

(5) 招标文件的获取；

(6) 投标文件的递交；

(7) 发布公告的媒介；

(8) 联系方式。

二、投标人须知

投标人须知是招标文件的重要组成部分，是投标人的投标指南。投标人须知包括投标人须知前附表和正文两部分。

(一) 投标人须知前附表

投标人须知前附表用于进一步明确正文中的未尽事宜，由招标人根据招标项目具体特点和实际需要编制和填写，并不得与正文内容相抵触，否则抵触内容无效。投标人须知前附表见表 3-1。

表 3-1 投标人须知前附表

条款号	条款名称	编列内容
1.1.2	招标人	名称： 地址： 联系人： 电话：
1.1.3	招标代理机构	名称： 地址： 联系人： 电话：
1.1.4	项目名称	
1.1.5	建设地点	
1.2.1	资金来源及比例	
1.2.2	资金落实情况	
1.3.1	招标范围	
1.3.2	计划工期	计划工期：________日历天 计划开工日期：________年________月________日 计划竣工日期：________年________月________日 除上述总工期外，发包人还要求以下区段 工期：
1.4.1	投标人资质条件、能力	资质条件： 财务要求： 业绩要求： 信誉要求： 项目经理资格：________________专业________级(含以上级)注册建造师执业资格，具备有效的安全生产考核合格证书，且不得担任其他在施建设工程项目的项目经理 其他要求：
1.4.2	是否接受联合体投标	□不接受 □接受，应满足下列要求： 联合体资质按照联合体协议约定的分工认定
1.9.1	踏勘现场	□不组织 □组织，踏勘时间： 踏勘集中地点：
1.10.1	投标预备会	□不召开 □召开，召开时间： 召开地点：

续表

条款号	条 款 名 称	编 列 内 容
1.10.2	投标人提出问题的截止时间	
1.10.3	招标人书面澄清的时间	
1.11	分包	□不允许 □允许，分包内容要求： 分包金额要求： 接受分包的第三人资质要求：
1.12	偏离	□不允许 □允许，允许偏离最高项数： 偏差调整方法：______
2.1	构成招标文件的其他材料	
2.2.1	投标人要求澄清招标文件的截止时间	
2.2.2	投标截止时间	____年____月____日____时____分
2.2.3	投标人确认收到招标文件澄清的时间	
2.3.2	投标人确认收到招标文件修改的时间	
3.1.1	构成投标文件的其他材料	
3.3.1	投标有效期	______天
3.4.1	投标保证金	投标保证金的形式： 投标保证金的金额： 递交方式：
3.5.2	近年财务状况的年份要求	____年，指____年____月____日起至____年____月____日止
3.5.3	近年完成的类似项目的年份要求	____年，指____年____月____日起至____年____月____日止
3.5.5	近年发生的诉讼及仲裁情况的年份要求	____年，指____年____月____日起至____年____月____日止
3.6	是否允许递交备选投标方案	□不允许 □允许，备选投标方案的编制要求见附表七“备选投标方案编制要求”，评审和比较方法见第三章“评标办法”

续表

条款号	条 款 名 称	编 列 内 容
3.6.3	签字和(或)盖章要求	
3.6.4	投标文件副本份数	________份
3.6.5	装订要求	按照投标人须知第3.1.1项规定的投标文件组成内容，投标文件应按以下要求装订。 □不分册装订 □分册装订，共分______册，分别为： 投标函，包括______至______的内容 商务标，包括______至______的内容 技术标，包括______至______的内容 ______标，包括______至______的内容 每册采用__________方式装订，装订应牢固、不易拆散和换页，不得采用活页装订
4.1.2	封套上写明	招标人地址： 招标人名称： ______(项目名称)______标段投标文件 在______年______月______日______时______分前不得开启
4.2.2	递交投标文件地点	(有形建筑市场/交易中心名称及地址)
4.2.3	是否退还投标文件	□否 □是，退还安排：
5.1	开标时间和地点	开标时间：同投标截止时间 开标地点：
5.2	开标程序	密封情况检查： 开标顺序：
6.1.1	评标委员会的组建	评标委员会构成：______人，其中招标人代表______人(限招标人在职人员，且应当具备评标专家相应的或者类似的条件)，专家______人； 评标专家确定方式：__________
7.1	是否授权评标委员会确定中标人	□是 □否，推荐的中标候选人数：__________
7.3.1	履约担保	履约担保的形式： 履约担保的金额：
10	需要补充的其他内容	
10.1 词语定义		
10.1.1	类似项目	类似项目是指：
10.1.2	不良行为记录	不良行为记录是指：
…	…	

续表

条款号	条 款 名 称	编 列 内 容
10.2 招标控制价		
	招标控制价	□不设招标控制价 □设招标控制价，招标控制价为________元 详见本招标文件附件：______________
10.3“暗标”评审		
	施工组织设计是否采用“暗标”评审方式	□不采用 □采用，投标人应严格按照第八章“投标文件格式”中“施工组织设计(技术暗标)编制及装订要求”编制和装订施工组织设计
10.4 投标文件电子版		
	是否要求投标人在递交投标文件的同时递交投标文件电子版	□不要求 □要求，投标文件电子版内容： 投标文件电子版份数： 投标文件电子版形式： 投标文件电子版密封方式：单独放入一个密封袋中，加贴封条，并在封套封口处加盖投标人单位章，在封套上标记“投标文件电子版”字样
10.5 计算机辅助评标		
	是否实行计算机辅助评标	□否 □是，投标人需递交纸质投标文件一份，同时按本须知附表八“电子投标文件编制及报送要求”编制及报送电子投标文件；计算机辅助评标方法见第三章“评标办法”
10.6 投标人代表出席开标会		
	按照本须知第5.1款的规定，招标人邀请所有投标人的法定代表人或其委托代理人参加开标会，投标人的法定代表人或其委托代理人应当按时参加开标会，并在招标人按开标程序进行点名时，向招标人提交法定代表人身份证明文件或法定代表人授权委托书，出示本人身份证，以证明其出席，否则，其投标文件按废标处理	
10.7 中标公示		
	在中标通知书发出前，招标人将中标候选人的情况在本招标项目公告发布的同一媒介和有形建筑市场/交易中心予以公示，公示期不少于3个工作日	
10.8 知识产权		
	构成本招标文件各个组成部分的文件，未经招标人书面同意，投标人不得擅自复印和用于非本招标项目所需的其他目的。招标人全部或者部分使用未中标人投标文件中的技术成果或技术方案时，需征得其书面同意，并不得擅自复印或提供给第三人	

续表

条款号	条款名称	编列内容
10.9 重新招标的其他情形		
	除投标人须知正文第 8 条规定的情形外，除非已经产生中标候选人，在投标有效期内同意延长投标有效期的投标人少于三个的，招标人应当依法重新招标	
10.10 同义词语		
	构成招标文件组成部分的“通用合同条款”“专用合同条款”“技术标准和要求”和“工程量清单”等章节中出现的措辞“发包人”和“承包人”，在招标投标阶段应当分别按“招标人”和“投标人”进行理解	
10.11 监督		
	本项目的招标投标活动及其相关当事人应当接受有管辖权的建设工程招标投标行政监督部门依法实施的监督	
10.12 解释权		
	构成本招标文件的各个组成文件应互为解释，互为说明；如有不明确或不一致，构成合同文件组成内容的，以合同文件约定内容为准，且以专用合同条款约定的合同文件优先顺序解释；除招标文件中有特别规定外，仅适用于招标投标阶段的规定，按招标公告(投标邀请书)、投标人须知、评标办法、投标文件格式的先后顺序解释；同一组成文件中就同一事项的规定或约定不一致的，以编排顺序在后者为准；同一组成文件不同版本之间有不一致的，以形成时间在后者为准。按本款前述规定仍不能形成结论的，由招标人负责解释	
10.13 招标人补充的其他内容		
	…	

(二) 投标人须知正文及填写注意事项

投标人须知正文包括总则、招标文件、投标文件、投标、开标、评标、合同授予、重新招标或不再招标、纪律和监督、需补充的其他内容共 10 项内容。

1. 总则

总则包括项目概况，资金来源和落实情况，招标范围、计划工期和质量要求，投标人的资格要求，费用承担，保密，语言文字，计量单位，踏勘现场，投标预备会，分包，偏离 12 项内容。

(1) 项目概况。

项目概况包括本招标项目已具备的条件、招标人、招标代理机构、招标项目名称、项目建设地点等内容。这部分信息均已在招标公告(或投标邀请书)和投标人须知前附表中明确，填写时要注意以下事项。

① 填写招标人、招标代理机构的名称、地址、联系人和联系电话。联系方式应与招标公告或投标邀请书中写明的一致。联系电话最好填写两个以上(包括手机号码)，以保持联系畅通。

② 标准招标文件是按照一个标段对应一份招标文件的原则编写的。投标人须知中的

招标代理机构应为具体标段的招标代理机构。

③ 项目名称指项目审批、核准机关出具的有关文件中载明的或备案机关出具的备案文件中确认的项目名称。

④ 建设地点应填写项目的具体地理位置。

(2) 资金来源和落实情况。

在投标人须知前附表内注明本招标项目的资金来源，填写时应注意以下事项。

① 资金来源包括国拨资金、国债资金、银行贷款、自筹资金等，由招标人据实填写。

② 项目的出资比例。例如，财政拨款50%，银行贷款30%，企业自筹20%；如果全部为财政拨款，则直接填写100%财政拨款。

③ 资金落实情况根据《招投标法》规定，招标人应当有进行招标项目的相应资金或者资金来源已经落实，并应当在招标文件中如实载明。例如，财政拨款部分已经列入年度计划、银行贷款部分已签订贷款协议、企业自筹部分已经存入项目专用账户。

(3) 招标范围、计划工期和质量要求。

在前附表内列出本次招标范围、本标段的计划工期和本标段的质量要求，填写时应注意以下事项。

① 招标范围应准确明了，采用工程专业术语填写。如某建筑工程项目××工程中的地基与基础、主体结构、建筑装饰装修、建筑屋面、给水、排水及采暖、通风与空调、建筑电气、智能建筑、电梯工程等设计图纸显示的全部工程。但需要指出的是，招标人应根据项目具体特点和实际需要合理划分标段，并据此确定招标范围，避免过细分割工程或肢解工程。

② 计划工期由招标人根据项目具体特点和实际需要填写。有适用工期定额的，应参照工期定额合理确定。

③ 质量要求应根据国家、行业颁布的建设工程施工质量验收标准填写，不能将各种质量奖项、奖杯等作为质量要求。

(4) 投标人的资格要求。

投标人应具备承担本标段施工的资质条件、能力和信誉。资质条件、财务要求、业绩要求、信誉要求、项目经理资格及其他要求等应符合投标人须知前附表所列的条件。具体如下。

① 资质包括总承包资质和专业承包资质。

② 财务要求指企业的注册资本金、净资产、资产负债率、平均货币资金余额和主营业务收入的比值、银行授信额度等一项或多项指标情况。

③ 招标人根据项目具体特点和实际需要，明确提出投标人应具有的业绩要求，以证明投标人具有完成本标段工程施工的能力。本款提出的业绩要求必须与招标公告一致。

④ 企业信誉指企业在市场中所获得的社会上公认的信用和名誉，它反映出一个企业的履约信用。有关行政管理部门对企业信用考核有规定的，按照有关规定执行。一般来讲，考察企业的信誉，主要针对企业以往履约情况、不良记录等提出具体要求。

⑤ 项目经理资格指建设行政主管部门颁发的建造师执业资格。在规定项目经理资格时，其专业和级别应与建设行政主管部门的要求一致。

⑥ 其他要求指招标人依据行业特点及本次招标项目的特点、需要，针对投标企业提出的一些要求。

投标人不得存在下列情形之一：为招标人不具有独立法人资格的附属机构(单位)；为本

招标项目前期准备提供设计或咨询服务的；为本招标项目的监理人；为本招标项目的代建人；为本招标项目提供招标代理服务的；与本招标项目的监理人或招标代理机构同为一个法定代表人的；与本招标项目的监理人或代建人或招标代理机构相互控股或参股的；与本招标项目的监理人或代建人或招标代理机构相互任职或工作的；被责令停业的；被暂停或取消投标资格的；财产被接管或冻结的；在最近三年内有骗取中标、严重违约或重大工程质量问题的。

单位负责人为同一人或者存在控股、管理关系的不同单位，不得同时参加本招标项目投标。

(5) 费用承担。

投标人准备和参加投标活动发生的费用自理。

(6) 保密。

参与招标投标活动的各方应对招标文件和投标文件中的商业和技术等内容保密，违者应对由此造成的后果承担法律责任。

(7) 语言文字。

除专用术语外，与招标投标有关的语言均使用中文。必要时专用术语应附有中文注释。

(8) 计量单位。

所有计量单位均采用中华人民共和国法定计量单位。

(9) 踏勘现场。

投标人须知前附表规定组织踏勘现场的，招标人按投标人须知前附表规定的时间、地点组织投标人踏勘项目现场。

投标人踏勘现场发生的费用自理。

除招标人的原因外，投标人自行负责在踏勘现场中所发生的人员伤亡和财产损失。

招标人在踏勘现场中介绍的工程场地和相关的周边环境情况，供投标人在编制投标文件时参考，招标人不对投标人据此作出的判断和决策负责。

(10) 投标预备会。

投标人须知前附表规定召开投标预备会的，招标人按投标人须知前附表规定的时间和地点召开投标预备会，澄清投标人提出的问题。

投标人应在投标人须知前附表规定的时间前，以书面形式将提出的问题送达招标人，以便招标人在会议期间澄清。

投标预备会后，招标人在投标人须知前附表规定的时间内，将对投标人所提问题的澄清，以书面方式通知所有购买招标文件的投标人。该澄清内容为招标文件的组成部分。

(11) 分包。

投标人拟在中标后将中标项目的部分非主体、非关键性工作进行分包的，应符合投标人须知前附表规定的分包内容、分包金额和接受分包的第三人资质要求等限制性条件。

(12) 偏离。

投标人须知前附表允许投标文件偏离招标文件某些要求的，偏离应当符合招标文件规定的偏离范围和幅度。

偏离分为重大偏离和细微偏离。招标人应当在招标文件中规定实质性要求和条件，并用醒目的方式标明，以便评标委员会有效地判定投标文件是否实质性响应了招标文件。实质性要求和条件不允许偏离，否则即作废标处理。招标人可以依据项目情况，在招标文件中对非实质性要求和条件，载明允许偏离的范围和幅度。

2. 招标文件

(1) 招标文件的组成。

招标文件包括招标公告(或投标邀请书)、投标人须知、评标办法、合同条款及格式、工程量清单、图纸、技术标准和要求、投标文件格式、投标人须知前附表规定的其他材料。

根据投标须知对招标文件所作的澄清、修改，构成招标文件的组成部分。

(2) 招标文件的澄清。

① 投标人应仔细阅读和检查招标文件的全部内容。如发现缺页或附件不全，应及时向招标人提出，以便补齐。如有疑问，应在投标人须知前附表规定的时间前以书面形式(包括信函、电报、传真等可以有形地表现所载内容的形式，下同)，要求招标人对招标文件予以澄清。

② 招标文件的澄清将在投标人须知前附表规定的投标截止时间 15 天前，以书面形式发给所有购买招标文件的投标人，但不指明澄清问题的来源。如果澄清发出的时间距投标截止时间不足 15 天，并且澄清内容影响投标文件编制的，相应延长投标截止时间。

③ 投标人在收到澄清后，应在投标人须知前附表规定的时间内以书面形式通知招标人，确认已收到该澄清。投标人收到澄清后的确认时间，可以采用一个相对的时间，如招标文件澄清发出后 12 小时以内；也可以采用一个绝对的时间，如 2017 年 2 月 23 日中午 12:00 以前。

(3) 招标文件的修改。

① 在投标截止时间 15 天前，招标人可以书面形式修改招标文件，并通知所有已购买招标文件的投标人。如果修改招标文件的时间距投标截止时间不足 15 天，相应延长投标截止时间。

② 投标人收到修改内容后，应在投标人须知前附表规定的时间内以书面形式通知招标人，确认已收到该修改内容。

3. 投标文件

(1) 投标文件的组成。投标文件应包括：①投标函及投标函附录；②法定代表人身份证明或附有法定代表人身份证明的授权委托书；③联合体协议书；④投标保证金；⑤已标价工程量清单；⑥施工组织设计；⑦项目管理机构；⑧拟分包项目情况表；⑨资格审查资料；⑩投标人须知前附表规定的其他材料。

投标人须知前附表规定不接受联合体投标的，或投标人没有组成联合体的，投标文件不包括联合体协议书。

(2) 投标报价。

① 投标人应按招标文件“工程量清单”的要求填写相应表格。

② 投标人在投标截止时间前修改投标函中的投标总报价，应同时修改招标文件所附“工程量清单”中的相应报价，投标报价总额为各分项金额之和。此修改须符合投标须知中投标文件的修改与撤回的有关要求。

③ 招标人设有最高投标限价的，投标人的投标报价不得超过最高投标限价，最高投标限价或其计算方法在投标人须知前附表中载明。

(3) 投标有效期。

① 在投标人须知前附表规定的投标有效期内，投标人不得要求撤销或修改其投标文件。

② 出现特殊情况需要延长投标有效期的，招标人以书面形式通知所有投标人延长投标有效期。投标人同意延长的，应相应延长其投标保证金的有效期，但不得要求或被允许修改或撤销其投标文件；投标人拒绝延长的，其投标失效，但投标人有权收回其投标保证金。

(4) 投标保证金。

① 投标人在递交投标文件的同时，应按投标人须知前附表规定的金额、担保形式和《标准施工招标文件》规定的投标保证金格式递交投标保证金，并作为其投标文件的组成部分。联合体投标的，其投标保证金由牵头人递交，并应符合投标人须知前附表的规定。

② 投标人不按投标须知规定要求提交投标保证金的，其投标文件作废标处理。

③ 招标人与中标人签订合同后5个工作日内，向未中标的投标人和中标人退还投标保证金。

④ 有下列情形之一的，投标保证金将不予退还：

a. 投标人在规定的投标有效期内撤销或修改其投标文件；

b. 中标人在收到中标通知书后，无正当理由拒签合同协议书或未按招标文件规定提交履约担保。

(5) 资格审查资料(适用于已进行资格预审的)。

投标人在编制投标文件时，应按最新情况更新或补充其在申请资格预审时提供的资料，以证实其各项资格条件仍能继续满足资格预审文件的要求，具备承担本标段施工的资质条件、能力和信誉。

(6) 资格审查资料(适用于未进行资格预审的)。

① “投标人基本情况表”应附投标人营业执照副本及其年检合格的证明材料、资质证书副本和安全生产许可证等材料的复印件。

② “近年财务状况表”应附经会计师事务所或审计机构审计的财务会计报表，包括资产负债表、现金流量表、利润表和财务情况说明书的复印件，具体年份要求见投标人须知前附表。

③ “近年完成的类似项目情况表”应附中标通知书和(或)合同协议书、工程接收证书(工程竣工验收证书)的复印件，具体年份要求见投标人须知前附表。每张表格只填写一个项目，并标明序号。

④ “正在施工和新承接的项目情况表”应附中标通知书和(或)合同协议书复印件。每张表格只填写一个项目，并标明序号。

⑤ “近年发生的诉讼及仲裁情况”应说明相关情况，并附法院或仲裁机构作出的判决、裁决等有关法律文书复印件，具体年份要求见投标人须知前附表。

(7) 备选投标方案。

除投标人须知前附表另有规定外，投标人不得递交备选投标方案。允许投标人递交备选投标方案的，只有中标人所递交的备选投标方案方可予以考虑。评标委员会认为中标人的备选投标方案优于其按照招标文件要求编制的投标方案的，招标人可以接受该备选投标方案。

(8) 投标文件的编制。

① 投标文件应按“投标文件格式”进行编写，如有必要，可以增加附页，作为投标文件的组成部分。其中，投标函附录在满足招标文件实质性要求的基础上，可以提出比招标文件要求更有利于招标人的承诺。

② 投标文件应当对招标文件有关工期、投标有效期、质量要求、技术标准和要求、招标范围等实质性内容作出响应。

③ 投标文件应用不褪色的材料书写或打印,并由投标人的法定代表人或其委托代理人签字或盖单位章。委托代理人签字的,投标文件应附法定代表人签署的授权委托书。投标文件应尽量避免涂改、行间插字或删除。如果出现上述情况,改动之处应加盖单位章或由投标人的法定代表人或其授权的代理人签字确认。签字或盖章的具体要求见投标人须知前附表。

④ 投标文件正本一份,副本份数见投标人须知前附表。正本和副本的封面上应清楚地标记"正本"或"副本"的字样。当副本和正本不一致时,以正本为准。

⑤ 投标文件的正本与副本应分别装订成册,并编制目录,具体装订要求见投标人须知前附表规定。

4. 投标

(1) 投标文件的密封和标记。

① 投标文件的正本与副本应分开包装,加贴封条,并在封套的封口处加盖投标人单位章。

② 投标文件的封套上应清楚地标记"正本"或"副本"字样,封套上应写明的其他内容见投标人须知前附表。

③ 未按要求密封和加写标记的投标文件,招标人不予受理。

(2) 投标文件的递交。

① 投标人应在投标须知中规定的投标截止时间前递交投标文件。

② 投标人递交投标文件的地点见投标人须知前附表。

③ 除投标人须知前附表另有规定外,投标人所递交的投标文件不予退还。

④ 招标人收到投标文件后,向投标人出具签收凭证。

⑤ 逾期送达的或者未送达指定地点的投标文件,招标人不予受理。

(3) 投标文件的修改与撤回。

① 在投标须知中规定的投标截止时间前,投标人可以修改或撤回已递交的投标文件,但应以书面形式通知招标人。

② 投标人修改或撤回已递交投标文件的书面通知,应按照投标须知正文投标文件编制的要求签字或盖章。招标人收到书面通知后,向投标人出具签收凭证。

③ 修改的内容为投标文件的组成部分。修改的投标文件应按照投标须知规定进行编制、密封、标记和递交,并标明"修改"字样。

5. 开标

(1) 开标时间和地点。

招标人在投标人须知规定的投标截止时间(开标时间)和投标人须知前附表规定的地点公开开标,并邀请所有投标人的法定代表人或其委托代理人准时参加。

(2) 开标程序。

主持人按下列程序进行开标:

① 宣布开标纪律;

② 公布在投标截止时间前递交投标文件的投标人名称,并点名确认投标人是否派人到场;

③ 宣布开标人、唱标人、记录人、监标人等有关人员姓名；

④ 按照投标人须知前附表规定检查投标文件的密封情况；

⑤ 按照投标人须知前附表的规定确定并宣布投标文件开标顺序；

⑥ 设有标底的，公布标底；

⑦ 按照宣布的开标顺序当众开标，公布投标人名称、标段名称、投标保证金的递交情况、投标报价、质量目标、工期及其他内容，并记录在案；

⑧ 投标人代表、招标人代表、监标人、记录人等有关人员在开标记录上签字确认；

⑨ 开标结束。

6. 评标

(1) 评标委员会。

① 评标由招标人依法组建的评标委员会负责。评标委员会由招标人或其委托的招标代理机构熟悉相关业务的代表，以及有关技术、经济等方面的专家组成。评标委员会成员人数以及技术、经济等方面专家的确定方式见投标人须知前附表。

② 评标委员会成员有下列情形之一的，应当回避：

a. 招标人或投标人的主要负责人的近亲属；

b. 项目主管部门或者行政监督部门的人员；

c. 与投标人有经济利益关系，可能影响对投标公正评审的人员；

d. 曾因在招标、评标以及其他与招标投标有关活动中从事违法行为而受过行政处罚或刑事处罚的。

(2) 评标原则。

评标活动遵循公平、公正、科学和择优的原则。

(3) 评标。

评标委员会按照《标准施工招标文件》中“评标办法”规定的方法、评审因素、标准和程序对投标文件进行评审。“评标办法”没有规定的方法、评审因素和标准，不作为评标依据。

7. 合同授予

(1) 定标方式。

除投标人须知前附表规定评标委员会直接确定中标人外，招标人依据评标委员会推荐的中标候选人确定中标人，评标委员会推荐中标候选人的人数见投标人须知前附表。

(2) 中标通知。

在投标人须知规定的投标有效期内，招标人以书面形式向中标人发出中标通知书，同时将中标结果通知未中标的投标人。

(3) 履约担保。

① 在签订合同前，中标人应按投标人须知前附表规定的金额、担保形式和招标文件规定的履约担保格式向招标人提交履约担保。联合体中标的，其履约担保由牵头人递交，并符合投标人须知前附表规定的金额、担保形式和招标文件规定的履约担保格式要求。

② 中标人不能按投标人须知要求提交履约担保的，视为放弃中标，其投标保证金不予退还，给招标人造成的损失超过投标保证金数额的，中标人还应当对超过部分予以赔偿。

(4) 签订合同。

① 招标人和中标人应当自中标通知书发出之日起 30 天内，根据招标人和中标人的投标文件订立书面合同。中标人无正当理由拒签合同的，招标人取消其中标资格，其投标保证

金不予退还；给招标人造成的损失超过投标保证金数额的，中标人还应当对超过部分予以赔偿。

② 发出中标通知书后，招标人无正当理由拒签合同的，招标人向中标人退还投标保证金；给中标人造成损失的，还应当赔偿损失。

8. 重新招标或不再招标

(1) 重新招标。

有下列情形之一的，招标人将重新招标：

① 投标截止时间止，投标人少于 3 个的；

② 经评标委员会评审后否决所有投标的。

(2) 不再招标。

重新招标后投标人仍少于 3 个，或者所有投标被否决的，属于必须审批或核准的工程建设项目，经原审批或核准部门批准后不再进行招标。

9. 纪律和监督

(1) 对招标人的纪律要求。

招标人不得泄漏招标投标活动中应当保密的情况和资料，不得与投标人串通损害国家利益、社会公共利益或者他人合法权益。

(2) 对投标人的纪律要求。

投标人不得相互串通投标或者与招标人及招标代理机构串通投标，不得向招标人及招标代理机构或者评标委员会成员行贿谋取中标，不得以他人名义投标或者以其他方式弄虚作假骗取中标；投标人不得以任何方式干扰、影响评标工作。

(3) 对评标委员会成员的纪律要求。

评标委员会成员不得收受他人的财物或者其他好处，不得向他人透漏对投标文件的评审和比较、中标候选人的推荐情况以及评标有关的其他情况。在评标活动中，评标委员会成员不得擅离职守，影响评标程序正常进行，不得使用“评标办法”没有规定的评审因素和标准进行评标。

(4) 对与评标活动有关的工作人员的纪律要求。

与评标活动有关的工作人员不得收受他人的财物或者其他好处，不得向他人透漏对投标文件的评审和比较、中标候选人的推荐情况以及评标有关的其他情况。在评标活动中，与评标活动有关的工作人员不得擅离职守，影响评标程序正常进行。

(5) 投诉。

投标人和其他利害关系人认为本次招标活动违反法律、法规和规章规定的，有权向有关行政监督部门投诉。

10. 需补充的其他内容

《标准施工招标文件》投标须知正文没有列明，招标人又需要补充的其他内容，需要在投标人须知前附表中予以明确和细化，但不得与投标须知正文内容相抵触，否则抵触内容无效。

三、评标办法

评标办法可选择经评审的最低投标价法和综合评估法。招标人可以根据事先确定的评标办法来选择不同的内容编制项目施工招标文件。

四、合同条款及格式

合同条款及格式包括本工程拟采用的通用合同条款、专用合同条款以及各种合同附件的格式。

五、工程量清单

工程量清单是表现拟建工程实体性项目、非实体性项目和其他项目名称和相应数量的明细清单，以满足工程项目具体量化和计量支付的需要，是招标人编制招标控制价和投标人编制投标价的重要依据。

如按照规定应编制招标控制价的项目，其招标控制价也应在招标时一并公布。

六、图纸

图纸是指应由招标人提供，用于计算招标控制价和投标人计算投标报价所必需的各种详细程度的图纸。

招标文件中的设计图纸不仅是投标人拟定施工方案、确定施工方法，提出替代方案、计算投标报价必不可少的资料，也是工程合同的组成部分。一般来说，图纸的详细程度取决于设计的深度和发包承包方式。招标人应对资料的正确性负责。

建筑工程施工图纸包括图纸目录、设计总说明、建筑施工图、结构施工图、给排水施工图、采暖通风施工图和电气施工图等。

图纸目录格式见表 3-2。

表 3-2　图纸目录

序号	图名	图号	版本	出图日期	备　　注

七、技术标准和要求

招标文件规定的各项技术标准应符合国家强制性规定。招标文件中规定的各项技术标准均不得要求或标明某一特定的专利、商标、名称、设计、原产地或生产供应者，不得含有倾向或者排斥潜在投标人的其他内容。如果必须引用某一生产供应商的技术标准才能准确或清楚地说明拟招标项目的技术标准时，则应当在参照后面加上“或相当于”的字样。

《标准施工招标文件》中该部分包括以下内容。

(1) 一般要求。

① 工程说明。包括工程概况、现场条件和周围环境、地质及水文资料、资料和信息的使用。

② 承包范围。包括承包范围、发包人发包专业工程和发包人供应的材料和工程设备、承包人与发包人发包专业工程承包人的工作界面、承包人需要为发包人和监理人提供的现

场办公条件和设施。

③ 工期要求。包括合同工期、关于工期的一般规定。

④ 质量要求。包括质量标准、特殊质量要求。

⑤ 适用规范和标准。包括适用的规范、标准和规程，特殊技术标准和要求。

⑥ 安全文明施工。包括安全防护、临时消防、临时供电、劳动保护、脚手架、施工安全措施计划、文明施工、环境保护、施工环保措施计划。

⑦ 治安保卫。

⑧ 地上、地下设施和周边建筑物的临时保护。

⑨ 样品和材料代换。

⑩ 进口材料和工程设备。

⑪ 进度报告和进度例会。

⑫ 试验和检验。

⑬ 计日工。

⑭ 计量与支付。

⑮ 竣工验收和工程移交。

⑯ 其他要求。

（2）特殊标准和要求。

包括材料和工程设备技术要求、特殊技术要求、新技术新工艺和新材料、其他特殊技术标准和要求。

（3）适用的国家、行业以及地方规范、标准和规程。

（4）附件：施工现场现状平面图。

八、投标文件格式

提供各种投标文件编制所应依据的参考格式。

九、投标人须知前附表规定的其他材料

如需要其他材料，应在投标人须知前附表中予以规定。

第四节　招标公告或投标邀请书的编制与发布

一、招标公告

工程招标是一种公开的经济活动，因此要采用公开的方式发布信息。招标人或其委托的招标代理机构应至少在一家指定的媒介发布招标公告。指定报刊在发布招标公告的同时，应将招标公告如实抄送指定网络。在不同媒介发布的同一招标项目的招标公告内容应当一致。指定媒介发布依法必须进行招标的项目的境内资格招标公告，不得收取费用。

招标公告应当载明招标人的名称和地址，招标项目的性质、数量、实施地点和时间，投标截止日期以及获取招标文件的办法等事宜。招标人或其委托的招标代理机构应当保证招标

公告内容的真实性、准确性和完整性。

拟发布的招标公告文本应当由招标人或其委托的招标代理机构的主要负责人签名并加盖公章。招标人或其委托的招标代理机构发布招标公告，应当向指定媒介提供营业执照(或法人证书)、项目批准文件的复印件等证明文件。

招标公告包括以下内容。

(1) 招标条件，包括项目名称；已通过项目审批、核准或备案的批文名称及编号；项目业主(批准文件中的项目单位)；建设资金来源；项目出资比例(国债资金、银行贷款、自筹资金等的比例)；招标人的名称(可以是项目业主，也可以是其授权的法人或其他组织)。

(2) 项目概况与招标范围，包括本次招标项目的建设地点、规模、计划工期、招标范围、标段划分等信息，使投标人了解本次招标的工作内容及与整个项目的建设的关系。

(3) 投标人资格要求，包括投标人应具备的资质、业绩要求，是否允许联合体投标。

(4) 投标报名。

(5) 招标文件的获取，包括购买招标文件的时间、每套售价、图纸押金等。

(6) 投标文件的递交，包括投标截止日期的时间、逾期送达不予受理的说明等。

(7) 发布公告的媒介，包括公开招标说明发布公告的全部媒介，对邀请招标，请被邀请单位回函确认已收到投标邀请书。

(8) 联系方式，包括招标人及招标代理机构的联系方式、开户银行及账号等。

《行业标准施工招标文件》(2010 版)中，招标公告(未进行资格预审)格式如下。

________(项目名称)________标段施工招标公告

1. 招标条件

本招标项目____________________(项目名称)已由________(项目审批、核准或备案机关名称)以________(批文名称及编号)批准建设，项目业主为________，建设资金来自________(资金来源)，项目出资比例为________，招标人为________。项目已具备招标条件，现对该项目施工进行公开招标。

2. 项目概况与招标范围

________(说明本次招标项目的建设地点、规模、计划工期、招标范围等)。

3. 投标人资格要求

3.1 本次招标要求投标人须具备________资质，________(类似项目描述)并在人员、设备、资金等方面具有相应的施工能力，其中，投标人拟派项目经理须具备________专业________级注册建造师执业资格，具备有效的安全生产考核合格证书，且未担任其他施建设工程项目的项目经理。

3.2 本次招标________(接受或不接受)联合体投标。联合体投标的，应满足下列要求：________。

3.3 各投标人均可就本招标项目上述标段中的________(具体数量)个标段投标，但最多允许中标________(具体数量)个标段(适用于分标段的招标项目)。

4. 投标报名

凡有意参加投标者，请于______________________年__________月__________日至______________________年________月________日(法定公休日、法定节假日除外)，每日上午________时至________时，下午________时至________时(北京时间，下同)，在________(有形建筑市场/交易中心名称及地址)报名。

5. 招标文件的获取

5.1 凡有意参加投标者,请于______年______月______日至______年______月______日(法定公休日、法定节假日除外),每日上午______时至______时,下午______时至______时(北京时间,下同),在______(详细地址)持单位介绍信购买招标文件。

5.2 招标文件每套售价______元,售后不退。图纸资料押金______元,在退还图纸资料时退还(不计利息)。

5.3 邮购招标文件的,需另加手续费(含邮费)______元。招标人在收到单位介绍信和邮购款(含手续费)后______日内寄送。

6. 投标文件的递交

6.1 投标文件递交的截止时间(投标截止时间,下同)为______年______月______日______时______分,地点为______(有形建筑市场交易中心名称及地址)。

6.2 逾期送达的或者未送达指定地点的投标文件,招标人不予受理。

7. 发布公告的媒介

本次招标公告同时在______(发布公告的媒介名称)上发布。

8. 联系方式

招标人:______	招标代理机构:______
地　址:______	地　址:______
邮　编:______	邮　编:______
联系人:______	联系人:______
电　话:______	电　话:______
传　真:______	传　真:______
电子邮件:______	电子邮件:______
网　址:______	网　址:______
开户银行:______	开户银行:______
账　号:______	账　号:______

______年______月______日

二、投标邀请书

投标邀请书包括以下内容:

(1) 招标条件;

(2) 项目概况与招标范围;

(3) 投标人资格要求;

(4) 招标文件的获取;

(5) 投标文件的递交;

(6) 确认;

(7) 联系方式。

《房屋建筑和市政工程标准施工招标文件》(2010 版)中投标邀请书(适用于邀请招标)格式如下。

________（项目名称）________标段施工投标邀请书

________（被邀请单位名称）：

1. 招标条件

本招标项目________（项目名称）已由________（项目审批、核准或备案机关名称）以________（批文名称及编号）批准建设，招标人（项目业主）为________，建设资金来自________（资金来源），出资比例为________。项目已具备招标条件，现邀请你单位参加____________________（项目名称）________标段施工投标。

2. 项目概况与招标范围

________（说明本次招标项目的建设地点、规模、计划工期、招标范围、标段划分（如果有）等）。

3. 投标人资格要求

3.1 本次招标要求投标人具备________资质，________（类似项目描述）业绩，并在人员、设备、资金等方面具有相应的施工能力。

3.2 你单位____________________（可以或不可以）组成联合体投标。联合体投标的，应满足下列要求：____________________。

3.3 本次招标要求投标人拟派项目经理具备________专业________级注册建造师执业资格，具备有效的安全生产考核合格证书，且未担任其他在施建设工程项目的项目经理。

4. 招标文件的获取

4.1 请于________年________月________日至________年________月________日（法定公休日、法定节假日除外），每日上午________时至________时，下午________时至________时（北京时间，下同），在________（详细地址）持本投标邀请书购买招标文件。

4.2 招标文件每套售价________元，售后不退。图纸资料押金________元，在退还图纸资料时退还（不计利息）。

4.3 邮购招标文件的，需另加手续费（含邮费）________元。招标人在收到邮购款（含手续费）后________日内寄送。

5. 投标文件的递交

5.1 投标文件递交的截止时间（投标截止时间，下同）为________年________月________日________时________分，地点为________（有形建筑市场/交易中心名称及地址）。

5.2 逾期送达的或者未送达指定地点的投标文件，招标人不予受理。

6. 确认

你单位收到本投标邀请书后，请于________（具体时间）前以传真或快递方式予以确认是否参加投标。

7. 联系方式

招标人：____________________	招标代理机构：____________________
地　址：____________________	地　址：____________________
邮　编：____________________	邮　编：____________________
联系人：____________________	联系人：____________________
电　话：____________________	电　话：____________________
传　真：____________________	传　真：____________________
电子邮件：____________________	电子邮件：____________________

网　址：＿＿＿＿＿＿＿＿　　网　址：＿＿＿＿＿＿＿＿
开户银行：＿＿＿＿＿＿＿＿　　开户银行：＿＿＿＿＿＿＿＿
账　号：＿＿＿＿＿＿＿＿　　账　号：＿＿＿＿＿＿＿＿

＿＿＿＿年＿＿＿＿月＿＿＿＿日

《简明标准施工招标文件》中投标邀请书(代资格预审通过通知书)格式如下。

＿＿＿＿＿＿(项目名称)＿＿＿＿＿＿标段施工投标邀请书

＿＿＿＿＿＿(被邀请单位名称)：

你单位已通过资格预审，现邀请你单位按招标文件规定的内容，参加＿＿＿＿＿＿＿＿(项目名称)＿＿＿＿标段施工投标。

请你单位于＿＿＿＿年＿＿＿＿月＿＿＿＿日至＿＿＿＿年＿＿＿＿月＿＿＿＿日(法定公休日、法定节假日除外)，每日上午＿＿＿＿时至＿＿＿＿时，下午＿＿＿＿时至＿＿＿＿时(北京时间，下同)，在＿＿＿＿(详细地址)持本投标邀请书购买招标文件。

招标文件每套售价＿＿＿＿元，售后不退。图纸资料押金＿＿＿＿元，在退还图纸资料时退还(不计利息)。邮购招标文件的，需另加手续费(含邮费)＿＿＿＿元。招标人在收到邮购款(含手续费)后＿＿＿＿日内寄送。

递交投标文件的截止时间(投标截止时间，下同)为＿＿＿＿年＿＿＿＿月＿＿＿＿日＿＿＿＿时＿＿＿＿分，地点为＿＿＿＿＿＿＿＿(有形建筑市场/交易中心名称及地址)。

逾期送达的或者未送达指定地点的投标文件，招标人不予受理。

你单位收到本投标邀请书后，请于＿＿＿＿(具体时间)前以传真或快递方式予以确认是否参加投标。

招标人：＿＿＿＿＿＿＿＿　　招标代理机构：＿＿＿＿＿＿＿＿
地　址：＿＿＿＿＿＿＿＿　　地　址：＿＿＿＿＿＿＿＿
邮　编：＿＿＿＿＿＿＿＿　　邮　编：＿＿＿＿＿＿＿＿
联系人：＿＿＿＿＿＿＿＿　　联系人：＿＿＿＿＿＿＿＿
电　话：＿＿＿＿＿＿＿＿　　电　话：＿＿＿＿＿＿＿＿
传　真：＿＿＿＿＿＿＿＿　　传　真：＿＿＿＿＿＿＿＿
电子邮件：＿＿＿＿＿＿＿＿　　电子邮件：＿＿＿＿＿＿＿＿
网　址：＿＿＿＿＿＿＿＿　　网　址：＿＿＿＿＿＿＿＿
开户银行：＿＿＿＿＿＿＿＿　　开户银行：＿＿＿＿＿＿＿＿
账　号：＿＿＿＿＿＿＿＿　　账　号：＿＿＿＿＿＿＿＿

＿＿＿＿年＿＿＿＿月＿＿＿＿日

第五节　资格审查

资格审查是招标投标程序中的一个重要步骤，特别是对于大型的或复杂的招标采购项目。资格审查分为资格预审和资格后审两种方式。资格预审是在招标前对潜在投标人进行的资格审查，资格预审不合格的潜在投标人不得参加投标。资格后审是在投标后(一般是开标后)对投标人进行的资格审查。资格预审方法比较适合技术难度大或投标文件编制费用较高，且潜在投标人数量较多的招标项目。不采用资格预审的公开招标和邀请招标多采用资格后审。资格后审一般在招标文件中加入资格审查的内容，投标人在投标文件中按要求填报，留待评标前审查，经资格后审不合格的投标人应作废标处理。

一、资格预审的目的

(1) 了解投标人的财务状况、技术力量以及类似工程的施工经验，考察该企业总体能力是否具备完成招标工作所要求的条件，保证参与投标的法人或组织在资质和能力等方面能够满足完成招标工作的要求，为招标人选择优秀的承包人创造条件。

(2) 事先淘汰不合格的投标人，排除因其中标给自己带来的风险。

(3) 减少评标阶段的工作量，缩短时间，节约费用。经过资格预审程序，招标人对想参加投标的潜在投标人进行初审，对不可能中标和没有履约能力的投标人进行筛选，把有资格参加投标的投标人控制在一个合理的范围内，既有利于选择到合适的投标人，也节省了招标成本，可以提高正式开始的招标的工作效率。

(4) 使不合格的投标人减少了购买招标文件、现场考察和投标的费用。

二、资格审查的内容

无论资格预审还是资格后审，主要审查投标申请人是否符合下列条件：

(1) 具有独立订立合同的权利；

(2) 具有履行合同的能力，包括专业、技术资格和能力，资金、设备和其他物质设施状况，管理能力，经验、信誉和相应的从业人员的能力；

(3) 没有处于被责令停业，投标资格被取消，财产被接管、冻结，破产状态；

(4) 在最近三年内没有骗取中标和严重违约及重大工程质量问题；

(5) 法律、行政法规规定的其他资格条件。

三、资格预审的程序

(1) 招标人编制资格预审文件，并报招标监督管理部门审查。

(2) 发布资格预审公告。

(3) 在资格预审公告规定的时间、地点出售资格预审文件，其发售期不得少于5日。

(4) 资格预审文件的澄清和修改。

澄清或修改的内容可能影响资格预审申请文件编制的，招标人应当在提交资格预审申请文件截止时间至少3日前，以书面形式通知所有获取资格预审文件的潜在投标人；不足3日的，招标人应当顺延提交资格预审申请文件的截止时间。

(5) 投标人在截止日期前递交资格预审申请文件。依法必须进行招标的项目，其提交时间为自其停止发售之日起不得少于5日。

(6) 招标人组成资格审查委员会，对资格预审申请文件进行评审，编写资格审查报告。

(7) 招标人审核资格审查报告，确定预审合格申请人，通过资格预审的申请人少于3个的，应当重新招标。

(8) 向通过资格预审的申请人发出投标邀请书(代资格预审合格通知书)，并向未通过资格预审的申请人发出资格预审结果的书面通知。

四、标准资格预审文件

由国家发改委、住建部等部委联合编制的《中华人民共和国标准施工招标资格预审文件》,2007 年 11 月 1 日国家发改委令第 56 号发布,于 2008 年 5 月 1 日起在全国试行。

标准资格预审文件分为资格预审公告、申请人须知、资格预审办法、资格预审申请文件格式和建设项目概况五部分。

标准资格预审文件的封面如下。

________(项目名称)________标段施工招标
资格预审文件

招标人:__________________(盖单位章)
________年________月________日

(一) 资格预审公告

资格预审公告是指招标人向潜在投标人发出的参加资格预审的广泛邀请。招标人发布资格预审公告后,将实际发布的资格预审公告编入出售的资格预审文件中,作为资格预审邀请。资格预审公告应同时注明发布该公告的所有媒介名称。所有申请参加投标竞争的潜在投标人都可以按照资格预审公告规定的时间或地点购买资格预审文件,由其按要求填报后作为投标人的资格预审文件。按照《中华人民共和国标准施工招标资格预审文件》的规定,资格预审公告具体包括以下内容。

(1) 招标条件:明确拟招标项目已符合前述的招标条件。

(2) 项目概况与招标范围:说明本次招标项目的建设地点、规模、计划工期、招标范围、标段划分等。

(3) 申请人的资格要求:包括对于申请资质、业绩、人员、设备、资金等各方面的要求,以及是否接受联合体资格预审申请的要求。

(4) 资格预审的方法:明确采用合格制或有限数量制。

(5) 资格预审文件的获取:是指获取资格预审文件的地点、时间和费用。

(6) 资格预审申请文件的递交:说明递交资格预审申请文件的截止时间。

(7) 发布公告的媒介。

(8) 联系方式。

《房屋建筑和市政工程标准施工招标资格预审文件》中规定了资格预审公告的格式与内容。其内容和格式如下。

(项目名称)__________________标段施工招标
资格预审公告(代招标公告)

1. 招标条件

本招标项目________(项目名称)已由________(项目审批、核准或备案机关名称)以

________(批文名称及编号)批准建设,项目业主为________,建设资金来自________(资金来源),项目出资比例为________,招标人为________,招标代理机构为________________。项目已具备招标条件,现进行公开招标,特邀请有兴趣的潜在投标人(以下简称申请人)提出资格预审申请。

2. 项目概况与招标范围

________(说明本次招标项目的建设地点、规模、计划工期、合同估算价、招标范围、标段划分(如果有)等)。

3. 申请人资格要求

3.1 本次资格预审要求申请人具备________资质,________(类似项目描述)业绩,并在人员、设备、资金等方面具备相应的施工能力,其中,申请人拟派项目经理须具备________专业________级注册建造师执业资格和有效的安全生产考核合格证书,且未担任其他在施建设工程项目的项目经理。

3.2 本次资格预审________(接受或不接受)联合体资格预审申请。联合体申请资格预审的,应满足下列要求:____________________。

3.3 各申请人可就本项目上述标段中的________(具体数量)个标段提出资格预审申请,但最多允许中标________(具体数量)个标段(适用于分标段的招标项目)。

4. 资格预审方法

本次资格预审采用________(合格制/有限数量制)。采用有限数量制的,当通过详细审查的申请人多于________家时,通过资格预审的申请人限定为________家。

5. 申请报名

凡有意申请资格预审者,请于________年________月________日至____________________年________月________日(法定公休日,法定节假日除外),每日上午________时至________时,下午________时至________时(北京时间,下同),在____________________(有形建筑市场/交易中心名称及地址)报名。

6. 资格预审文件的获取

6.1 凡通过上述报名者,请于________年________月________日至____________________年________月________日(法定公休日,法定节假日除外),每日上午________时至________时,下午________时至________时,在________(详细地址)持单位介绍信购买资格预审文件。

6.2 资格预审文件每套售价________元,售后不退。

6.3 邮购资格预审文件的,需另加手续费(含邮费)________元。招标人在收到单位介绍信和邮购款(含手续费)后________日内寄送。

7. 资格预审申请文件的递交

7.1 递交资格预审申请文件截止时间(申请截止时间,下同)为________年________月________日________时________分,地点为____________________(有形建筑市场/交易中心名称及地址)。

7.2 逾期送达的或者未送达指定地点的资格预审申请文件,招标人不予受理。

8. 发布公告的媒介

本次资格预审公告同时在____________________(发布公告的媒介名称)上发布。

9. 联系方式

招标人：________________	招标代理机构：________________
地　址：________________	地　址：________________
邮　编：________________	邮　编：________________
联系人：________________	联系人：________________
电　话：________________	电　话：________________
传　真：________________	传　真：________________
电子邮件：________________	电子邮件：________________
网　址：________________	网　址：________________
开户银行：________________	开户银行：________________
账　号：________________	账　号：________________

________年________月________日

（二）申请人须知

虽然资格预审公告简单介绍了招标项目的基本情况，但申请投标人文件将招标项目的基本情况、对申请投标人的要求等作出了详细说明，因此这些信息均在申请人须知中描述。在申请人须知前有申请人须知前附表，将须知中的重要条款规定内容列出，申请人在整个过程中需严格遵守。申请人须知前附表见表3-3。

表3-3　申请人须知前附表

条款号	条款名称	编列内容
1.1.2	招标人	名称： 地址： 联系人： 电话： 电子邮件：
1.1.3	招标代理机构	名称： 地址： 联系人： 电话： 电子邮件：
1.1.4	项目名称	
1.1.5	建设地点	
1.2.1	资金来源	
1.2.2	出资比例	
1.2.3	资金落实情况	
1.3.1	招标范围	
1.3.2	计划工期	计划工期：________日历天 计划开工日期：________年________月________日 计划竣工日期：________年________月________日

续表

条款号	条 款 名 称	编 列 内 容
1.3.3	质量要求	质量标准：
1.4.1	申请人资质条件、能力和信誉	资质条件： 财务要求： 业绩要求：　（与资格预审公告要求一致） 信誉要求： (1) 诉讼及仲裁情况 (2) 不良行为记录 (3) 合同履约率 项目经理(建造师,下同)资格：____________专业________级(含以上级)注册建造师执业资格,具备有效的安全生产考核合格证书,且不得担任其他在施建设工程项目的项目经理 其他要求： (1) 拟投入主要施工机械设备情况 (2) 拟投入项目管理人员 (3) …
1.4.2	是否接受联合体资格预审申请	□不接受 □接受,应满足下列要求： 其中,联合体资质按照联合体协议约定的分工认定,其他审查标准按联合体协议中约定的各成员分工所占合同量的比例,进行加权折算
2.2.1	申请人要求澄清资格预审文件的截止时间	
2.2.2	招标人澄清资格预审文件的截止时间	
2.2.3	申请人确认收到资格预审文件澄清的时间	
2.3.1	招标人修改资格预审文件的截止时间	
2.3.2	申请人确认收到资格预审文件修改的时间	
3.1.1	申请人需补充的其他材料	(1) 其他企业信誉情况表 (2) 拟投入主要施工机械设备情况 (3) 拟投入项目管理人员情况 …
3.2.4	近年财务状况的年份要求	________年,指________年________月________日起至________年________月________日止

续表

条款号	条 款 名 称	编 列 内 容
3.2.5	近年完成的类似项目的年份要求	____年，指____年____月____日起至____年____月____日止
3.2.7	近年发生的诉讼及仲裁情况的年份要求	____年，指____年____月____日起至____年____月____日止
3.3.1	签字或盖章要求	
3.3.2	资格预审申请文件副本份数	____份
3.3.3	资格预审申请文件的装订要求	□不分册装订 □分册装订，共分____册，分别为： 每册采用________方式装订，装订应牢固、不易拆散和换页，不得采用活页装订
4.1.2	封套上写明	招标人的地址： 招标人的全称： ____（项目名称）____标段施工招标资格预审申请文件 在____年____月____日____时____分前不得开启
4.2.1	申请截止时间	____年____月____日____时____分
4.2.2	递交资格预审申请文件的地点	
4.2.3	是否退还资格预审申请文件	□否 □是，退还安排：________
5.1.2	审查委员会人数	审查委员会构成：____人，其中招标人代表____人（限招标人在职人员，且应当具备评标专家相应的或者类似的条件），专家____人； 审查专家确定方式：____
5.2	资格审查方法	□合格制　□有限数量制
6.1	资格预审结果的通知时间	
6.3	资格预审结果的确认时间	
9	需要补充的其他内容	
9.1	词语定义	
9.2	资格预审申请文件编制的补充要求	
9.3	通过资格预审的申请人（适用于有限数量制）	
9.4	监督	

《中华人民共和国标准施工招标资格预审文件》中申请人须知内容如下。

1. 总则

1.1 项目概况

1.1.1 根据《中华人民共和国招标投标法》等有关法律、法规和规章的规定，本招标项目已具备招标条件，现进行公开招标，特邀请有兴趣承担本标段的申请人提出资格预审申请。

1.1.2 本招标项目招标人：见申请人须知前附表。

1.1.3 本标段招标代理机构：见申请人须知前附表。

1.1.4 本招标项目名称：见申请人须知前附表。

1.1.5 本标段建设地点：见申请人须知前附表。

1.2 资金来源和落实情况

1.2.1 本招标项目的资金来源：见申请人须知前附表。

1.2.2 本招标项目的出资比例：见申请人须知前附表。

1.2.3 本招标项目的资金落实情况：见申请人须知前附表。

1.3 招标范围、计划工期和质量要求

1.3.1 本次招标范围：见申请人须知前附表。

1.3.2 本标段的计划工期：见申请人须知前附表。

1.3.3 标段的质量要求：见申请人须知前附表。

1.4 申请人资格要求

1.4.1 申请人应具备承担本标段施工的资质条件、能力和信誉。

(1) 资质条件：见申请人须知前附表；

(2) 财务要求：见申请人须知前附表；

(3) 业绩要求：见申请人须知前附表；

(4) 信誉要求：见申请人须知前附表；

(5) 项目经理资格：见申请人须知前附表；

(6) 其他要求：见申请人须知前附表。

1.4.2 申请人须知前附表规定接受联合体申请资格预审的，联合体申请人除应符合本章第1.4.1项和申请人须知前附表的要求外，还应遵守以下规定：

(1) 联合体各方必须按资格预审文件提供的格式签订联合体协议书，明确联合体牵头人和各方的权利义务；

(2) 由同一专业的单位组成的联合体，按照资质等级较低的单位确定资质等级；

(3) 通过资格预审的联合体，其各方组成结构或职责，以及财务能力、信誉情况等资格条件不得改变；

(4) 联合体各方不得再以自己名义单独或加入其他联合体在同一标段中参加资格预审。

1.4.3 申请人不得存在下列情形之一：

(1) 为招标人不具有独立法人资格的附属机构(单位)；

(2) 为本标段前期准备提供设计或咨询服务的，但设计施工总承包的除外；

(3) 为本标段的监理人；

(4) 为本标段的代建人；

(5) 为本标段提供招标代理服务的；

(6) 与本标段的监理人或代建人或招标代理机构同为一个法定代表人的；

(7) 与本标段的监理人或代建人或招标代理机构相互控股或参股的；

(8) 与本标段的监理人或代建人或招标代理机构相互任职或工作的；

(9) 被责令停业的；

(10) 被暂停或取消投标资格的；

(11) 财产被接管或冻结的；

(12) 在最近三年内有骗取中标或严重违约或重大工程质量问题的。

1.5 语言文字

除专用术语外，来往文件均使用中文。必要时专用术语应附有中文注释。

1.6 费用承担

申请人准备和参加资格预审发生的费用自理。

2. 资格预审文件

2.1 资格预审文件的组成

2.1.1 本次资格预审文件包括资格预审公告、申请人须知、资格审查办法、资格预审申请文件格式、项目建设概况，以及根据本章第2.2款对资格预审文件的澄清和第2.3款对资格预审文件的修改。

2.1.2 当资格预审文件、资格预审文件的澄清或修改等在同一内容的表述上不一致时，以最后发出的书面文件为准。

2.2 资格预审文件的澄清

2.2.1 申请人应仔细阅读和检查资格预审文件的全部内容。如有疑问，应在申请人须知前附表规定的时间前以书面形式（包括信函、电报、传真等可以有形表现所载内容的形式，下同），要求招标人对资格预审文件进行澄清。

2.2.2 招标人应在申请人须知前附表规定的时间前，以书面形式将澄清内容发给所有购买资格预审文件的申请人，但不指明澄清问题的来源。

2.2.3 申请人收到澄清后，应在申请人须知前附表规定的时间内以书面形式通知招标人，确认已收到该澄清。

2.3 资格预审文件的修改

2.3.1 在申请人须知前附表规定的时间前，招标人可以书面形式通知申请人修改资格预审文件。在申请人须知前附表规定的时间后修改资格预审文件的，招标人应相应顺延申请截止时间。

2.3.2 申请人收到修改的内容后，应在申请人须知前附表规定的时间内以书面形式通知招标人，确认已收到该修改。

3. 资格预审申请文件的编制

3.1 资格预审申请文件的组成

3.1.1 资格预审申请文件应包括下列内容：

(1) 资格预审申请函；

(2) 法定代表人身份证明或附有法定代表人身份证明的授权委托书；

(3) 联合体协议书；

(4) 申请人基本情况表；

(5) 近年财务状况表；

(6) 近年完成的类似项目情况表；

(7) 正在施工和新承接的项目情况表;

(8) 近年发生的诉讼及仲裁情况;

(9) 其他材料:见申请人须知前附表。

3.1.2 申请人须知前附表规定不接受联合体资格预审申请的或申请人没有组成联合体的,资格预审申请文件不包括本章第 3.1.1(3)目所指的联合体协议书。

3.2 资格预审申请文件的编制要求

3.2.1 资格预审申请文件应按第四章"资格预审申请文件格式"进行编写,如有必要,可以增加附页,并作为资格预审申请文件的组成部分。申请人须知前附表规定接受联合体资格预审申请的,本章第 3.2.3 项至第 3.2.7 项规定的表格和资料应包括联合体各方相关情况。

3.2.2 法定代表人授权委托书必须由法定代表人签署。

3.2.3"申请人基本情况表"应附申请人营业执照副本及其年检合格的证明材料、资质证书副本和安全生产许可证等材料的复印件。

3.2.4"近年财务状况表"应附经会计师事务所或审计机构审计的财务会计报表,包括资产负债表、现金流量表、利润表和财务情况说明书的复印件,具体年份要求见申请人须知前附表。

3.2.5"近年完成的类似项目情况表"应附中标通知书和(或)合同协议书、工程接收证书(工程竣工验收证书)的复印件,具体年份要求见申请人须知前附表。每张表格只填写一个项目,并标明序号。

3.2.6"正在施工和新承接的项目情况表"应附中标通知书和(或)合同协议书复印件。每张表格只填写一个项目,并标明序号。

3.2.7"近年发生的诉讼及仲裁情况"应说明相关情况,并附法院或仲裁机构作出的判决、裁决等有关法律文书复印件,具体年份要求见申请人须知前附表。

3.3 资格预审申请文件的装订、签字

3.3.1 申请人应按本章第 3.1 款和第 3.2 款的要求,编制完整的资格预审申请文件,用不褪色的材料书写或打印,并由申请人的法定代表人或其委托代理人签字或盖单位章。资格预审申请文件中的任何改动之处应加盖单位章或由申请人的法定代表人或其委托代理人签字确认。签字或盖章的具体要求见申请人须知前附表。

3.3.2 资格预审申请文件正本一份,副本份数见申请人须知前附表。正本和副本的封面上应清楚地标记"正本"或"副本"字样。当正本和副本不一致时,以正本为准。

3.3.3 资格预审申请文件正本与副本应分别装订成册,并编制目录,具体装订要求见申请人须知前附表。

4. 资格预审申请文件的递交

4.1 资格预审申请文件的密封和标识

4.1.1 资格预审申请文件的正本与副本应分开包装,加贴封条,并在封套的封口处加盖申请人单位章。

4.1.2 在资格预审申请文件的封套上应清楚地标记"正本"或"副本"字样,封套还应写明的其他内容见申请人须知前附表。

4.1.3 未按本章第 4.1.1 项或第 4.1.2 项要求密封和加写标记的资格预审申请文件,招标人不予受理。

4.2 资格预审申请文件的递交

4.2.1 申请截止时间:见申请人须知前附表。

4.2.2 申请人递交资格预审申请文件的地点:见申请人须知前附表。

4.2.3 除申请人须知前附表另有规定的外,申请人所递交的资格预审申请文件不予退还。

4.2.4 逾期送达或者未送达指定地点的资格预审申请文件,招标人不予受理。

5. 资格预审申请文件的审查

5.1 审查委员会

5.1.1 资格预审申请文件由招标人组建的审查委员会负责审查。审查委员会参照《中华人民共和国招标投标法》第三十七条规定组建。

5.1.2 审查委员会人数:见申请人须知前附表。

5.2 资格审查

审查委员会根据申请人须知前附表规定的方法和第三章“资格审查办法”中规定的审查标准,对所有已受理的资格预审申请文件进行审查。没有规定的方法和标准不得作为审查依据。

6. 通知和确认

6.1 通知

招标人在申请人须知前附表规定的时间内以书面形式将资格预审结果通知申请人,并向通过资格预审的申请人发出投标邀请书。

6.2 解释

应申请人书面要求,招标人应对资格预审结果作出解释,但不保证申请人对解释内容满意。

6.3 确认

通过资格预审的申请人收到投标邀请书后,应在申请人须知前附表规定的时间内以书面形式明确表示是否参加投标。在申请人须知前附表规定时间内未表示是否参加投标或明确表示不参加投标的,不得再参加投标。因此造成潜在投标人数量不足 3 个的,招标人重新组织资格预审或不再组织资格预审而直接招标。

7. 申请人的资格改变

通过资格预审的申请人组织机构、财务能力、信誉情况等资格条件发生变化,使其不在实质上满足第三章“资格审查办法”规定标准的,其投标不被接受。

8. 纪律与监督

8.1 严禁贿赂

严禁申请人向招标人、审查委员会成员和与审查活动有关的其他工作人员行贿。在资格预审期间,不得邀请招标人、审查委员会成员以及与审查活动有关的其他工作人员到申请人单位参观考察,或出席申请人主办、赞助的任何活动。

8.2 不得干扰资格审查工作

申请人不得以任何方式干扰、影响资格预审的审查工作,否则将导致其不能通过资格预审。

8.3 保密

招标人、审查委员会成员,以及与审查活动有关的其他工作人员应对资格预审申请文件的审查、比较进行保密,不得在资格预审结果公布前透露资格预审结果,不得向他人透露可能影响公平竞争的有关情况。

8.4 投诉

申请人和其他利害关系人认为本次资格预审活动违反法律、法规和规章规定的，有权向有关行政监督部门投诉。

9. 需要补充的其他内容

需要补充的其他内容见申请人须知前附表。

五、资格预审内容

资格预审按照初步审查、详细审查、资格预审申请文件的澄清这三个阶段进行。

（一）初步审查

初步审查是检查申请人提交的资格预审文件是否满足申请人须知的要求，内容包括以下各项。

1. 提供资料的有效性

法定代表人授权委托书必须由法定代表人签署。

申请人基本情况表应附申请人营业执照副本及其年检合格的证明材料、资质证书副本和安全生产许可证等材料的复印件。

2. 提供资料的完整性

（1）申请人须知前附表规定年份的财务状况表，应附经会计师事务所或审计机构审计的财务会计报表，包括资产负债表、现金流量表、利润表和财务情况说明书的复印件。

（2）申请人须知前附表规定近几年完成的类似项目情况表，应附中标通知书和（或）合同协议书、工程接受证书（工程竣工验收证书）的复印件。

（3）正在施工和新承接的项目情况表，应附中标通知书和（或）合同协议书复印件。

（4）申请人须知前附表规定近几年发生的诉讼及仲裁情况表应说明相关情况，并附法院或仲裁机构作出的判决、裁决等有关法律文书复印件。

（5）接受联合体资格预审申请的，申请人除了提供联合体协议书并明确联合体牵头人外，还应包括联合体各方按上述要求的相关情况资料。联合体各方不得再以自己名义单独或加入其他联合体在同一标段中参加资格预审。

（二）详细审查

详细审查是评定申请人的资质条件、能力和信誉是否满足招标工程的要求，但申请人须知前附表没有规定的方法和标准不得作为审查依据。详细审查的主要审查内容如下。

（1）资质条件。

承接工程项目施工的企业必须有与工程规模相适应的资质，不允许低资质企业承揽高等级工程的施工。

由同一专业的单位组成的联合体，按照资质等级较低的单位确定资质等级。

（2）财务状况。

通过审计经申请人提供的资产负债表、现金流量表、利润表和财务情况说明书，既要审查申请人企业目前的运行是否良好，又要考察其是否具有充裕的资金支持完成项目的施工。因为申请人一旦中标，只有完成一定的合格工作量后，才可以获得相应工程款的支付，因此在施工准备和施工阶段需要有相应的资金维持施工的正常运转。

(3) 类似项目的业绩。

如果申请人没有完成过与招标工程类似项目的施工经历,则缺少本次招标工程的施工经验。通过考察完成过的类似项目业绩,尤其是与本项目同规模或更大规模的施工业绩,可以反映出对项目施工的组织、技术、风险防范等方面的能力。对大型复杂有特殊专业施工要求的招标项目,此点尤为重要。

(4) 信誉。

信誉良好是能够忠实履行合同的保证,申请人须知前附表规定申请人最近几年不能有违约或毁约的历史。对于申请人以往承接工程的重大合同纠纷,应通过法院判决书或仲裁裁决书分析事件的起因和责任,对其信誉进行评估。

(5) 项目经理资格。

项目经理是施工现场的指挥者和直接责任人,对项目施工的成败起关键作用。除了审查项目经理的职称、专业知识外,重点考察其参与过的工程项目施工的经历,以及在项目上担任的职务是否为主要负责人,以判断在本工程能否胜任项目经理的职责。

(6) 承接本招标项目的实施能力。

申请人正在实施的其他工程项目施工,会对资金、施工机械、人力资源等产生分流,通过申请人提交的正在施工和新承接的项目情况表中说明的项目名称、签约合同价、开工日期、竣工日期、承担的工作、项目经理名称等,分析若该申请人中标,能否按期、按质、按量完成招标项目的施工任务。

(三) 资格预审申请文件的澄清

审查过程中,审查委员会可以以书面形式要求申请人对所提交的资格预审申请文件中不明确的内容进行必要的澄清或说明。申请人的澄清或说明应采用书面形式,并不得改变资格预审申请文件的实质性内容。申请人的澄清和说明内容属于资格预审申请文件的组成部分。

招标人和审查委员会不接受申请人主动提出的澄清或说明。

六、资格预审办法

(一) 应淘汰的申请人

按照标准施工招标资格预审文件的规定,有下述情况之一的,属于资格预审不合格。

1. 不满足规定的审查标准

(1) 初步审查中,有一项不符合审查标准即不再进行详细审查,判为资格预审不合格。

(2) 详细审查中,有一项因素不符合审查标准,不能通过资格预审。

2. 不按审查委员会要求澄清或说明

审查委员会对申请人提供的资料有疑问要求澄清,而其未给予书面说明,按该项不符合标准对待,予以淘汰。

3. 在资格预审过程中有违法违规行为

(1) 使用通过受让或者租借等方式获取的资格、资质证书。

(2) 使用伪造、变造的许可证件。

(3) 提供虚假的财务状况或者业绩。

(4) 提供虚假的项目负责人或者主要技术人员简历、劳动关系证明。

(5) 提供虚假的信用状况。

(6) 行贿或有其他违法、违规行为。

(二) 资格预审合格者数量的确定

资格预审合格者数量的确定可以采用合格制或有限数量制中的一种,应在申请人须知前附表中注明。

1. 合格制

所有初步审查和详细审查符合标准的申请人均通过资格预审,可以购买招标文件,参与投标竞争。合格制的优点是参加投标的人数较多,有利于招标人在较宽的范围内择优选择中标人,且竞争激烈,可以获得较低的中标价格。合格制的缺点是由于投标人数多,导致评标费用高、时间长。

2. 有限数量制

初步评审和详细评审合格申请人数量不少于3家且没有超过预先规定的通过数量时,均通过资格预审,不进行评分。如果合格申请人的数量多于预定数量,则对各申请人的详细评审各项要素予以评分,按总分的高低排序,选取预定数量的申请人通过资格预审。具体评分标准见表3-4。

表3-4 资格审查办法前附表

条款号		条款名称	编列内容
1		通过资格预审的人数	
2		审查因素	审查标准
2.1	初步审查标准	申请人名称	与营业执照、资质证书、安全生产许可证一致
		申请函签字盖章	有法定代表人或其委托代理人签字或加盖单位章
		申请文件格式	符合第四章“资格预审申请文件格式”的要求
		联合体申请人	提交联合体协议书,并明确联合体牵头人(如有)
		…	
2.2	详细审查标准	营业执照	具备有效的营业执照
		安全生产许可证	具备有效的安全生产许可证
		资质等级	符合本章“申请人须知前附表”第1.4.1项规定
		财务状况	符合本章“申请人须知前附表”第1.4.1项规定
		类似项目业绩	符合本章“申请人须知前附表”第1.4.1项规定
		信誉	符合本章“申请人须知前附表”第1.4.1项规定
		项目经理资格	符合本章“申请人须知前附表”第1.4.1项规定
		其他要求	符合本章“申请人须知前附表”第1.4.1项规定
		联合体申请人	符合本章“申请人须知前附表”第1.4.2项规定
		…	
2.3	评分标准	评分因素	评分标准
		财务状况	…
		类似项目业绩	…
		信誉	…
		认证体系	…
		…	…

（三）审查结果

审查委员会按照规定的程序对资格预审申请文件完成审查后，确定通过资格预审的申请人名单，并向招标人提交书面审查报告。评审报告的主要内容包括：工程项目概要；资格预审简介；资格预审评审标准；资格预审评审程序；资格预审评审结果；资格预审评审委员会名单及附件；资格预审评分汇总表；资格预审分项评分表；资格预审详细评审标准等。

如果通过详细审查的申请人数量不足3家，招标人应重新组织资格预审或不再组织资格预审而直接招标。重新招标前，招标人应分析通过资格预审较少的原因，相应调整评审要素的标准值，再进行第二次资格预审。

第六节　工程量清单的编制

一、工程量清单的概念和作用

1. 工程量清单的概念

工程量清单是表现拟建工程的分部分项工程项目、措施项目、其他项目名称和相应数量的明细清单。它是招标人依据国家标准、招标文件、设计文件以及施工现场实际情况编制的。随招标文件发布供投标报价的工程量清单，包括对它的说明和表格。编制招标工程量清单，应充分体现“量价分离”的“风险分担”原则。招标阶段，由招标人或其委托的工程造价咨询人根据工程项目设计文件，编制出招标工程项目的工程量清单，并将其作为招标文件的组成部分。

2. 工程量清单的作用

工程量清单仅是投标报价的共同基础，竣工结算的工程量按合同约定确定。

二、编制人

工程量清单应由具有编制招标文件能力的招标人，或受其委托具有相应资质的工程造价咨询人进行编制。

受委托编制工程量清单的工程造价咨询人必须具有工程造价咨询资质，并在其资质许可范围内从事工程造价咨询活动。

招标人对编制的工程量清单的准确性和完整性负责，如委托工程造价咨询人编制，其责任仍由招标人承担。投标人应根据企业自身实际，参考市场有关价格信息完成清单项目工程的组合报价，并对其承担风险，但对工程量清单不负有核实义务，更不具有修改和调整的权利。

三、编制依据

(1)《建设工程工程量清单计价规范》(GB 50500—2013)以及各专业工程计量规范等。

(2) 国家或省级、行业建设主管部门颁发的计价依据和办法。

(3) 建设工程设计文件及相关资料。

(4) 与建设工程项目有关的标准、规范、技术资料。

(5) 拟定的招标文件。

(6) 施工现场情况、地勘水文资料、工程特点及常规施工方案。

(7) 其他相关资料。

四、招标工程量清单编制的准备工作

招标工程量清单编制的相关工作在收集资料包括编制依据的基础上，需进行如下工作。

1. 初步研究

对各种资料进行认真研究，为工程量清单的编制做准备。主要包括以下各项内容。

(1) 熟悉《建设工程工程量清单计价规范》(GB 50500—2013)和各专业工程计量规范、当地计价规定及相关文件；熟悉设计文件，掌握工程全貌，便于清单项目列项的完整、工程量的准确计算及清单项目的准确描述，对设计文件中出现的问题应及时提出。

(2) 熟悉招标文件、招标图纸，确定工程量清单编审的范围及需要设定的暂估价；收集相关市场价格信息，为暂估价的确定提供依据。

(3) 对《建设工程工程量清单计价规范》(GB 50500—2013)缺项的新材料、新技术、新工艺，收集足够的基础资料，为补充项目的制定提供依据。

2. 现场踏勘

为了选用合理的施工组织设计和施工技术方案，需进行现场踏勘，以充分了解施工现场情况及工程特点，主要对以下方面进行调查。

(1) 自然地理条件：工程所在地的地理位置、地形、地貌、用地范围等；气象、水文情况，包括气温、湿度、降雨量等；地质情况，包括地质构造及特征、承载能力等；地震、洪水及其他自然灾害情况。

(2) 施工条件：工程现场周围的道路、进出场条件、交通限制情况；工程现场施工临时设施、大型施工机具、材料堆放场地安排情况；工程现场邻近建筑物与招标工程的间距、结构形式、基础埋深、新旧程度、高度；市政给排水管线位置、管径、压力，废水、污水处理方式，市政、消防供水管道管径、压力、位置等；现场供电方式、方位、距离、电压等；工程现场通信线路的连接和铺设；当地政府有关部门对施工现场管理的一般要求、特殊要求及规定等。

(3) 拟定常规施工组织设计。施工组织设计是指导拟建工程项目的施工准备和施工的技术经济文件。根据项目的具体情况编制施工组织设计，拟定工程的施工方案、施工顺序、施工方法等，便于工程量清单的编制及准确计算，特别是工程量清单中的措施项目。施工组织设计编制的主要依据包括：招标文件中的相关要求，设计文件中的图纸及相关说明，现场踏勘资料，有关定额，现行有关技术标准、施工规范或规则等。作为招标人，仅需拟定常规的施工组织设计即可。在拟定常规的施工组织设计时需注意以下问题。

① 估算整体工程量。根据概算指标或类似工程进行估算，且仅对主要项目加以估算即可，如土石方、混凝土等。

② 拟定施工总方案。施工总方案仅只需对重大问题和关键工艺作原则性的规定，不需要考虑施工步骤，主要包括施工方法，施工机械设备的选择，科学的施工组织，合理的施工进度，现场的平面布置及各种技术措施。拟定总方案要满足以下原则：从实际出发，符合现场的实际情况，在切实可行的范围内尽量保证其先进性和快速性；满足工期的要求；确保工程质量和施工安全；尽量降低施工成本，使方案更加经济合理。

③ 确定施工顺序。合理确定施工顺序需要考虑以下几点：各分部分项工程之间的关系；施工方法和施工机械的要求；当地的气候条件和水文要求；施工顺序对工期的影响。

④ 编制施工进度计划。施工进度计划要满足合同对工期的要求，在不增加资源的前提下尽量提前。编制施工进度计划时要处理好工程中各分部、分项、单位工程之间的关系，避

免出现施工顺序的颠倒或工种相互冲突。

⑤ 计算人、材、机资源需要量。人工工日数量根据估算的工程量、选用的定额、拟定的施工总方案、施工方法及要求的工期来确定，并考虑节假日、气候等的影响。材料需要量主要根据估算的工程量和选用的材料消耗定额进行计算。机械台班数量则根据施工方案确定选择机械设备方案及机械种类的匹配要求，再根据估算的工程量和机械时间定额进行计算。

⑥施工平面的布置。施工平面布置是根据施工方案、施工进度要求，对施工现场的道路交通、材料仓库、临时设施等作出合理的规划布置，主要包括：建设项目施工总平面图上的一切地上、地下已有和拟建的建筑物、构筑物以及其他设施的位置和尺寸；所有为施工服务的临时设施的布置位置，如施工用地范围、施工用道路、材料仓库；取土与弃土位置；水源、电源位置，安全、消防设施位置；永久性测量放线标桩位置等。

五、工程量清单与计价表的格式

工程量清单与计价表由以下内容组成。

1. 工程量清单封面

工程量清单封面如下。

____________________工程

招标工程量清单

	工程造价
招标人：____________________	咨 询 人：____________________
（单位盖章）	（单位资质专用章）
法定代表人	法定代表人
或其授权人：________________	或其授权人：________________
（造价工程师签字盖专用章）	（签字或盖章）
编制人：____________________	复核人：____________________
（造价人员签字盖专用章）	（造价工程师签字盖专用章）
编制时间：　年　　月　　日	复核时间：　年　　月　　日

2. 投标总价表

投标总价表

招 标 人：________________

工程名称：________________

投标总价(小写)：________________

(大写)：________________

投 标 人：________________
(单位盖章)

法定代表人
或其授权人：________________
(签字或盖章)

编 制 人：________________
(造价人员签字盖专用章)

编制时间： 年 月 日

3. 总说明

总 说 明

工程名称： 第 页 共 页

4. 工程项目投标报价汇总表

工程项目投标报价汇总表

工程名称：　　　　　　　　　　　　　　　　　　　　　　　　　　第　页　　共　页

序号	单项工程名称	金额/元	其　中		
			暂估价/元	安全文明施工费/元	规费/元
合计					

5. 单项工程投标报价汇总表

单项工程投标报价汇总表

工程名称：　　　　　　　　　　　　　　　　　　　　　　　　　　第　页　　共　页

序号	单项工程名称	金额/元	其　中		
			暂估价/元	安全文明施工费/元	规费/元
合计					

6. 单位工程投标报价汇总表

单位工程投标报价汇总表

工程名称：　　　　　　　　　　　　　　　　　　　　　　　　　　第　页　　共　页

序号	汇 总 内 容	金额/元	其中:暂估价/元
1	分部分项工程		
1.1			
1.2			
1.3			
2	措施项目		
2.1	安全文明施工费		
3	其他项目		
3.1	暂列金额		
3.2	专业工程暂估价		
3.3	计日工		
3.4	总承包服务费		
4	规费		
5	税金		
招标控制价合计=1+2+3+4+5			

7. 分部分项工程量清单与计价表

分部分项工程量清单与计价表

工程名称： 第 页 共 页

<table>
<tr><th rowspan="2">序号</th><th rowspan="2">项目编码</th><th rowspan="2">项目名称</th><th rowspan="2">项目特征描述</th><th rowspan="2">计量单位</th><th rowspan="2">工程量</th><th colspan="3">金额/元</th></tr>
<tr><th>综合单价</th><th>合价</th><th>其中：暂估价</th></tr>
<tr><td></td><td></td><td></td><td></td><td></td><td></td><td></td><td></td><td></td></tr>
<tr><td></td><td></td><td></td><td></td><td></td><td></td><td></td><td></td><td></td></tr>
<tr><td></td><td></td><td></td><td></td><td></td><td></td><td></td><td></td><td></td></tr>
<tr><td></td><td></td><td></td><td></td><td></td><td></td><td></td><td></td><td></td></tr>
<tr><td></td><td></td><td></td><td></td><td></td><td></td><td></td><td></td><td></td></tr>
<tr><td colspan="7">本页小计</td><td></td><td></td></tr>
<tr><td colspan="7">合计</td><td></td><td></td></tr>
</table>

注：根据《建筑安装工程费用组成》(建标[2003]206号)的规定，为计取规费等的使用，可在表中增设“其中：直接费、人工费或人工费＋机械费”。

8. 工程量清单综合单价分析表

工程量清单综合单价分析表

工程名称： 第 页 共 页

<table>
<tr><td colspan="2">项目编码</td><td colspan="2"></td><td colspan="2">项目名称</td><td colspan="2"></td><td colspan="2">计量单位</td><td colspan="2"></td></tr>
<tr><td colspan="12">清单综合单价组成明细</td></tr>
<tr><th rowspan="2">定额编号</th><th rowspan="2">定额名称</th><th rowspan="2">定额单位</th><th rowspan="2">数量</th><th colspan="4">单价/元</th><th colspan="4">合价/元</th></tr>
<tr><th>人工费</th><th>材料费</th><th>机械费</th><th>管理费和利润</th><th>人工费</th><th>材料费</th><th>机械费</th><th>管理费和利润</th></tr>
<tr><td></td><td></td><td></td><td></td><td></td><td></td><td></td><td></td><td></td><td></td><td></td><td></td></tr>
<tr><td></td><td></td><td></td><td></td><td></td><td></td><td></td><td></td><td></td><td></td><td></td><td></td></tr>
<tr><td></td><td></td><td></td><td></td><td></td><td></td><td></td><td></td><td></td><td></td><td></td><td></td></tr>
<tr><td colspan="2">人工单价</td><td colspan="6">小计</td><td></td><td></td><td></td><td></td></tr>
<tr><td colspan="2">元/工日</td><td colspan="6">未计价材料费</td><td colspan="4"></td></tr>
<tr><td colspan="8">清单项目综合单价</td><td colspan="4"></td></tr>
<tr><td rowspan="7">材料费明细</td><td colspan="5">主要材料名称、规格、型号</td><td>单位</td><td>数量</td><td>单价/元</td><td>合价/元</td><td>暂估单价/元</td><td>暂估合价/元</td></tr>
<tr><td></td><td></td><td></td><td></td><td></td><td></td><td></td><td></td><td></td><td></td><td></td></tr>
<tr><td></td><td></td><td></td><td></td><td></td><td></td><td></td><td></td><td></td><td></td><td></td></tr>
<tr><td></td><td></td><td></td><td></td><td></td><td></td><td></td><td></td><td></td><td></td><td></td></tr>
<tr><td></td><td></td><td></td><td></td><td></td><td></td><td></td><td></td><td></td><td></td><td></td></tr>
<tr><td colspan="7">其他材料费</td><td></td><td></td><td></td><td></td></tr>
<tr><td colspan="7">材料费小计</td><td></td><td></td><td></td><td></td></tr>
</table>

注：如不使用省级或行业建设主管部门发布的计价定额，可不填定额项目、编号等。

9. 措施项目清单与计价表(一)

措施项目清单与计价表(一)

工程名称： 第 页 共 页

序号	项 目 名 称	计算基础	费率/(%)	金额/元
1	安全文明施工			
2	夜间施工			
3	二次搬运			
4	冬雨季施工			
5	大型机械设备进出场及安拆			
6	施工排水			
7	施工降水			
8	地上、地下设施及建筑物的临时保护设施			
9	已完工程及设备保护			
10	各专业工程的措施项目			
11				
合计				

注：1. 本表适用于以“项”计价的措施项目；

2. 根据建设部、财政部发布的《建筑安装工程费用项目组成》(建标[2003]206 号)的规定，“计算基础”可为直接费、人工费或人工费＋机械费。

10. 措施项目清单与计价表(二)

措施项目清单与计价表(二)

工程名称： 第 页 共 页

序号	项目编码	项目名称	项目特征描述	计量单位	工程量	金额/元	
						综合单价	合价
本页小计							
合计							

注：本表适用于以综合单价形式计价的措施项目。

11. 其他项目清单与计价汇总表

其他项目清单与计价汇总表

工程名称： 第 页 共 页

序号	项 目 名 称	计量单位	金额/元	备 注
1	暂列金额			
2	暂估价			
2.1	材料暂估价			
2.2	专业工程暂估价			
3	计日工			
4	总承包服务费			
5				
合 计				

注：材料暂估单价计入清单项目综合单价，此处不汇总。

(1) 暂列金额明细表。

暂列金额明细表

工程名称：　　　　　　　　　　　　　　　　　　　　　　　　　　　　第　页　　共　页

序号	项 目 名 称	计 量 单 位	暂定金额/元	备　　注
1				
2				
3				
4				
5				
6				
	合　　计			

注：此表由招标人填写，不包含计日工。暂列金额项目部分如不能详列明细，也可只列暂定金额总额，投标人应将上述暂列金额计入投标总价中。

(2) 材料(工程设备)暂估单价及调整表。

材料(工程设备)暂估单价及调整表

工程名称：　　　　　　　　　　　　　　　　　　　　　　　　　　　　第　页　　共　页

序号	材料(工程设备) 名称、规格、型号	计 量 单 位	单价/元	备　　注

注：1. 此表由招标人填写，并在备注栏说明暂估价的材料和工程设备拟用在哪些清单子目中，投标人应将上述材料、工程设备暂估单价计入工程量清单综合单价报价中；达到规定的规模标准的重要设备、材料以外的其他材料、设备约定采用招标方式采购的，应当同时注明；

2. 投标人应注意，这些材料和工程设备暂估单价中不包括投标人的企业管理费和利润，组成相应清单子目综合单价时，应避免重复计取；

3. 材料、工程设备包括原材料、燃料、构配件以及按规定应计入建筑安装工程造价的设备。

(3) 专业工程暂估价表。

专业工程暂估价表

工程名称：　　　　　　　　　　　　　　　　　　　　　　　　　　　　第　页　　共　页

序号	工 程 名 称	工 程 内 容	金额/元	备　　注
	合　计			

注：1. 此表由招标人填写，投标人应将上述专业工程暂估价计入投标总价中；

2. 备注栏中应当对未达到招标规模标准的是否采用分包作出说明，采用分包方式的应当由发包人和承包人依法按招标方式选择分包人。

(4) 计日工表。

计日工表

工程名称： 第 页 共 页

编号	子目名称	单位	暂定数量	综合单价	合 价
一	劳务(人工)				
1					
2					
人工小计					
二	材料				
1					
2					
材料小计					
上述材料表中未列出的材料设备，投标人计取的包括企业管理费、利润(不包括规费和税金)在内的固定百分比					%
三	施工机械				
1					
2					
施工机械小计					
合 计					

注：1. 此表暂定项目、数量由招标人填写，编制招标控制价时，单价由招标人按有关计价规定确定；
2. 投标时，子目和数量按招标人提供数据计算，单价由投标人自主报价，计入投标总价中；
3. 此表总计的计日工金额应当作为暂列金额的一部分，计入暂列金额明细表中。

(5) 总承包服务费计价表。

总承包服务费计价表

工程名称： 第 页 共 页

编号	工程名称	项目价值/元	服务内容	费率/(%)	金额/元
1	发包人发包专业工程				
2	发包人供应材料				
合 计					

注：此表由招标人填写，投标人应将上述专业工程暂估价计入投标总价中。

12. 规费、税金项目清单与计价表

规费、税金项目清单与计价表

工程名称： 第 页 共 页

序号	项 目 名 称	计 算 基 础	费率/(%)	金额/元
1	规费			
1.1	工程排污费			
1.2	社会保险费			
(1)	养老保险费			
(2)	失业保险费			
(3)	医疗保险费			
1.3	住房公积金			
1.4	危险作业意外伤害保险			
1.5	工程定额测定费			
…	…			
2	税金	分部分项工程费+措施项目费+其他项目费+规费		
合计				

注：规费根据建设部、财政部发布的《建筑安装工程费用计组成》(建标[2003]206 号)的规定，“计算基础”可为直接费、人工费或直接费+机械费。

13. 措施项目清单组价分析表

措施项目清单组价分析表

工程名称： 第 页 共 页

子目编码	措施项目名称	拟采取主要方案或投入资源描述	实际成本详细计算内容	报价构成分析/元			报价金额/元
				实际成本	管理费	利润	

14. 费率报价表

费率报价表

工程名称： 第 页 共 页

序号	费 用 名 称	取 费 基 数	报价费率/(%)
1	建筑工程		
A	企业管理费		

续表

序号	费用名称	取费基数	报价费率/(%)
B	利润		
2	装饰装修工程		
A	企业管理费		
B	利润		
3	机电安装工程		
A	企业管理费		
B	利润		
4	市政/园林绿化工程		
A	企业管理费		
B	利润		

注:本报价表中的费率应与分部分项工程清单综合单价分析表中的费率一致。

15. 主要材料和工程设备选用表

主要材料和工程设备选用表

工程名称: 第 页 共 页

序号	材料和工程设备名称	单位	单价	数量	品牌/厂家	规格型号	备注

注:本表中所列材料设备应仅限于承包人自行采购范围内的材料设备。本表格可以按照同样的格式扩展。

六、工程量清单编制的注意事项

(一) 分部分项工程量清单编制

1. 项目编码

项目编码是分部分项工程和措施项目清单名称的阿拉伯数字标识。分部分项工程量清单项目编码以五级编码设置,用十二位阿拉伯数字表示。一、二、三、四级编码为全国统一,即一至九位应按计价范附录的规定设置;第五级即十至十二位为清单项目编码,应根据拟建工程的工程量清单项目名称设置,不得有重号,这三位清单项目编码由招标人针对招标工程项目具体编制,并应自001起顺序编制。

各级编码代表的含义如下:

(1) 第一级表示专业工程代码(分二位);

(2) 第二级表示附录分类顺序码(分二位);

(3) 第三级表示分部工程顺序码(分二位);

(4) 第四级表示分项工程项目名称顺序码(分三位);

(5) 第五级表示工程量清单项目名称顺序码(分三位)。

项目编码结构如下所示(以房屋建筑与装饰工程为例):

01 — 04 — 01 — 001 — × × ×

——第五级为工程量清单项目名称顺序码(由工程量清单编制人编制,从001开始)

————第四级为分项工程项目名称顺序码,001表示砖基础

——————第三级为分部工程顺序码,01表示砖砌体

————————第二级为附录分类顺序码,04表示砌筑工程

——————————第一级为专业工程代码,01表示房屋建筑与装饰工程

2. 项目名称

分部分项工程量清单的项目名称应按各专业工程计量规范附录的项目名称结合拟建工程的实际确定。

附录表中的“项目名称”为分项工程项目名称,是形成分部分项工程量清单项目名称的基础,即在编制分部分项工程量清单时,以附录中的分项工程项目名称为基础,考虑该项目的规格、型号、材质等特征要求,结合拟建工程的实际情况,使其工程量清单项日名称具体化、细化,以反映影响工程造价的主要因素。例如“门窗工程”中“特殊门”应区分“冷藏门”“冷冻闸门”“保温门”“变电室门”“隔音门”“人防门”“金库门”等。清单项目名称应表达详细、准确,各专业工程计量规范中的分项工程项目名称如有缺陷,招标人可作补充,并报当地工程造价管理机构(省级)备案。

3. 项目特征

项目特征是构成分部分项工程项目、措施项目自身价值的本质特征。项目特征是对项目的准确描述,是确定一个清单项目综合单价不可缺少的重要依据,是区分清单项目的依据,是履行合同义务的基础。分部分项工程量清单的项目特征应按各专业工程计量规范附录中规定的项目特征,结合技术规范、标准图集、施工图纸,按照工程结构、使用材质及规格或安装位置等,予以详细而准确的表述和说明。凡项目特征中未描述到的其他独有特征,由清单编制人视项目具体情况确定,以准确描述清单项目为准。

在各专业工程计量规范附录中还有关于各清单项目“工作内容”的描述。工作内容是指完成清单项目可能发生的具体工作和操作程序,但应注意的是,在编制分部分项工程量清单时,工作内容通常无需描述,因为在《建设工程工程量清单计价规范》中,工程量清单项目与工程量计算规则、工作内容是一一对应关系,当采用《建设工程工程量清单计价规范》这一标准时,工作内容均有规定。

(1) 必须描述的内容如下。

① 涉及正确计量的内容必须描述。

② 涉及结构要求的内容必须描述。

③ 涉及材质要求的内容必须描述。

④ 涉及安装方式的内容必须描述。

(2) 可不描述的内容如下。

① 对计量计价没有实质影响的内容可以不描述。

② 应由投标人根据施工方案确定的可以不描述。

③ 应由投标人根据当地材料和施工要求确定的可以不描述。

④ 应由施工措施解决的可以不描述。

(3) 可不详细描述的内容如下。

① 无法准确描述的可不详细描述。

② 施工图纸、标准图集标注明确，可不再详细描述。

③ 还有一些项目可不详细描述，但清单编制人在项目特征描述中应注明由招标人自定。

(4)《建设工程工程量清单计价规范》(以下简称计价规范)规定多个计量单位的描述。

① 计价规范对“A.2.1 混凝土桩”的“预制钢筋混凝土桩”计量单位有“米/根”两个计量单位，但是没有具体的选用规定。在编制该项目清单时，清单编制人可以根据具体情况选择“米”“根”其中之一作为计量单位。但在项目特征描述时，当以“根”为计量单位，单桩长度应描述为确定值，只描述单桩长度即可；当以“米”为计量单位，单桩长度可以按范围值描述，并注明根数。

② 计价规范对“A.3.2 砖砌体”中的“零星砌砖”的计量单位为“m^3”“m^2”“m”“个”四个计量单位，但是规定了砖砌锅台与炉灶可按外形尺寸以“个”计算，砖砌台阶可按水平投影面积以“㎡”计算，小便槽、地垄墙可按长度以“m”计算，其他工程量按“m^3”计算，所以在编制该项目的清单时，应将零星砌砖的项目具体化，根据计价规范的规定选用计量单位，并按照选定的计量单位进行恰当的特征描述。

(5) 计价规范没有要求，但又必须描述的内容如下。

对计价规范中没有项目特征要求的个别项目，但又必须描述的应予描述。由于计价规范在我国初次实施，难免在个别地方存在考虑不周的地方，需要在实际工作中来完善。例如A.5.1“厂库房大门、特种门”，计价规范以“樘”作为计量单位，但又没有规定门大小的特征描述，那么，“框外围尺寸”就是影响报价的重要因素，因此，必须对其加以描述，以便投标人准确报价。同理，B.4.1“木门”、B.5.1“门油漆”、B.5.2“窗油漆”也是如此，需要注意增加描述门窗的洞口尺寸或框外围尺寸。

4. 计量单位

计量单位应采用基本单位，除各专业另有特殊规定外均按以下单位计量。

(1) 以重量计算的项目——吨或千克(t 或 kg)。

(2) 以体积计算的项目——立方米(m^3)。

(3) 以面积计算的项目——平方米(m^2)。

(4) 以长度计算的项目——米(m)。

(5) 以自然计量单位计算的项目——个、套、块、樘、组、台……

(6) 没有具体数量的项目——宗、项……

各专业有特殊计量单位的，另外加以说明。当计量单位有两个或两个以上时，应根据所编工程量清单项目的特征要求，选择最适宜表现该项目特征并方便计量的单位。

5. 工程量的计算

分部分项工程量清单中所列工程量应按专业工程计量规范规定的工程量计算规则计算。除另有说明外，所有清单项目的工程量应以实体工程量为准，并以完成后的净值计算。投标人投标报价时，应在单价中考虑施工中的各种损耗和需要增加的工程量。

根据《建设工程工程量清单计价规范》的规定，工程量计算规则可以分为房屋建筑与装饰工程、仿古建筑工程、通用安装工程、市政工程、园林绿化工程、矿山工程、构筑物工程、城市轨道交通工程、爆破工程九大类。

工程量的计算是一项繁杂而细致的工作，为了快速准确地计算并尽量避免漏算或重算，必须依据一定的计算原则及方法。

（1）计算口径一致。根据施工图列出的工程量清单项目，必须与专业工程计量规范中相应清单项目的计算口径一致。

（2）按工程量计算规则计算。工程量计算规则是综合确定各项消耗指标的基本依据，也是具体工程测算和分析资料的基准。

（3）按图纸计算。工程量按每一分项工程，根据设计图纸进行计算，计算时采用的原始数据必须以施工图纸所表示的尺寸或施工图纸能读出的尺寸为准进行计算，不得任意增减。

（4）按一定顺序计算。计算分部分项工程量时，可以按照定额编目顺序或按照施工图专业顺序依次进行计算。对于计算同一张图纸的分项工程量时，一般可采用以下几种顺序：按顺时针或逆时针顺序计算；按先横后纵顺序计算；按轴线编号顺序计算；按施工先后顺序计算；按定额分部分项顺序计算。

（二）措施项目清单编制

措施项目清单指为完成工程项目施工，发生于该工程施工准备和施工过程中的技术、生活、安全、环境保护等方面的项目清单。措施项目分单价措施项目和总价措施项目。措施项目清单的编制需要考虑多种因素，除工程本身的因素外，还涉及水文、气象、环境、安全等因素。措施项目清单应根据拟建工程的实际情况列项，若出现《建设工程工程量清单计价规范》（GB 50500—2013）中未列的项目，可根据工程的实际情况补充。项目清单的设置要考虑拟建工程的施工组织设计，施工技术方案，相关的施工规范与施工验收规范，招标文件中提出的某些必须通过一定的技术措施才能实现的要求，设计文件中一些不足以写进技术方案的但是要通过一定的技术措施才能实现的内容等。

一些可以精确计算工程量的措施项目可采用与分部分项工程量清单编制相同的方式，编制分部分项工程和单价措施项目清单与计价表。而有一些费用的发生与使用时间、施工方法或者两个以上的工序相关，但大都与实际完成的实体工程量的大小关系不大的措施项目，如安全文明施工、冬雨季施工、已完工程设备保护等，应编制总价措施项目清单与计价表。

（三）其他项目清单的编制

其他项目清单是应招标人的特殊要求而发生的与拟建工程有关的其他费用项目和相应数量的清单。工程建设标准的高低、工程的复杂程度、工程的工期长短、工程的组成内容、发包人对工程管理要求等都直接影响到其具体内容。当出现未包含在表格中的内容的项目时，可根据实际情况补充。

1. 暂列金额

暂列金额是指招标人暂定并包括在合同中的一笔款项。它是用于工程合同签订时尚未确定或者不可预见的所需材料、工程设备、服务的采购，施工中可能发生的工程变更、合同约定调整因素出现时的合同价款调整以及发生的索赔、现场签证确认等的费用。此项费用由招标人填写其项目名称、计量单位、暂定金额等，若不能详列，也可只列暂定金额总额。由于暂列金额由招标人支配，实际发生后才得以支付，因此，在确定暂列金额时应根据施工图纸的深度、暂估价设定的水平、合同价款约定调整的因素以及工程实际情况合理确定。一般可按分部分项工程量清单的10%～15%确定，不同专业预留的暂列金额应分别列项。

2. 暂估价

暂估价是招标人在招标文件中提供的用于支付必然要发生但暂时不能确定价格的材料、工程设备的单价以及专业工程的金额。一般而言，为方便合同管理和计算需要，纳入分部分项工程量项目综合单价中的暂估价，最好只限于材料费，以方便投标与组价。以"项"为计量单位确定的专业工程暂估价一般应是综合暂估价，即应当包括除规费、税金以外的管理费、利润等。

3. 计日工

计日工是为了解决施工现场发生的零星工作或项目的计价而设立的。计日工为额外工作的计价提供一个方便快捷的途径。计日工对完成零星工作所消耗的人工工时、材料数量、机械台班进行计量，并按照计日工表中填报的适用项目的单价进行计价支付。编制计日工表格时，一定要给出暂定数量，并且需要根据经验，尽可能估算一个比较贴近实际的数量，且尽可能把项目列全，以消除因此而产生的争议。

4. 总承包服务费

总承包服务费是为了解决招标人在法律法规允许的条件下，进行专业工程发包以及自行采购供应材料、设备时，要求总承包人对发包的专业工程提供协调和配合服务，对供应的材料、设备提供收发和保管服务以及对施工现场进行统一管理，对竣工资料进行统一汇总整理等发生的应向承包人支付的费用。招标人应当按照投标人的投标报价支付该项费用。

（四）规费、税金项目清单的编制

规费、税金项目清单应按照规定的内容列项，当出现规范中没有的项目时，应根据省级政府或有关部门的规定列项。税金项目清单除规定的内容外，如国家税法发生变化或增加税种，应对税金项目清单进行补充。规费、税金的计算基础和费率均应按国家或地方相关部门的规定执行。

（五）工程量清单总说明的编制

工程量清单总说明的编制包括以下内容。

（1）工程概况。工程概况的编制要对建设规模、工程特征、计划工期、施工现场实际情况、自然地理条件、环境保护要求等作出描述。其中，建设规模是指建筑面积；工程特征应说明基础及结构类型、建筑层数、高度、门窗类型及各部位装饰、装修做法；计划工期是指按工期定额计算的施工天数；施工现场实际情况是指施工场地的地表状况；自然地理条件是指建筑场地所处地理位置的气候及交通运输条件；环境保护要求是针对施工噪声及材料运输可能对周围环境造成的影响和污染所提出的防护要求。

（2）工程招标及分包范围。招标范围是指单位工程的招标范围，如建筑工程招标范围为全部建筑工程，装饰装修工程招标范围为全部装饰装修工程，或招标范围不含桩基础、幕墙、门窗等。工程分包是指特殊工程项目的分包，如招标人自行采购安装铝合金闸窗等。

（3）工程量清单编制依据。包括《建设工程工程量清单计价规范》、设计文件、招标文件、施工现场情况、工程特点及常规施工方案等。

（4）工程质量、材料、施工等的特殊要求。工程质量的要求是指招标人要求拟建工程的质量应达到合格或优良标准；对材料的要求是指招标人根据工程的重要性、使用功能及装饰装修标准提出诸如对水泥的品牌、钢材的生产厂家、花岗石的出产地和品牌等的要求；施工要求一般是指建设项目中对单项工程的施工顺序等的要求。

（5）其他需要说明的事项。

第七节　建设工程招标控制价的编制

一、招标控制价的概念

招标控制价是招标人根据国家以及当地有关规定的计价依据和计价办法、招标文件、市场行情，并按工程项目设计施工图纸等具体条件调整编制的，对招标工程项目限定的最高工程造价，也可称其为拦标价、预算控制价或最高报价等。

对于招标控制价及其规定，应注意从以下方面理解。

(1) 国有资金投资的建设工程招标，招标人必须编制招标控制价。根据《中华人民共和国招标投标法》的规定，国有资金投资的工程项目进行招标，招标人可以设标底。当招标人不设标底时，为有利于客观、合理地评审投标报价和避免哄抬标价，造成国有资产流失，招标人必须编制招标控制价，作为投标人的最高投标限价，及招标人能够接受的最高交易价格。

(2) 招标控制价超过批准的概算时，招标人应将其报原概算审批部门审核。因为我国对国有资金投资项目实行的是投资概算审批制度，国有资金投资的工程项目原则上不能超过批准的投资概算。

(3) 投标人的投标报价高于招标控制价的，其投标应予以拒绝。国有资金投资的工程项目，招标人编制并公布的招标控制价相当于招标人的采购预算，同时要求其不能超过批准的概算，因此，招标控制价是招标人在工程招标时能接受投标人报价的最高限价，投标人的投标报价不能高于招标控制价，否则，其投标将被拒绝。

(4) 招标控制价应由具有编制能力的招标人或受其委托具有相应资质的工程造价咨询人编制和复核。工程造价咨询人不得同时接受招标人和投标人对同一工程的招标控制价和投标报价的编制。

(5) 招标控制价应在招标文件中公布，不应上调或下浮，招标人应将招标控制价及有关资料报送工程所在地工程造价管理机构备查。招标控制价的作用决定了招标控制价不同于标底，无需保密。为体现招标的公平、公正，防止招标人有意抬高或压低工程造价，招标人应在招标文件中如实公布招标控制价各组成部分的详细内容，不得对所编制的招标控制价进行上调或下浮。

二、编制人

《建设工程工程量清单计价规范》(GB 50500—2013)规定，招标控制价应由具有编制能力的招标人或受其委托具有相应资质的工程造价咨询人编制。

工程造价咨询人应在其资质许可的范围内接受招标人的委托，编制招标控制价。但工程造价咨询人不得同时接受招标人和投标人对同一工程的招标控制价和投标报价的编制。

三、招标控制价的编制依据

招标控制价的编制依据如下：

(1)《建设工程工程量清单计价规范》(GB 50500—2013)；

(2) 国家或省级、行业建设主管部门颁发的计价定额和计价办法；

(3) 建设工程设计文件及相关资料；

(4) 拟定的招标文件及招标工程量清单；

(5) 与建设项目相关的标准、规范、技术资料；

(6) 施工现场情况、工程特点及常规施工方案；

(7) 工程造价管理机构发布的工程造价信息，当工程造价信息没有发布时，参照市场价；

(8) 其他的相关资料。

四、招标控制价文件的组成

工程招标控制价文件按照《建设工程工程量清单计价规范》(GB 50500—2013)附录中给出的规范格式进行编写，主要包括以下内容。

(1) 招标控制价封面和扉页。

(2) 工程计价总说明。

(3) 工程计价汇总表，包括：建设工程招标控制价汇总表、单项工程招标控制价汇总表、单位工程招标控制价汇总表、建设项目竣工结算汇总表、单项工程竣工结算汇总表、单位工程竣工结算汇总表等。

(4) 分部分项工程和措施项目计价表，包括：分部分项工程和单价措施项目清单与计价表、综合单价分析表、综合单价调整表、总价措施项目清单与计价表等。

(5) 其他项目计价表，包括：其他项目清单与计价汇总表、暂列金额明细表、材料(工程设备)暂估单价及调整表、专业工程暂估价及结算表、计日工表、总承包服务费计价表、索赔与现场签证计价汇总表、费用索赔申请(核准)表、现场签证表等。

(6) 规费、税金项目计价表。

(7) 主要材料、工程设备一览表，分为发包人主要材料、工程设备一览表，承包人主要材料、工程设备一览表。

五、招标控制价的编制内容

采用工程量清单计价时，招标控制价的编制内容包括分部分项工程费、措施项目费、其他项目费、规费和税金。

(一) 分部分项工程费的编制

分部分项工程费采用综合单价的方法编制。采用的分部分项工程量应是招标文件中工程量清单提供的工程量；综合单价应根据招标文件中的分部分项工程量清单的特征描述及有关要求、行业建设主管部门颁发的计价定额和计价办法等编制依据进行编制。

为使招标控制价与投标报价所包含的内容一致，综合单价中应包括招标文件中招标人要求投标人承担的风险内容及其范围(幅度)产生的风险费用，可以以风险费率的形式进行计算。招标文件提供了暂估单价的材料，应按暂估单价计入综合单价。计算综合单价的具体方法见工程量清单计价的方法。

(二) 措施项目费的编制

措施项目费应依据招标文件中提供的措施项目清单和拟建工程项目的施工组织设计进行确定。可以计算工程量的措施项目，应按分部分项工程量清单的方式采用综合单价计价；其余的措施项目可以以“项”为单位的方式计价，应包括除规费、税金外的全部费用。措施项目费中的安全文明施工费应当按照国家或地方行业建设主管部门的规定标准计价。

(三)其他项目费

1. 暂列金额

应按招标工程量清单中列出的金额填写。

2. 暂估价

暂估价中的材料、工程设备单价、控制价应按招标工程量清单列出的单价计入综合单价;暂估价专业工程金额应按招标工程量清单中列出的金额填写。

3. 计日工

编制招标控制价时,计日工中的人工单价和施工机械台班单价应按省级、行业建设主管部门或其授权的工程造价管理机构公布的单价计算;材料应按工程造价管理机构发布的工程造价信息中的材料单价计算,工程造价信息未发布材料单价的材料,其价格应按市场调查确定的单价计算。

4. 总承包服务费

编制招标控制价时,总承包服务费应按照省级或行业建设主管部门的规定,并根据招标文件列出的内容和要求估算。在计算时可参考以下标准:

(1) 招标人仅要求总包人对其发包的专业工程进行施工现场协调和统一管理、对竣工材料进行统一汇总整理等服务时,总承包服务费按发包的专业工程估算造价的1.5%左右计算;

(2) 招标人要求总包人对其发包的专业工程既进行总承包管理和协调,又要求提供相应配合服务时,总承包服务费应根据招标文件列出的配合服务内容,按发包的专业工程估算造价的3%~5%计算;

(3) 招标人自行供应材料、设备的,按招标人供应材料、设备价值的1%计算。

(四)规费和税金

规费和税金必须按国家或省级、行业建设主管部门规定的标准计算,不得作为竞争性费用。

六、招标控制价的计价与组价

1. 招标控制价计价程序

建设工程的招标控制价反映的是单位工程费用,各单位工程费用是由分部分项工程费、措施项目费、其他项目费、规费和税金组成。单位工程招标控制价计价程序见表3-5。

由于投标人(施工企业)投标报价计价程序与招标人(建设单位)招标控制价计价程序具有相同的表格,为便于对比分析,此处将两种表格合并列出,其中表格栏目中斜线后带括号的内容用于投标报价,其余为通用栏目。

表3-5 建设单位工程招标控制价计价程序(施工企业投标报价计价程序)

工程名称: 标段: 第 页 共 页

序号	汇总内容	计算方法	金额/元
1	分部分项工程	按计价规定计算/(自主报价)	
1.1			
1.2			
2	措施项目	按计价规定计算/(自主报价)	

续表

序号	汇 总 内 容	计 算 方 法	金额/元
2.1	其中:安全文明施工费	按规定标准估算/(按规定标准计算)	
3	其他项目		
3.1	其中:暂列金额	按计价规定估算/(按招标文件提供金额计列)	
3.2	其中:专业工程暂估价	按计价规定估算/(按招标文件提供金额计列)	
3.3	其中:计日工	按计价规定计算/(自主报价)	
3.4	其中:总承包服务费	按计价规定计算/(自主报价)	
4	规费	按规定标准计算	
5	税金(扣除不列入计税范围的工程设备金额)	(1+2+3+4)×规定税率	
招标控制价/(投标报价) 合计=1+2+3+4+5			

注:本表适用于单位工程招标控制价计算或投标报价计算,如无单位工程划分,单项工程也使用本表。

2. 综合单价的组价

招标控制价的分部分项工程费应由各单位工程的招标工程量清单乘以其相应综合单价汇总而成。综合单价的组价,首先应依据提供的工程量清单和施工图纸,按照工程所在地区颁发的计价定额的规定,确定所组价的定额项目名称,并计算出相应的工程量;其次,依据工程造价政策规定或工程造价信息确定其人工、材料、机械台班单价;最后,在考虑风险因素确定管理费率和利润率的基础上,按规定程序计算出所组价定额项目的合价(见下式),然后将若干项所组价的定额项目合价相加除以工程量清单项目工程量,便得到工程量清单项目综合单价(见下式)。对于未计价材料费(包括暂估单价的材料费),应计入综合单价。

$$\begin{aligned}\text{定额项目合价}=&\text{定额项目工程量}\times[\sum(\text{定额人工消耗量}\times\text{人工单价})\\&+\sum(\text{定额材料消耗量}\times\text{材料单价})\\&+\sum(\text{定额机械台班消耗量}\times\text{机械台班单价})\\&+\text{价差(基价或人工、材料、机械费用)}+\text{管理费和利润}]\end{aligned}$$

$$\text{工程量清单综合单价}=\frac{\sum(\text{定额项目合价})+\text{未计价材料}}{\text{工程量清单项目工程量}}$$

3. 确定综合单价应考虑的因素

编制招标控制价在确定其综合单价时,应考虑一定范围内的风险因素。在招标文件中应通过预留一定的风险费用,或明确说明风险所包括的范围及超出该范围的价格调整方法。对于招标文件中未作要求的可按以下原则确定:

(1) 对于技术难度较大和管理复杂的项目,可考虑一定的风险费用,并纳入到综合单价中;

(2) 对于工程设备、材料价格的市场风险,应依据招标文件的规定,工程所在地或行业工程造价管理机构的有关规定,以及市场价格趋势考虑一定率值的风险费用,纳入到综合单价中;

(3) 税金、规费等法律、法规、规章和政策变化的风险以及人工单价等风险费用不应纳入综合单价。

招标工程发布的分部分项工程量清单对应的综合单价，应按照招标人发布的分部分项工程量清单的项目名称、工程量、项目特征描述，依据工程所在地区颁发的计价定额和人工、材料、机械台班价格信息等进行组价确定，并应编制工程量清单综合单价分析表。

七、编制招标控制价时应注意的问题

(1) 采用的材料价格应是工程造价管理机构通过工程造价信息发布的材料价格，工程信息未发布材料单价的材料，其材料价格应通过市场调查确定。另外，未采用工程造价管理机构发布的工程造价信息时，需在招标文件或答疑补充文件中对招标控制价采用的与造价信息不一致的市场价格予以说明，采用的市场价格则应通过调查、分析确定，有可靠的信息来源。

(2) 施工机械设备的选型直接关系到综合单价水平，应根据工程项目特点和施工条件，本着经济实用、先进高效的原则确定。

(3) 应该正确、全面地使用行业和地方的计价定额与相关文件。

(4) 不可竞争的措施项目和规费、税金等费用的计算均属于强制性的条款，编制招标控制价时应按国家有关规定计算。

(5) 不同工程项目、施工单位会有不同的施工组织方法，所发生的措施费也会有所不同。因此，对于竞争性的措施费用的确定，招标人首先应编制常规的施工组织设计或施工方案，然后经专家论证确认后再合理地确定措施项目与费用。

第八节　现场踏勘与投标预备会

一、现场踏勘

招标人应依据项目特点及招标进程自主决定组织或不组织现场踏勘。如果选择前者，则应在投标人须知中进一步明确踏勘的时间和集中地点。

1. 现场踏勘的目的

现场踏勘的主要目的是让投标人了解项目的现场情况、自然条件、施工条件以及周围环境条件，便于编制标书；要求投标人通过自己的实地考察确定投标的原则和策略，避免合同履行过程中以不了解现场情况为由推卸应承担的合同责任。

2. 现场踏勘的时间和答疑形式

现场踏勘后涉及对招标文件进行澄清修改的，应当依据《中华人民共和国招标投标法》规定，在招标文件要求提交投标文件的截止时间至少 15 日前，以书面形式通知所有招标文件接收人。考虑到现场踏勘后投标人有可能对招标文件部分条款进行质疑，组织投标人现场踏勘的时间一般应在投标截止时间 15 日前及投标预备会召开前。

投标人在现场踏勘中如有疑问，应在投标预备会前以书面形式向招标人提出，但应给招标人留有解答时间。

二、投标预备会

招标人应根据项目特点及招标进程自主决定召开或不召开投标预备会，如果选择前者，则应在投标人须知中进一步明确投标预备会召开的时间和地点。澄清涉及对招标文件进行补充、修改的，应当依据《中华人民共和国招标投标法》规定，在招标文件要求提交投标文件的截止时间至少15日前，以书面形式通知所有招标文件接收人。考虑到投标预备会后需要将招标文件的澄清、补充和修改书面通知所有购买招标文件的投标人，组织投标预备会的时间一般应在投标截止时间15日之前。

1. 投标预备会的目的

投标预备会的目的在于澄清招标文件中的疑问，解答投标人对招标文件和勘察现场中所提出的疑问。

2. 投标预备会的内容

(1) 介绍招标文件和现场情况，对招标文件进行介绍或解释。

(2) 在投标预备会上还应对图纸进行交底和解释。

(3) 解答投标人以书面或口头形式对招标文件和在现场踏勘中所提出的各种问题或疑问。

3. 投标预备会的程序

投标预备会应在招标管理机构监督下，由招标单位组织并主持召开，一般包括以下程序：

(1) 所有参加投标预备会的投标人应登记签到，以证明出席投标预备会；

(2) 主持人宣布投标预备会开始；

(3) 介绍出席会议人员；

(4) 介绍解答人，宣布记录人员；

(5) 解答投标人的各种问题和对招标文件交底；

(6) 整理解答问题，形成会议纪要，并由招标人、投标人签字确认后宣布散会。

投标预备会后，招标人在投标人须知前附表规定的时间内，将对投标人所提问题的澄清，以书面形式通知所有购买招标文件的投标人。该澄清内容为招标文件的组成部分。

【能力训练】

一、案例分析

某国有资金投资建设项目，采用公开招标方式进行施工招标，业主委托具有相应招标代理和造价咨询资质的中介机构编制了招标文件和招标控制价。

该项目招标文件包括如下规定：

(1) 招标人不组织项目现场踏勘活动；

(2) 投标人对招标文件有异议的，应当在投标截止时间10日前提出，否则招标人拒绝回复；

(3) 投标人报价时必须采用当地建设行政管理部门造价管理机构发布的计价定额中分部分项工程人工、材料、机械台班消耗量标准；

(4) 招标人将聘请第三方造价咨询机构在开标后评标前开展清标活动；

(5) 投标人报价低于招标控制价幅度超过30%的，投标人在评标时须向评标委员会说明报价较低的理由，并提供证据；投标人不能说明理由，提供证据的，将认定为废标。

在项目的投标及评标过程中发生了以下事件：

事件1：投标人A为外地企业，对项目所在区域不熟悉，向招标人申请希望招标人安排一名工作人员陪同勘察现场。

事件2:通过市场调查,工程量清单中某材料暂估单价与市场调查价格有较大偏差,为规避风险,投标人C在投标报价计算相关分布分项工程项目综合单价时采用了该材料市场调查的实际价格。

问题:1.请逐一分析项目招标文件包括的(1)～(5)项规定是否妥当,并分别说明理由。

2.事件1中,招标人的做法是否妥当?并说明理由。

二、复习思考题

1. 施工招标的范围有哪些?
2. 施工招标的程序包括哪些?
3. 招标文件的组成包括哪些部分?
4. 招标公告的内容包括哪些?
5. 资格预审的目的和内容是什么?
6. 工程量清单的编制依据是什么?
7. 简述招标控制价的含义和编制依据。

第四章　建设工程投标

【知识目标】

1. 掌握建设工程投标的程序。
2. 掌握建设工程投标报价的编制方法。
3. 掌握建设工程投标文件的组成内容及格式要求。
4. 熟悉资格预审申请文件的格式内容。
5. 熟悉建设工程投标的策略。
6. 了解投标文件的复核、签字、盖章、密封与提交要求。

【技能目标】

1. 具有编制建设工程投标报价的能力。
2. 熟悉建设工程投标的流程。
3. 具有编制投标文件及资格预审申请文件的能力。
4. 具有投标报价的决策能力。

【引导案例】

××市××区某工程加固出新施工招标，该项目为国有非政府投资项目，由业主自筹资金，出资100%，资金已经落实，招标范围为加固出新施工，计划工期180天。投标文件部分内容如下：

投标函

××（招标人）：

1. 我公司已仔细研究了××工程加固出新施工招标文件的全部内容，愿意以人民币（大写）贰仟万元（￥20000000）的投标总价格，工期180天，按合同约定完成承包工程，工程质量符合国家质量验收标准。

2. 我方承诺在投标有效期内不修改、撤销投标文件及投标保证金。

3. 随同本投标函提交投标保证金一份，金额为人民币（大写）贰拾陆万元（￥260000）。

4. 如我方中标：

（1）我方将派出李××作为本工程的项目负责人。

（2）我方承诺在收到中标通知书后，在中标通知书规定的期限内与你方签订合同。

（3）我方承诺按照招标文件规定向你方递交履约担保。

5. 我方在此声明，所递交的投标文件及有关资料内容真实准确。

投标人：××建设工程有限公司
法定代表人或其委托人：王××
地址：××市××路16号
网址：www.××.com
电话：××
传真：××
邮政编码：××
2017年3月2日

第一节 建设工程投标程序

任何一个施工项目的投标报价都是一项复杂的系统工程,需要周密思考,统筹安排。在取得招标信息后,投标人首先要决定是否参加投标,如果参加投标,即进行前期工作:准备资料,申请并参加资格预审;获取招标文件;组建投标报价班子。然后进入询价与编制阶段。整个投标过程需遵循一定的程序进行,如图 4-1 所示。

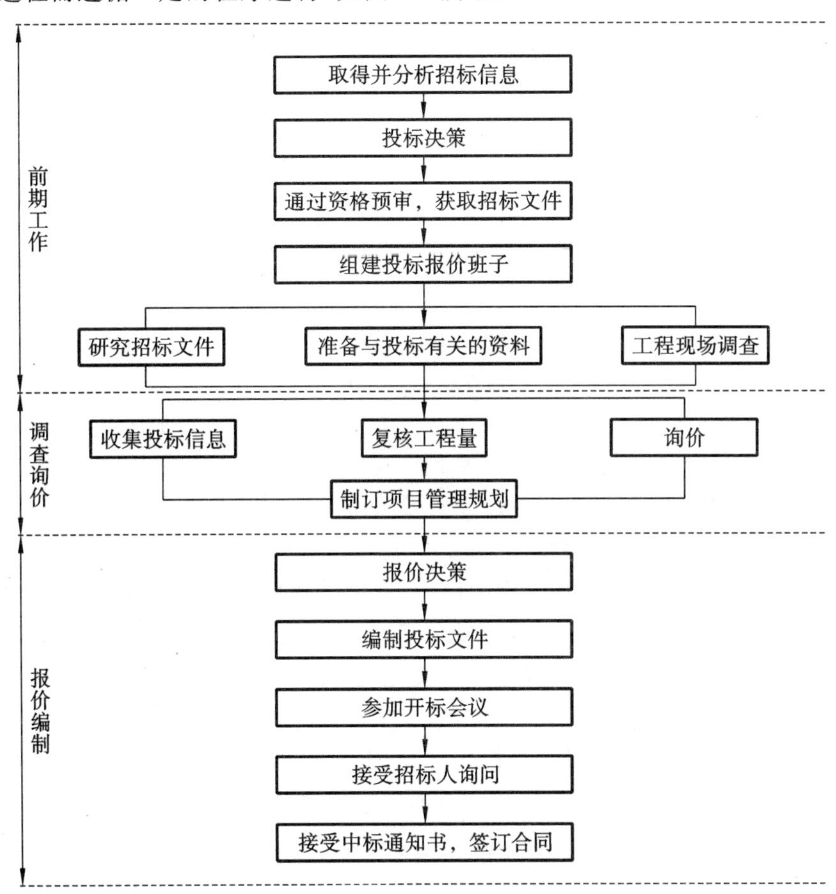

图 4-1 建设工程投标程序

一、获取并分析招标信息

1. 获取招标信息

目前投标人获得招标信息的渠道很多,最普遍的是通过大众媒体(网络、电视、报纸、招标市场电子信息屏)所发布的招标公告获取招标信息,也可通过招标邀请函的方式获取招标信息。具体如下:

(1) 通过招标广告或公告来发现投标目标,这是获得公开招标信息的方式;

(2) 搞好公共关系,经常派业务人员深入各个建设单位和部门,广泛联系,收集信息;

(3) 通过政府有关部门,如发展和改革委员会、建设委员会、行业协会等单位获得信息;

(4) 通过咨询公司、监理公司、科研设计单位等机构获得信息;

(5) 取得老客户的信任,从而承接后续工程或接受邀请而获得信息;

（6）与总承办商建立广泛的联系；

（7）利用有形的建筑交易市场及各种报刊、网站的信息；

（8）通过业务往来的单位和人员以及社会知名人士的介绍得到信息。

2. 分析招标信息

在得到有关招标信息后，必须经过仔细的分析、筛选，验证所获信息的真实可靠性，力争提高所选投标项目的中标概率并降低中标后实现利润的风险。投标人应从以下几方面进行查证和分析。

（1）招标项目和业主情况的查证。包括：需查证项目投资资金是否已经落实和到位，以避免承担过多的资金风险；查证工程项目是否已经批准，提防虚假招标。还需查证如下问题：招标人或委托的代理人是否有明显的授标倾向；是否对某些公司有特殊的优惠或特殊的限制；招标人有无相应的工程管理能力，合同管理经验和履约的状况如何。

（2）投标项目的技术特点分析。包括：分析项目规模、类型是否适合投标人；气候条件、水文地质和自然资源等是否为投标人技术专长的项目；是否存在明显的技术难度；工期是否紧迫；预计应采取何种重大技术措施。

（3）投标项目的经济特点分析。包括：分析项目款支付方式、外资项目外汇比例；预付款的比例；允许调价的因素、规费及税金信息；金融和保险的有关情况。

（4）投标竞争形势分析。包括：根据投标项目的性质，预测投标竞争形势；预计参与投标的竞争对手的优势分析和其投标的动向；预测竞争对手的投标积极性。

（5）投标条件及迫切性分析。包括：分析可利用的资源和其他有利条件；投标人当前的经营状况、财务状况和投标的积极性。

（6）本企业对投标项目的优势分析。包括：分析是否需要较少的前期费用；是否具有技术专长及价格优势；类似项目承包的经验及信誉；资金、劳务、物资供应、设备、管理等方面的优势；项目的社会效益；与招标人的关系是否良好；投标资源是否充足；是否有理想的合作伙伴联合投标，是否有良好的分包人。

（7）投标项目风险分析。包括：分析民情风俗、社会秩序、地方法规、政治局势；社会经济发展形势及稳定性、物价形势；与项目实施有关的自然风险；招标人的履约风险以及误期损害赔偿费额度大小；投标项目本身可能造成的风险。

二、前期投标决策

投标人在证实招标信息真实可靠后，要对招标人的信誉、实力、拟派出监理单位、拟参与投标的单位实力情况等方面进行了解，根据了解到的情况，正确做出投标决策，以减少工程实施过程中投标人的承包风险。

三、参加资格预审

资格预审是投标人在投标过程中要通过的第一关，资格预审一般按招标人所编制的资格预审文件内容进行审查。

招标人根据投标人所提供的资料，对投标人进行资格审查，在这个过程中，投标人应根据资格预审文件，积极准备和提供有关资料，争取通过资格预审。只有经审查合格的投标人，才具备参加投标的资格。

四、组建投标工作班子

为了确保在投标中获胜，企业平时就应该设置投标工作机构，掌握市场动态和积累有关资料。取得招标文件后，应立即组织投标工作人员研究招标文件、决定投标策略、编制项目实施方案、编制标书、计算报价、投送投标文件等。投标班子一般应包括下列三类人员。

(1) 经营管理类人员。一般是从事工程承包经营管理的能手，熟悉工程投标活动的流程及策划，具有较高的决策管理能力。

(2) 专业技术人员。他们是从事各类专业工程技术的人员，包括建造师，造价工程师，结构工程师，监理工程师等。

(3) 金融人员。他们是从事有关金融、贸易、税务、保险、会计、合同、索赔等工作的人员。

以上人员应业务精干、经验丰富，受过相关培训，有熟练的投标技巧，工作态度认真，具有较强的职业道德。

五、购买和研究招标文件

1. 购买招标文件

投标人在通过资格预审后，就可以在规定的时间内向招标人购买招标文件。购买招标文件时，投标人应按招标文件的要求提供投标保证金、图纸押金等。

2. 研究招标文件

投标人取得招标文件后，为保证工程量清单报价的合理性，应对投标人须知、合同条件、技术规范、图纸和工程量清单等重点内容进行分析，深刻而正确地理解招标文件和业主的意图。

(1) 投标人须知。它反映了招标人对投标的要求，特别要注意项目的资金来源、投标书的编制和递交、投标保证金、更改或备选方案、评标方法等，重点在于防止废标。

(2) 合同分析。

① 合同背景分析。投标人有必要了解与自己承包的工程内容有关的合同背景，了解监理方式，了解合同的法律依据，为报价和合同实施及索赔提供依据。

② 合同形式分析。主要分析承包方式(如分项承包、施工承包、设计与施工总承包和管理承包等)；计价方式(如固定合同价格、可调合同价格和成本加酬金确定的合同价格等)。

③ 合同条款分析，主要包括如下各项。

a. 承包商的任务、工作范围和责任。

b. 工程变更及相应的合同价款调整。

c. 付款方式、时间。应注意合同条款中关于工程预付款、材料预付款的规定。根据这些规定和预计的施工进计划，计算出占用资金的数额和时间，从而计算出需要支付的利息数额并计入投标报价。

d. 施工工期。合同条款中关于合同工期、竣工日期、部分工程分期交付工期等规定，这是投标人制订施工进度计划的依据，也是报价的重要依据。要注意合同条款中有无工期奖罚的规定，尽可能做到在工期符合要求的前提下报价有竞争力，或在报价合理的前提下工期有竞争力。

e. 业主责任。投标人所制订的施工进度计划和做出的报价，都是以业主履行责任为前提的。所以应注意合同条款中关于业主责任措辞的严密性，以及关于索赔的有关规定。

④ 技术标准和要求分析。工程技术标准是按工程类型来描述工程技术和工艺内容特点，对设备、材料、施工和安装方法等有所规定的技术要求，有的是对工程质量进行检验、试验和验收有所规定的方法和要求。它们与工程量清单中各子项工作密不可分，报价人员应在准确理解招标人要求的基础上对有关工程内容进行报价。任何忽视技术标准的报价都是不完整、不可靠的，有时可能导致工程承包出现重大失误和亏损。

⑤ 图纸分析。图纸是确定工程范围、内容和技术要求的重要文件，也是投标者确定施工计划的主要依据。图纸的详细程度取决于招标人提供的施工图设计所能达到的深度和所采用的合同形式。详细的图纸可使投标人比较准确地估价，而不够详细的图纸则需要估价人员采用综合估价方法，其结果一般不精确。

六、调查工程现场

投标人拿到招标文件后，应进行全面细致的调查研究。若有疑问或不清楚的问题需要招标人予以澄清和解答的，应在收到招标文件后的 7 日内以书面形式向招标人提出。

除对招标文件进行认真研究外，投标人还应按照招标文件规定的时间，对拟建施工项目的现场进行考察。招标人在招标文件中一般会明确进行工程现场踏勘的时间和地点。招标人一般在招标文件发出后，就着手考虑安排投标人进行现场踏勘等准备工作，并在现场踏勘中对投标人给予必要的协助。

调查工程现场重点注意以下几个方面。

(1) 自然条件调查。如气象资料，水文资料，地震、洪水及其他自然灾害情况，地质情况等。

(2) 施工条件调查。主要包括：工程现场的用地范围、地形、地貌、地物、高程，地上或地下障碍物，现场的三通一平情况；工程现场周围的道路、进出场条件、有无特殊交通限制；工程现场施工临时设施、大型施工机具、材料堆放场地安排的可能性，是否需要二次搬运；工程现场邻近建筑物与招标工程的间距、结构形式、基础埋深、新旧程度、高度；市政给水及污水、雨水排放管线位置、高程、管径、压力、废水、污水处理方式，市政、消防供水管道管径、压力、位置等；当地供电方式、方位、距离、电压等；当地煤气供应能力，管线位置、高程等；工程现场通信线路的连接和铺设；当地政府有关部门对施工现场管理的一般要求、特殊要求及规定，是否允许节假日和夜间施工等。

(3) 其他条件调查。主要包括各种构件、半成品及商品混凝土的供应能力和价格，以及现场附近的生活设施、治安情况等。

七、询价与复核工程量

1. 询价

投标报价之前，投标人必须通过各种渠道，采用各种手段对工程所需各种材料、设备等的价格、质量、供应时间、供应数量等进行系统、全面的调查，同时还要了解分包项目的分包形式、分包范围、分包人报价、分包人履约能力及信誉等。询价是投标报价的基础，它为投标报价提供可靠的依据。询价时要特别注意两个问题：一是产品质量必须可靠，并满足招标文件的有关规定；二是供货方式、时间、地点，有无附加条件和费用。

(1) 询价的渠道。

① 直接与生产厂商联系。

② 了解生产厂商的代理人或从事该项业务的经纪人。

③ 了解经营该项产品的销售商。

④ 向咨询公司进行询价。通过咨询公司所得到的询价资料比较可靠，但需要支付一定的咨询费用，也可向同行了解。

⑤ 通过互联网查询。

⑥自行进行市场调查或信函询价。

（2）生产要素询价。

① 材料询价。材料询价的内容包括调查对比材料价格、供应数量、运输方式、保险和有效期、不同买卖条件下的支付方式等。询价人员在施工方案初步确定后，立即发出材料询价单，并催促材料供应商及时报价。收到材料供应商回复的询价单后，询价人员应将从各种渠道所询得的材料报价及其他有关资料汇总整理。对同种材料从不同经销部门所得到的所有资料进行比较分析，选择合适、可靠的材料供应商的报价，提供给工程报价人员使用。

② 施工机械设备询价。在外地施工需用的机械设备，有时在当地租赁或采购可能更为有利。因此，事前有必要进行施工机械设备的询价。必须采购的机械设备，可向供应厂商询价。对于租赁的机械设备，可向专门从事租赁业务的机构询价，并应详细了解其计价方法。

③ 劳务询价。劳务询价主要有两种情况：一种是成建制的劳务司，相当于劳务分包，一般费用较高，但素质较可靠，工效较高，承包商的管理工作较轻；另一种是劳务市场招募零散劳动力，根据需要进行选择，这种方式虽然劳务价格低廉，但有时素质达不到要求或降低工效，且承包商的管理工作较繁重。投标人应在对劳务市场充分了解的基础上决定采用哪种方式，并以此为依据进行投标报价。

（3）分包询价。总承包商在确定了分包工作内容后，就将分包专业的工程施工图纸和技术说明送交预先选定的分包单位，请他们在约定的时间内报价，以便进行比较选择，最终选择合适的分包人。对分包人询价应注意以下几点：分包标函是否完整；分包工程单价所包含的内容；分包人的工程质量、信誉及可信赖程度；质量保证措施；分包报价。

2. 复核工程量

工程量清单作为招标文件的组成部分，是由招标人提供的。工程量的大小是投标报价最直接的依据，将直接影响到投标报价以及中标的机会。复核工程量的准确程度，将影响承包商的经营行为：一是根据复核后的工程量与招标文件提供的工程量之间的差距，考虑相应的投标策略，决定报价尺度；二是根据工程量的大小采取合适的施工方法，选择适用、经济的施工机具设备，投入使用相应的劳动力数量等。

复核工程量，要与招标文件中所给的工程量进行对比，复核过程应注意以下几方面。

（1）投标人应认真根据招标说明、图纸、地质资料等招标文件资料，计算主要清单工程量，复核工程量清单。其中特别注意，计算主要清单工程量应按一定顺序进行，避免漏算或重算；正确划分分部分项工程项目，与《建设工程工程量清单计价规范》保持一致。

（2）复核工程量的目的不是修改工程量清单，即使有误，投标人也不能修改工程量清单中的工程量，因为修改工程量清单就等于擅自修改了合同。对于工程量清单存在的错误，可以向招标人提出，由招标人统一修改并把修改情况通知所有投标人。

（3）针对工程量清单中工程量的遗漏或错误，是否向招标人提出修改意见取决于投标策略。投标人可以运用一些报价的技巧提高报价的质量，争取在中标后能获得更大的收益。

（4）通过工程量计算复核还能准确地确定订货及采购物资的数量，防止由于超量或少购等带来的浪费、积压或停工待料。在核算完全部工程量清单中的细目后，投标人应按大项分类汇总主要工程总量，以便获得对整个工程施工规模的整体概念，并据此研究采用合适的施工方法，选择适用的施工设备等。

八、制定项目管理规划

项目管理规划是工程投标报价的重要依据，项目管理规划应分为项目管理规划大纲和项目管理实施规划。当承包商以编制施工组织设计代替项目管理规划时，施工组织设计应满足项目管理规划的要求。

(1) 项目管理规划大纲。项目管理规划大纲是投标人管理层在投标之前编制的，旨在作为投标依据、满足招标文件要求及签订合同要求的文件，可包括下列内容(根据需要选定)：项目概况；项目范围管理规划；项目管理目标规划；项目管理组织规划；项目成本管理规划；项目进度管理规划；项目质量管理规划；项目职业健康安全与环境管理规划；项目采购与资源管理规划；项目信息管理规划；项目沟通管理规划；项目风险管理规划；项目收尾管理规划。

(2) 项目管理实施规划。项目管理实施规划是指在开工之前由项目经理主持编制的，旨在指导施工项目实施阶段管理的文件。项目管理实施规划必须由项目经理组织项目经理部在工程开工之前编制完成，应包括下列内容：项目概况；总体工作计划；组织方案；技术方案；进度计划；质量计划；职业健康安全与环境管理计划；成本计划；资源需求计划；风险管理规划；信息管理计划；项目沟通管理计划；项目收尾管理计划；项目现场平面布置图；项目目标控制措施；技术经济指标。

九、报价决策

投标报价是投标工程是否中标及盈利的关键，因此，报价决策的好坏，直接影响投标工作的成败。

十、编制投标文件

经过前期的投标准备工作、制定项目管理规划、报价决策后，投标人开始进入投标文件的编制工作。投标文件的编制应按照招标文件的内容、格式和顺序进行。编制完成后，按招标文件规定的时间提交到指定地点。

十一、参加开标会议

投标人在编制和提交完投标文件后，应按时参加开标会议。开标会议由投标人的法定代表人或其授权代理人参加。如果是法定代表人参加，一般应持有法定代表人资格证明书；如果是委托代理人参加，一般应持有授权委托书。许多地方规定，不参加开标会议的投标人，其投标文件将不予启封。投标人参加开标会议，要注意其投标文件是否被正确启封、宣读，对于被错误认定为无效的投标文件或唱标出现的错误，应当场提出异议。

十二、接受招标人的询问

在评标过程中，评标组织根据情况可以要求投标人对投标文件中含义不明确的内容作必要的澄清或说明，这时投标人应积极予以澄清说明。在澄清会上，评标组织有权对投标文件中不清楚的问题，向投标人提出询问。有关澄清的要求和答复，最后均应以书面形式进行。所说明、澄清和确认的问题，经招标人和投标人双方签字后，作为投标书的组成部分，但投标人的澄清说明，不得超出投标文件的范围或者改变投标文件中的工期、报价、质量、优惠条件等实质性内容。开标后和定标前提出的任何修改声明或附加优惠条件，一律不得作为评标的依据。但评标组织按照投标须知规定，对确定为实质上响应招标文件要求的投标文件进行校核时发现的计算上或累计上的计算错误除外。

十三、接受中标通知书、提交履约担保，签订合同

投标人被确定为中标人后，应接受招标人发出的中标通知书。中标人与招标人在规定的时间和地点签订合同。同时，按照招标文件的要求，中标人提交履约保证金或履约保函，招标人退还中标人的投标保证金。中标人如拒绝在规定时间内提交履约担保和签订合同，招标人报请招标投标管理机构批准同意后取消其中标资格，并按规定不退还其投标保证金，并考虑在其余投标人中重新确定中标人，与之签订合同，或者重新招标。

第二节　资格预审申请文件的编制

《中华人民共和国房屋建筑和市政工程标准施工招标资格预审文件》(2010 版)中，规定了资格预审申请文件的格式内容。

一、资格预审申请文件组成

资格预审申请文件包括：

(1) 资格预审申请函；

(2) 法定代表人身份证明；

(3) 授权委托书；

(4) 申请人基本情况表；

(5) 近年财务状况表；

(6) 近年完成的类似项目情况表；

(7) 正在施工的和新承接的项目情况表；

(8) 近年发生的诉讼及伏裁情况；

(9) 其他材料。

二、封面

________(项目名称)____________________标段施工招标
资格预审申请文件
申请人：______________(盖单位章)
法定代表人或其委托代理人：______________(签字)
________年________月________日

三、资格预审申请文件主要内容

(一)资格预审申请函

____________________(招标人名称):

1. 按照资格预审文件的要求,我方(申请人)递交的资格预审申请文件及有关资料,用于你方(招标人)审查我方参加____________________(项目名称)____________________标段施工招标的投标资格。

2. 我方的资格预审申请文件包含“申请人须知”中“资格预审申请文件组成”项规定的全部内容。

3. 我方接受你方的授权代表进行调查,以审核我方提交的文件和资料,并通过我方的客户,澄清资格预审申请文件中有关财务和技术方面的情况。

4. 你方授权代表可通过__________________(联系人及联系方式)得到进一步的资料。

5. 我方在此声明,所递交的资格预审申请文件及有关资料内容完整、真实和准确,且不存在“申请人须知”中规定的任何一种情形。

申请人:______________________(盖单位章)
法定代表人或其委托代理人:________(签字)
电　　话:______________________________
传　　真:______________________________
申请人地址:____________________________
邮政编码:______________________________
________年________月________日

(二)法定代表人身份证明

申请人:_________________________________
单位性质:_______________________________
成立时间:________年________月________日
经营期限:____________________
姓名:____________性别:____________
年龄:____________职务:____________
系____________(申请人名称)的法定代表人。

特此证明

申请人:____________________(盖单位章)
________年________月________日

(三)授权委托书

本人________(姓名)系________(申请人名称)的法定代表人,现委托________(姓名)为我方代理人。代理人根据授权,以我方名义签署、澄清、说明、补正、递交、撤回、修改________(项目名称)________标段施工招标资格预审申请文件,其法律后果由我方承担。

委托期限:________。

代理人无转委托权。

附:法定代表人身份证明

申请人:________________(盖单位章)
法定代表人:________________(签字)
身份证号码:______________________
委托代理人:________________(签字)
身份证号码:______________________
________年________月________日

(四)联合体协议书

牵头人名称:____________________
法定代表人:____________________
法 定 住 所:____________________
成员二名称:____________________
法定代表人:____________________
法 定 住 所:____________________
…

鉴于上述各成员单位经过友好协商,自愿组成________(联合体名称)联合体,共同参加________(招标人名称)(以下简称招标人)________(项目名称)________ 标段(以下简称合同)。现就联合体投标事宜订立如下协议。

1. ________(某成员单位名称)为________(联合体名称)牵头人。

2. 在本工程投标阶段,联合体牵头人合法代表联合体各成员负责本工程资格预审申请文件和投标文件编制活动,代表联合体提交和接收相关的资料、信息及指示,并处理与资格预审、投标和中标有关的一切事务;联合体中标后,联合体牵头人负责合同订立和合同实施阶段的主办、组织和协调工作。

3. 联合体将严格按照资格预审文件和招标文件的各项要求,递交资格预审申请文件和投标文件,履行投标义务和中标后的合同,共同承担合同规定的一切义务和责任,联合体各成员单位按照内部职责的划分,承担各自所负担责任和风险,并向招标人承担连带责任。

4. 联合体各成员单位内部的职责分工如下:______________________________。按照本条上述分工,联合体成员单位各自所承担的合同工作量比例如下:____。

5. 资格预审和投标工作以及联合体在中标后工程实施过程中的有关费用按各自承担的工作量分摊。

6. 联合体中标后,本联合体协议是合同的附件,对联合体各成员单位有合同约束力。

7. 本协议书自签署之日起生效,联合体未通过资格预审、未中标或者中标时合同履行完毕后自动失效。

8. 本协议书一式________份,联合体成员和招标人各执一份。

牵头人名称:________________(盖单位章)
法定代表人或其委托代理人:________(签字)
成员二名称:________(盖单位章)

法定代表人或其委托代理人：________（签字）

…

________年________月________日

注：本协议书由委托代理人签字的，应附法定代表人签字的授权委托书。

（五）申请人基本情况表

申请人基本情况表

<table>
<tr><td>申请人名称</td><td colspan="9"></td></tr>
<tr><td>注册地址</td><td colspan="5"></td><td colspan="2">邮政编码</td><td colspan="2"></td></tr>
<tr><td rowspan="2">联系方式</td><td>联系人</td><td colspan="4"></td><td colspan="2">电 话</td><td colspan="2"></td></tr>
<tr><td>传 真</td><td colspan="4"></td><td colspan="2">网 址</td><td colspan="2"></td></tr>
<tr><td>组织结构</td><td colspan="9"></td></tr>
<tr><td>法定代表人</td><td>姓名</td><td></td><td colspan="2">技术职称</td><td colspan="2"></td><td colspan="2">电话</td><td></td></tr>
<tr><td>技术负责人</td><td>姓名</td><td></td><td colspan="2">技术职称</td><td colspan="2"></td><td colspan="2">电话</td><td></td></tr>
<tr><td>成立时间</td><td colspan="2"></td><td colspan="7">员工总人数：</td></tr>
<tr><td>企业资质等级</td><td colspan="2"></td><td rowspan="5">其中</td><td colspan="3">项目经理</td><td colspan="3"></td></tr>
<tr><td>营业执照号</td><td colspan="2"></td><td colspan="3">高级职称人员</td><td colspan="3"></td></tr>
<tr><td>注册资金</td><td colspan="2"></td><td colspan="3">中级职称人员</td><td colspan="3"></td></tr>
<tr><td>开户银行</td><td colspan="2"></td><td colspan="3">初级职称人员</td><td colspan="3"></td></tr>
<tr><td>账号</td><td colspan="2"></td><td colspan="3">技 工</td><td colspan="3"></td></tr>
<tr><td>经营范围</td><td colspan="9"></td></tr>
<tr><td>体系认证情况</td><td colspan="9">说明：通过的认证体系、通过实践及运行状况</td></tr>
<tr><td>备注</td><td colspan="9"></td></tr>
</table>

（六）近年财务状况表

近年财务状况表是指经过会计师事务所或者审计机构审计的财务会计报表。以下各类报表中反映的财务状况数据应当一致，如果有不一致之处，以不利于申请人的数据为准：

（1）近年资产负债表；

（2）近年损益表；

（3）近年利润表；

（4）近年现金流量表；

（5）财务状况说明书。

注：除财务状况总体说明外，本表应特别说明企业净资产，招标人也可根据招标项目具体情况要求说明是否拥有有效期内的银行 AAA 资信证明、本年度银行授信总额度、本年度可使用的银行授信余额等。

（七）近年完成的类似项目情况表

近年完成的类似项目情况表

项目名称	
项目所在地	
发包人名称	
发包人地址	
发包人电话	
合同价格	
开工日期	
竣工日期	
承担的工作	
工程质量	
项目经理	
技术负责人	
总监理工程师及电话	
项目描述	
备注	

（八）正在施工的和新承接的项目情况表

正在施工和新承接项目须附合同协议书或者中标通知书复印件。

正在施工的和新承接的项目情况表

项目名称	
项目所在地	
发包人名称	
发包人地址	
发包人电话	
签约合同价	
开工日期	
计划竣工日期	
承担的工作	
工程质量	
项目经理	
技术负责人	
总监理工程师及电话	
项目描述	
备注	

（九）近年发生的诉讼及仲裁情况

近年发生的诉讼及仲裁情况

类别	序　　号	发 生 时 间	情 况 简 介	证明材料索引
诉讼情况				
仲裁情况				

注：近年发生的诉讼和仲裁情况仅限于申请人败诉的，且与履行施工承包合同有关的案件，不包括调解结案以及未裁决的仲裁或未终审判决的诉讼。

（十）其他材料

1. 其他企业信誉情况表（年份同诉讼及仲裁情况年份要求）

企业不良行为记录情况主要是近年申请人在工程建设过程中因违反有关工程建设的法律、法规、规章或强制性标准和执业行为规范，经县级以上建设行政主管部门或其委托的执法监督机构查实和行政处罚，形成的不良行为记录。

合同履行情况主要是申请人在施工程和近年已竣工工程是否按合同约定的工期、质量、安全等履行合同义务，对未竣工工程合同履行情况还应重点说明非不可抗力原因解除合同（如果有）的原因等具体情况。

（1）近年不良行为记录情况。

近年不良行为记录情况

序号	发 生 时 间	简要情况说明	证明材料索引

（2）在施工程以及近年已竣工工程合同履行情况。

工程合同履行情况

序号	工 程 名 称	履约情况说明	证明材料索引

（3）其他。

……

2. 拟投入主要施工机械设备情况表

拟投入主要施工机械设备情况表

机械设备名称	型号规格	数量	目前状况	来源	现停放地点	备　　注

注："目前状况"应说明已使用年限、是否完好以及目前是否正在使用，"来源"分为"自有"和"市场租赁"两种情况，正在使用中的设备应在"备注"中注明何时能投入本项目，并提供相关证明材料。

3. 拟投入项目管理人员情况表

拟投入项目管理人员情况表

姓名	性别	年龄	职称	专业	资格证书编号	拟在本项目中担任的工作或岗位

附件1：项目经理简历表

项目经理应附建造师执业资格证书、注册证书、安全生产考核合格证书、身份证、职称证、学历证、养老保险复印件以及未担任其他在施建设工程项目项目经理的承诺，管理过的项目业绩须附合同协议书和竣工验收备案登记表复印件。类似项目限于以项目经理身份参与的项目。

项目经理简历表

<table>
<tr><td>姓　名</td><td></td><td>年 龄</td><td></td><td>学 历</td><td></td></tr>
<tr><td>职　称</td><td></td><td>职 务</td><td></td><td>拟在本合同任职</td><td>项目经理</td></tr>
<tr><td colspan="3">注册建造师资格等级</td><td>级</td><td>建造师专业</td><td></td></tr>
<tr><td colspan="3">安全生产考核合格证书</td><td colspan="3"></td></tr>
<tr><td>毕业学校</td><td colspan="5">年毕业于　　　　学校　　　　专业</td></tr>
<tr><td colspan="6">主要工作经历</td></tr>
<tr><td>时　间</td><td colspan="3">参加过的类似项目</td><td>担任职务</td><td>发包人及联系电话</td></tr>
<tr><td></td><td colspan="3"></td><td></td><td></td></tr>
<tr><td></td><td colspan="3"></td><td></td><td></td></tr>
<tr><td></td><td colspan="3"></td><td></td><td></td></tr>
</table>

附件2：主要项目管理人员简历表

主要项目管理人员指项目副经理、技术负责人、合同商务负责人、专职安全生产管理人员等岗位人员。应附注册资格证书、身份证、职称证、学历证、养老保险复印件，专职安全生产管理人员应附有效的安全生产考核合格证书，主要工作业绩须附合同协议书。

主要项目管理人员简历表

岗位名称			
姓名		年龄	
性别		毕业学校	
学历和专业		毕业时间	
拥有的执业资格		专业职称	
执业资格证书编号		工作年限	
主要工作业绩及担任的主要工作			

附件3:承诺书

承　诺　书

________(招标人名称):

我方在此声明,我方拟派往________(项目名称)________标段(以下简称本工程)的项目经理________(项目经理姓名)现阶段没有担任任何在施建设工程项目的项目经理。

我方保证上述信息的真实和准确,并愿意承担因我方就此弄虚作假所引起的一切法律后果。

特此承诺

申请人:________(盖单位章)

法定代表人或其委托代理人:________(签字)

________年________月________日

四、资格预审申请文件的编制要求

(1) 资格预审申请文件应按"资格预审申请文件格式"进行编写,如有必要,可以增加附页,并作为资格预审申请文件的组成部分。申请人须知前附表规定接受联合体资格预审申请的,相关表格和相关材料中均应包括联合体各方相关情况。

(2) 法定代表人授权委托书必须由法定代表人签署。

(3) "申请人基本情况表"应附申请人营业执照副本及其年检合格的证明材料、资质证书副本和安全生产许可证等材料的复印件。

(4)"近年财务状况表"应附经会计师事务所或审计机构审计的财务会计报表,包括资产负债表、现金流量表、利润表和财务情况说明书的复印件,具体年份要求见申请人须知前附表。

(5)"近年完成的类似项目情况表"应附中标通知书和(或)合同协议书、工程接收证书(工程竣工验收证书)的复印件,具体年份要求见申请人须知前附表。每张表格只填写一个项目,并标明序号。

(6)"正在施工和新承接的项目情况表"应附中标通知书和(或)合同协议书复印件。每张表格只填写一个项目,并标明序号。

(7)"近年发生的诉讼及仲裁情况"应说明相关情况,并附法院或仲裁机构作出的判决、裁决等有关法律文书复印件,具体年份要求见申请人须知前附表。

五、资格预审申请文件的装订、签字

(1)申请人应按资格预审文件的要求,编制完整的资格预审申请文件,用不褪色的材料书写或打印,并由申请人的法定代表人或其委托代理人签字或盖单位章。资格预审申请文件中的任何改动之处应加盖单位章或由申请人的法定代表人或其委托代理人签字确认。签字或盖章的具体要求见申请人须知前附表。

(2)资格预审申请文件正本一份,副本份数见申请人须知前附表。正本和副本的封面上应清楚地标记"正本"或"副本"字样。当正本和副本不一致时,以正本为准。

(3)资格预审申请文件正本与副本应分别装订成册,并编制目录,具体装订要求见申请人须知前附表。

六、资格预审申请文件的递交

(1)资格预审申请文件的正本与副本应分开包装,加贴封条,并在封套的封口处加盖申请人单位章。在资格预审申请文件的封套上应清楚地标记"正本"或"副本"字样,封套还应写明招标人的全称及地址,并注明"________(项目名称)________标段施工招标资格预审申请文件在________年________月________日________时________分前不得开启。"未按要求密封和加写标记的资格预审申请文件,招标人不予受理。

(2)申请人须按照"申请人须知前附表"中规定的申请截止时间之前将申请文件递交至规定的地点,逾期送达或者未送达指定地点的资格预审申请文件,招标人不予受理。

七、编制资格预审申请文件的注意事项

编制申请文件时应注意下列事项:

(1)对《资格预审文件》有疑问,申请人应在文件规定的时间前以书面形式要求招标人进行澄清;

(2)在资格预审文件规定的时间前,注意查收招标人是否有修改资格预审文件的通知;

(3)注意复制保存已递交的申请文件,招标人对申请人所递交的申请文件是不予退还的。

第三节 建设工程投标报价

投标报价是投标人参与工程项目投标时报出的工程造价，即投标报价是指在工程招标发包过程中，由投标人或受其委托具有相应资质的工程造价咨询人按照招标文件的要求以及有关计价规定，依据发包人提供的工程量清单、施工设计图纸，结合工程项目特点、施工现场情况及企业自身的施工技术、装备和管理水平等，自主确定的工程造价。

投标报价是投标人希望达成工程承包交易的期望价格，但不能高于招标人设定的招标控制价。投标报价的编制是指投标人对拟承建工程项目所要发生的各种费用的计算过程。作为投标计算的必要条件，应预先确定施工方案和施工进度，此外，投标计算还必须与采用的合同形式相一致。

一、投标报价的编制原则

报价是投标的关键性工作，报价是否合理直接关系到投标工作的成败。工程量清单计价下编制投标报价的原则如下。

(1) 投标报价由投标人自主确定，但必须执行《建设工程工程量清单计价规范》(GB 50500—2013)的强制性规定。投标价应由投标人或受其委托具有相应资质的工程造价咨询人编制。

(2) 投标人的投标报价不得低于工程成本。《中华人民共和国招标投标法》中规定："中标人的投标应当符合下列条件之一……(二)能够满足招标文件的实质性要求，并且经评审的投标价格最低；但是投标价格低于成本的除外。"《评标委员会和评标方法暂行规定》中规定："在评标过程中，评标委员会发现投标人的报价明显低于其他投标报价或者在设有标底时明显低于标底，使得其投标报价可能低于其个别成本的，应当要求该投标人做出书面说明并提供相关证明材料。投标人不能合理说明或者不能提供相关证明材料的，由评标委员会认定该投标人以低于成本报价竞标，其投标应作为废标处理。"上述法律法规的规定，特别要求投标人的投标报价不得低于工程成本。

(3) 投标人必须按招标工程量清单填报价格。实行工程量清单招标，招标人在招标文件中提供工程量清单，其目的是使各投标人在投标报价中具有共同的竞争平台。因此，为避免出现差错，要求投标人必须按招标人提供的招标工程量清单填报投标价格，填写的项目编码、项目名称、项目特征、计量单位、工程量必须与招标工程量清单一致。

(4) 投标报价要以招标文件中设定的承发包双方责任划分，作为设定投标报价费用项目和费用计算的基础。承发包双方的责任划分不同，会导致合同风险分摊不同，从而导致投标人报价不同；不同的工程承发包模式会直接影响工程项目投标报价的费用内容和计算深度。

(5) 应该以施工方案、技术措施等作为投标报价计算的基本条件。企业定额反映企业技术和管理水平，是计算人工、材料和机械台班消耗量的基本依据；更要充分利用现场考察、调研成果、市场价格信息和行情资料等编制基础标价。

(6) 报价计算方法要科学严谨，简明适用。

二、投标报价的编制依据

投标报价的编制依据如下：

(1)《建设工程工程量清单计价规范》(GB 50500—2013)；

(2) 国家或省级、行业建设主管部门颁发的计价办法；

(3) 企业定额，国家或省级、行业建设主管部门颁发的计价定额和计价办法；

(4) 招标文件、招标工程量清单及其补充通知、答疑纪要；

(5) 建设工程设计文件及相关资料；

(6) 施工现场情况、工程特点及投标时拟定的施工组织设计或施工方案；

(7) 与建设项目相关的标准、规范等技术资料；

(8) 市场价格信息或工程造价管理机构发布的工程造价信息；

(9) 其他的相关资料。

三、投标报价的编制步骤

投标报价的编制步骤一般如下：

(1) 熟悉招标文件，对工程项目进行调查与现场考察；

(2) 制定投标策略；

(3) 核算招标项目实际工程量；

(4) 编制施工组织设计；

(5) 考虑工程承包市场的行情，确定各分部分项工程单价；

(6) 分摊项目费用，编制单价分析表；

(7) 计算投标基础价；

(8) 进行获胜分析、盈亏分析；

(9) 提出备选投标报价方案；

(10) 编制出合理的报价，以争取中标。

四、投标报价的编制方法

1. 工料单价法

工料单价法是指计算出分部分项工程量后乘以工料单价，合计得到直接工程费，直接工程费汇总后再加上措施费、间接费、利润和税金生成工程承发包价格的计价方法。工料单价法是我国长期以来一直采用的一种报价方法，但随着工程量清单招标方式在全国的广泛应用，这种计价模式逐步被综合单价法所替代。

工料单价法的计价程序见表 4-1。

表 4-1　工料单价法的计价程序

序号	费用项目	计算方法	备注
1	直接工程费	按预算表	
2	其中，人工费和机械费	按预算表	
3	措施费	按规定标准计算	

续表

序号	费用项目	计算方法	备注
4	其中，人工费和机械费	按规定标准计算	
5	小计	1+3	
6	人工费和机械费小计	2+4	
7	间接费	6×相应费率	
8	利润	6×相应利润率	
9	合计	5+7+8	
10	含税造价	9×(1+相应税率)	

2. 综合单价法

综合单价法是指分部分项工程量的单价采用全费用单价或部分费用单价的一种计价方法。工程量清单计价应采用综合单价法。《建设工程工程量清单计价规范》(GB 50500—2013)对工程量清单计价中综合单价的组成内容作出了规定："综合单价指完成一个规定清单项目所需的人工费、材料费和工程设备费、施工机械使用费和企业管理费、利润以及一定范围内的风险费用。"

采用工程量清单计价时，投标价按照企业定额或政府消耗量定额中的人工、材料、机械的消耗量标准及预算价格确定人工费、材料费、机械费，并以此为基础确定管理费、利润，由此计算出分部分项工程的综合单价，根据现场因素及工程量清单规定的措施项目费以实物量或以分部分项工程费为基数按费率的方法确定；其他项目费按工程量清单规定的人工、材料、机械的预算价格为依据确定；规费和税金应按照国家或省级、行业建设主管部门的规定计算，不得作为竞争性费用。分部分项工程费、措施项目费、其他项目费、规费和税金合计汇总得到初步的投标报价，计价程序见表4-2。

表4-2 施工企业工程投标报价计价程序

工程名称： 标段：

序号	内容	计算方法	备注
1	分部分项工程费	自主报价	
1.1			
1.2			
…			
2	措施项目费	自主报价	
2.1	其中：安全文明施工费	按规定标准计算	
3	其他项目费		
3.1	其中：暂列金额	招标文件提供金额计列	
3.2	其中：专业工程暂估价	招标文件提供金额计列	
3.3	其中：计日工	自主报价	
3.4	其中：总承包服务费	自主报价	

续表

序号	内　容	计算方法	备　注
4	规费	按规定标准计算	
5	税金(扣除不列入计税范围的工程设备金额)	(1+2+3+4)×规定税率	
投标报价合计=1+2+3+4+5			

五、工程量清单报价的编制

投标报价的编制过程，应首先根据招标人提供的工程量清单编制分部分项工程和措施项目计价表、其他项目计价表、规费、税金项目计价表，计算完毕之后，汇总得到单位工程投标报价汇总表，再层层汇总，分别得出单项工程投标报价汇总表和工程项目投标总价汇总表，投标总价的组成如图 4-2 所示。在编制过程中，投标人应按招标人提供的工程量清单填报价格。填写的项目编码、项目名称、项目特征、计量单位、工程量必须与招标人提供的一致。

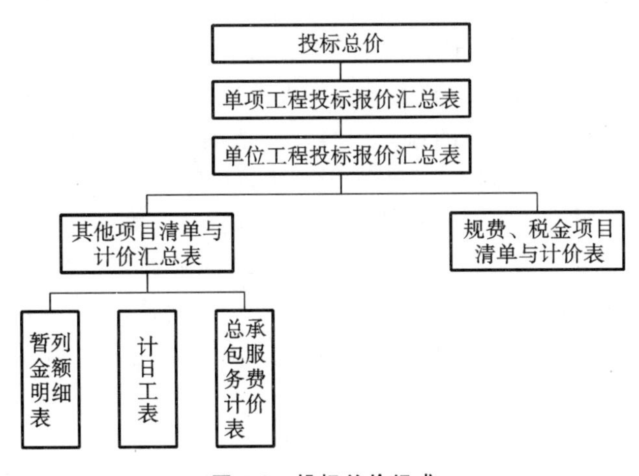

图 4-2　投标总价组成

根据《建设工程工程量清单计价规范》(GB 50500—2013)，按工程量清单计价编制投标报价的方法如下。

(一) 投标总价的计算

利用综合单价法计价，分别计算分部分项工程费、措施项目费、其他项目费、规费、税金，汇总得到投标总价。其中各项费用的计算方法如下：

$$分部分项工程费 = \sum 分部分项工程量 \times 分部分项工程综合单价$$

$$措施项目费 = \sum 措施项目工程量 \times 措施项目综合单价$$

$$单位工程投标报价 = 分部分项工程费 + 措施项目费 + 其他项目费 + 规费 + 税金$$

$$单项工程投标报价 = \sum 单位工程报价$$

$$投标总价 = \sum 单项工程报价$$

（二）分部分项工程和措施项目计价表的编制

1. 分部分项工程和单价措施项目清单与计价表的编制

承包人投标价中的分部分项工程费和以单价计算的措施项目费应按招标文件中分部分项工程和单价措施项目清单与计价表的特征描述确定综合单价计算。因此，确定综合单价是分部分项工程和单价措施项目清单与计价表编制过程中最主要的内容。综合单价包括完成一个规定清单项目所需的人工费、材料和工程设备费、施工机具使用费、企业管理费、利润，并考虑风险费用的分摊。

综合单价＝人工费＋材料和工程设备费＋施工机具使用费＋企业管理费＋利润

（1）确定综合单价时的注意事项。

① 以项目特征描述为依据。项目特征是确定综合单价的重要依据之一，投标人投标报价时应依据招标文件中清单项目的特征描述确定综合单价。在招标投标过程中，当出现招标工程量清单特征描述与设计图纸不符时，投标人应以招标工程量清单的项目特征描述为准，确定投标报价的综合单价。当施工中施工图纸或设计变更与招标工程量清单项目特征描述不一致时，发承包双方应按实际施工的项目特征，依据合同约定重新确定综合单价。

② 材料、工程设备暂估价的处理。招标文件中在其他项目清单中提供了暂估单价的材料和工程设备，应按其暂估的单价计入清单项目的综合单价中。

③ 考虑合理的风险。招标文件中要求投标人承担的风险费用，投标人应考虑将其列入综合单价。在施工过程中，当出现的风险内容及其范围（幅度）在招标文件规定的范围（幅度）内时，综合单价不得变动，合同价款不作调整。根据国际惯例并结合我国工程建设的特点，发承包双方对工程施工阶段的风险宜采用如下分摊原则。

a. 对于主要由市场价格波动导致的价格风险，如工程造价中的建筑材料、燃料等价格风险，发承包双方应当在招标文件中或在合同中对此类风险的范围和幅度予以明确约定，进行合理分摊。根据工程特点和工期要求，一般采取的方式是承包人承担5％以内的材料、工程设备价格风险，10％以内的施工机具使用费风险。

b. 对于法律、法规、规章或有关政策出台导致工程税金、规费、人工费发生变化，并由省级、行业建设行政主管部门或其授权的工程造价管理机构根据上述变化发布的政策性调整，以及由政府定价或政府指导价管理的原材料等价格进行了调整，承包人不应承担此类风险，应按照有关调整规定执行。

c. 对于承包人根据自身技术水平、管理、经营状况能够自主控制的风险，如承包人的管理费、利润的风险，承包人应结合市场情况，根据企业自身的实际合理确定自主报价，该部分风险由承包人全部承担。

（2）综合单价确定的步骤和方法。

① 确定计算基础。计算基础主要包括消耗量指标和生产要素单价。应根据本企业的企业实际消耗量水平，并结合拟定的施工方案确定完成清单项目需要消耗的各种人工、材料、机械台班的数量。计算时应采用企业定额，在没有企业定额或企业定额缺项时，可参照与本企业实际水平相近的国家、地区、行业定额，并通过调整来确定清单项目的人、材、机单位用量。各种人工、材料、机械台班的单价，则应根据询价的结果和市场行情综合确定。

② 分析每一清单项目的工程内容。在招标文件提供的工程量清单中，招标人已对项目特征进行了准确、详细的描述，投标人根据这一描述，再结合施工现场情况和拟定的施工方案确

定完成各清单项目实际应发生的工程内容。必要时可参照《建设工程工程量清单计价规范》(GB 50500—2013)中提供的工程内容，有些特殊的工程也可能出现规范列表之外的工程内容。

③ 计算工程内容的工程数量与清单单位的含量。每一项工程内容都应根据所选定额的工程量计算规则计算其工程数量，当定额的工程量计算规则与清单的工程量计算规则一致时，可直接以工程量清单中的工程量作为工程内容的工程数量。当采用清单单位含量计算人工费、材料费、施工机具使用费时，还需要计算每一计量单位的清单项目所分摊的工程内容的工程数量，即清单单位含量。

$$\text{清单单位含量}=\frac{\text{某工程内容的定额工程量}}{\text{清单工程量}}$$

④ 分部分项工程人工、材料、机械费用的计算。以完成每一计量单位的清单项目所需的人工、材料、机械用量为基础计算，即

每一计量单位清单项目某种资源的使用量＝该种资源的定额单位用量×相应定额条目的清单单位含量

再根据预先确定的各种生产要素的单位价格，计算出每一计量单位清单项目的分部分项工程的人工费、材料费与施工机具使用费。

人工费＝完成单位清单项目所需的人工工日数量×人工工日单价

$$\text{材料费}=\sum \text{完成单位清单项目所需各种材料、半成品的数量}\times\text{各种材料、半成品单价}$$

$$\text{施工机具使用费}=\sum \text{完成单位清单项目所需各种机械的台班数量}\times\text{各种机械的台班单价}+\text{仪器仪表使用费}$$

当招标人提供的其他项目清单中列出了材料暂估价时，应根据招标人提供的价格计算材料费，并在分部分项工程量清单与计价表中表现出来。

⑤ 计算综合单价。企业管理费和利润的计算按人工费、材料费、施工机具使用费之和以一定的费率取费计算。

企业管理费＝(人工费＋材料费＋施工机具使用费)×企业管理费费率(%)

利润＝(人工费＋材料费＋施工机具使用费＋企业管理费)×利润率(%)

将上述五项费用汇总，并考虑合理的风险费用后，即可得到清单综合单价。根据计算出的综合单价，可编制分部分项工程量清单与计价表，见表4-3。

表4-3　分部分项工程量清单与计价表

工程名称：　　　　标段：　　　　第　页　　共　页

序号	子目编号	子目名称	子目特征描述	计量单位	工程量	金额/元		
						综合单价	合计	其中：暂估价
本页小计								
合计								

注：为计取规费等的使用，可在表中增设直接费、人工费、人工费＋机械费。

(3) 工程量清单综合单价分析表的编制。为表明综合单价的合理性,投标人应对其进行单价分析,以作为评标时的判断依据。综合单价分析表的编制应反映上述综合单价的编制过程,并按照规定的格式进行。工程量清单综合单价分析表见表 4-4。

表 4-4 工程量清单综合单价分析表

工程名称: 第 页 共 页

<table>
<tr><td colspan="2">项目编码</td><td colspan="2"></td><td colspan="2">项目名称</td><td colspan="2"></td><td colspan="2">计量单位</td><td colspan="2"></td></tr>
<tr><td colspan="12">清单综合单价组成明细</td></tr>
<tr><td rowspan="2">定额编号</td><td rowspan="2">定额名称</td><td rowspan="2">定额单位</td><td rowspan="2">数量</td><td colspan="4">单价</td><td colspan="4">合价</td></tr>
<tr><td>人工费</td><td>材料费</td><td>机械费</td><td>管理费和利润</td><td>人工费</td><td>材料费</td><td>机械费</td><td>管理费和利润</td></tr>
<tr><td></td><td></td><td></td><td></td><td></td><td></td><td></td><td></td><td></td><td></td><td></td><td></td></tr>
<tr><td></td><td></td><td></td><td></td><td></td><td></td><td></td><td></td><td></td><td></td><td></td><td></td></tr>
<tr><td></td><td></td><td></td><td></td><td></td><td></td><td></td><td></td><td></td><td></td><td></td><td></td></tr>
<tr><td colspan="2">人工单价</td><td colspan="6">小计</td><td></td><td></td><td></td><td></td></tr>
<tr><td colspan="2">元/工日</td><td colspan="6">未计价材料费</td><td colspan="4"></td></tr>
<tr><td colspan="8">清单项目综合单价</td><td colspan="4"></td></tr>
<tr><td rowspan="7">材料费明细</td><td colspan="5">主要材料名称、规格、型号</td><td>单位</td><td>数量</td><td>单价/元</td><td>合价/元</td><td>暂估单价/元</td><td>暂估合价/元</td></tr>
<tr><td></td><td></td><td></td><td></td><td></td><td></td><td></td><td></td><td></td><td></td><td></td></tr>
<tr><td></td><td></td><td></td><td></td><td></td><td></td><td></td><td></td><td></td><td></td><td></td></tr>
<tr><td></td><td></td><td></td><td></td><td></td><td></td><td></td><td></td><td></td><td></td><td></td></tr>
<tr><td></td><td></td><td></td><td></td><td></td><td></td><td></td><td></td><td></td><td></td><td></td></tr>
<tr><td colspan="7">其他材料费</td><td></td><td></td><td></td><td></td></tr>
<tr><td colspan="7">材料费小计</td><td></td><td></td><td></td><td></td></tr>
</table>

注:如不使用省级或行业建设主管部门发布的计价定额,可不填定额项目、编号等。

2. 总价措施项目清单与计价表的编制

不能精确计量的措施项目,应编制总价措施项目清单与计价表。投标人对措施项目中的总价项目投标报价应遵循以下原则。

(1) 措施项目的内容应依据招标人提供的措施项目清单和投标人投标时拟定的施工组织设计或施工方案。

(2) 措施项目费由投标人自主确定,但其中安全文明施工费必须按照国家或省级、行业建设主管部门的规定计价,不得作为竞争性费用。招标人不得要求投标人对该项费用进行优惠,投标人也不得将该项费用参与市场竞争。

措施项目清单与计价表见表 4-5、表 4-6。

表 4-5　措施项目清单与计价表(一)

工程名称：　　　　　　　　　　　　　　　　　　　　　　　　　　第　页　　共　页

序号	项目名称	计算基础	费率/(%)	金额/元
1	安全文明施工费			
2	夜间施工费			
3	二次搬运费			
4	冬雨季施工费			
5	大型机械设备进出场及安拆费			
6	施工排水费			
7	施工降水费			
8	地上、地下设施及建筑物的临时保护设施费			
9	已完工程及设备保护费			
10	各专业工程的措施项目费			
11				
合计				

注：1. 本表适用于以“项”计价的措施项目。

2. 根据原建设部、财政部发布的《建筑安装工程费用项目组成》(建标[2003]206 号)的规定，“计算基础”可为“直接费”“人工费”或“人工费＋机械费”。

表 4-6　措施项目清单与计价表(二)

工程名称：　　　　　　　　　　　　　　　　　　　　　　　　　　第　页　　共　页

序号	项目编码	项目名称	项目特征描述	计量单位	工程量	金额/元	
						综合单价	合价
本页小计							
合计							

注：本表适用于以综合单价形式计价的措施项目。

(三) 其他项目清单与计价表的编制

其他项目费主要包括暂列金额、暂估价、计日工以及总承包服务费。其他项目清单与计价汇总表见表 4-7。

表 4-7　其他项目清单与计价汇总表

工程名称：　　　　　　　　　　　　　　　　　　　　　　　　　　第　页　　共　页

序号	子目名称	计算基础	金额/元	备注
1	暂列金额(不包括计日工)			
2	暂估价			

续表

序号	子目名称	计算基础	金额/元	备注
2.1	材料和工程设备暂估价			
2.2	专业工程暂估价			
3	计日工			
4	总承包服务费			
合计				

投标人对其他项目费投标报价时应遵循以下原则。

(1) 暂列金额应按照招标人提供的其他项目清单中列出的金额填写,不得变动。暂列金额明细表见表 4-8。

表 4-8 暂列金额明细表

工程名称: 第 页 共 页

序号	项目名称	计量单位	暂定金额/元	备注
1				
2				
3				
4				
5				
6				
合计				

(2) 暂估价不得变动和更改。暂估价中的材料(工程设备)暂估价必须按照招标人提供的暂估单价计入清单项目的综合单价(见表 4-9);专业工程暂估价必须按照招标人提供的其他项目清单中列出的金额填写(见表 4-10)。材料(工程设备)暂估单价和专业工程暂估价均由招标人提供,为暂估价格。在工程实施过程中,不同类型的材料与专业工程采用不同的计价方法。

表 4-9 材料(工程设备)暂估单价及调整表

工程名称: 第 页 共 页

序号	材料(工程设备)名称、规格、型号	计量单位	单价/元	备注

表 4-10　专业工程暂估价表

工程名称：　　　　　　　　　　　　　　　　　　　　　第　页　共　页

序号	工程名称	工程内容	金额/元	备　注
合　计				

(3) 计日工应按照招标人提供的其他项目清单列出的项目和估算的数量，自主确定各项综合单价并计算费用(见表 4-11)。

表 4-11　计日工表

工程名称：　　　　　　　　　　　　　　　　　　　　　第　页　共　页

编号	子目名称	单　位	暂定数量	综合单价	合　价
一	劳务(人工)				
1					
2					
人工小计					
二	材料				
1					
2					
材料小计					
上述材料表中未列出的材料设备，投标人计取的包括企业管理费、利润(不包括规费和税金)在内的固定百分比					%
三	施工机械				
1					
2					
施工机械小计					
合　计					

(4) 总承包服务费应根据招标人在招标文件中列出的分包专业工程内容和供应材料、设备情况，按照招标人提出的协调、配合与服务要求和施工现场管理需要自主确定，见表 4-12。

表 4-12　总承包服务费计价表

工程名称：　　　　　　　　　　　　　　　　　　　　　第　页　共　页

编号	工程名称	项目价值/元	服务内容	费率/(%)	金额/元
1	发包人发包专业工程				
2	发包人供应材料				

续表

编号	工 程 名 称	项目价值/元	服务内容	费率/(%)	金额/元
合 计					

(四) 规费、税金项目清单与计价表的编制

规费和税金应按国家或省级、行业建设主管部门的规定计算，不得作为竞争性费用。这是由于规费和税金的计取标准是依据有关法律、法规和政策规定制定的，具有强制性。因此，投标人在投标报价时必须按照国家或省级、行业建设主管部门的有关规定计算规费和税金。规费、税金项目清单与计价表的编制见表 4-13。

表 4-13 规费、税金项目清单与计价表

工程名称：　　　　第　页　共　页

序号	项 目 名 称	计 算 基 础	费率/(%)	金额/元
1	规费			
1.1	工程排污费			
1.2	社会保险费			
(1)	养老保险费			
(2)	失业保险费			
(3)	医疗保险费			
(4)	工伤保险			
(5)	生育保险			
1.3	住房公积金			
1.4	危险作业意外伤害保险			
1.5	工程定额测定费			
⋮	⋮			
2	税金	分部分项工程费＋措施项目费＋其他项目费＋规费		
合计				

(五) 投标价的汇总

投标人的投标总价应当与组成工程量清单的分部分项工程费、措施项目费、其他项目费和规费、税金的合计金额相一致，即投标人在进行工程量清单招标的投标报价时，不能进行投标总价优惠(或降价、让利)，投标人对投标报价的任何优惠(或降价、让利)均应反映在相应清单项目的综合单价中。施工企业某单位工程投标报价汇总表见表 4-14。

表 4-14 单位工程投标报价汇总表

工程名称：　　　　标段：　　　　第　页　共　页

序号	汇 总 内 容	金额/元	其中：暂估价/元
1	分部分项工程		
⋮			

续表

序号	汇 总 内 容	金额/元	其中：暂估价/元
2	措施项目		
2.1	其中：安全文明施工费		
3	其他项目		
3.1	其中：暂列金额		
3.2	其中：专业工程暂估价		
3.3	其中：计日工		
3.4	其中：总承包服务费		
4	规费		
5	税金（扣除不列入计税范围的工程设备金额）		
投标报价合计=1+2+3+4+5			

第四节　投标决策与策略

建设工程投标决策一方面为是否参加投标而决策，另一方面是为如何进行投标而决策。投标策略是指投标人在投标报价中的指导思想和在投标过程中所运用的技能和诀窍。投标策略与投标决策经常被混为一谈，其实这是两个有着相互联系的不同范畴的概念。投标策略贯穿在投标决策中，投标决策包含着投标策略的选择确定。在投标与否的决策、投标项目选择的决策、投标积极性的决策、投标报价、投标取胜等方面，都包含着投标策略。投标策略作为投标取胜的方式、手段和艺术，贯穿投标决策的始终。

一、建设工程投标决策影响因素

在获取招标信息后，承包商决定是否参加投标，应综合考虑主观及客观因素。

1. 主观因素

指投标人自身的因素，如资金实力、技术水平、管理能力等。

（1）承包招标项目的可能性与可行性，即是否有完成项目所需的各种人才，是否具有与招标工程相类似工程的施工经验，是否有与招标项目相适应的固定资产及器具设备。

（2）是否有垫付资金的实力。要了解招标项目的工程价款支付方式，例如预付款多少，支付时间和支付条件，在工程开工到预付款支付期间是否有垫资的能力等。

（3）是否具有支付各种担保、税费和保险的能力。工程项目担保的形式有很多种，如预付款担保、履约担保等。

2. 客观因素

（1）影响中标机会的因素。如业主对本企业的印象、自身信誉方面的实力情况、竞争对手实力和竞争形势情况等。

（2）招标项目的可靠性。如项目审批是否已经完成、资金是否已经落实等。

（3）招标项目的承包条件。如施工项目所在地政治形势、经济形势、法律法规、风俗习惯、自然条件、生产和生活条件等。

3. 承包商应该放弃投标的项目

(1) 工程规模、技术要求超过本企业技术等级的项目。

(2) 本企业业务范围和经营能力之外的项目。

(3) 本企业现有承包任务比较饱满，而招标工程的风险较大的项目。

(4) 本企业技术等级、经营、施工水平明显不如竞争对手的项目。

二、投标决策的内容

可以将投标决策分为前期阶段和后期阶段，前期阶段在购买资格预审资料前(后)完成，这一阶段的内容主要是根据招标公告(或投标邀请书)，以及本公司的实力、精力与经验，和本公司对招标项目、业主情况的调研和了解程度，决定是否投标。如果决定投标，就进入投标决策的后期阶段。后期阶段指从申报资格预审至递交投标文件前完成的决策研究阶段。

1. 投标项目的选择

一般情况下，只要接到业主的投标邀请，企业都应积极参加投标。主要原因如下：①参加的投标项目多，中标的机会也多；②经常参加投标，在公众面前出现的机会也多，能起到广告宣传作用；③通过参加投标，可积累经验，掌握市场行情，收集信息，了解竞争对手的惯用策略；④承包人拒绝发包人的投标邀请，可能会破坏自身的信誉，从而失去以后收到投标邀请的机会。

2. 判断投标资源的投入量

承包人在收到投标邀请后，一般不采取拒绝投标的态度。但有时承包人同时收到多个投标邀请，而投标报价资源有限，若把投标资源平均分配，则每一个项目中标的概率很低。这时承包人应针对每个项目的特点进行分析，合理分配投标资源。

3. 初步报价的分析与决策

初步报价估算出来后，还需对初步报价进行分析。分析的目的是探讨这个初步报价的盈利和风险，从而作出最终报价的决策。

4. 确定报价策略

报价策略有以下几种。

(1) 高价赢利策略。需采取高价赢利策略的工程有如下几种：

① 施工场地狭窄、地处闹市等施工条件差的工程；

② 专业要求高的技术密集型工程，而本公司这方面有专长，竞争力较强的工程；

③ 总价低的小工程，以及自己不愿做而被邀请投标、又不方便不投标的工程；

④ 特殊的工程，如港口码头工程、地下开挖工程等；

⑤ 业主对工期要求急的工程；

⑥ 投标对手少的工程；

⑦ 业主资金不到位，需要垫付工程款的工程。

(2) 低价策略。需采取低价策略的情况有如下几种：

① 施工条件好、工作简单、工程量大而一般公司都可以做的工程，如住宅楼工程、大型土方工程等；

② 即将面临没有工程的情况，或根据公司发展需要急于打入新的市场、新的地区时；

③ 附近有工程而本项目可以利用该项工程的设备、劳务或有条件短期内突击完成的；

④ 投标对手多,竞争较激烈时;

⑤ 非急需工程;

⑥ 支付条件好的工程,如现汇支付的工程。

(3) 无利润的策略。

无利润的策略是投标报价时以克服企业生存危机为目标,争取中标可以不考虑各种利益的策略。社会、政治、经济环境的变化和公司自身经营不善,都可能造成承包人的生存危机。这种危机首先表现在由于经济原因,投标项目减少,所有的承包人都将面临生存危机;其次,政府调整基建投资方向,使公司擅长的项目减少;最后,如果承包人经营管理不善,便有投标邀请越来越少的危机。缺乏竞争优势的承包商,在不得已的情况下,只好不考虑利润去投标。这种危机一般在以下情况下发生。

① 可能在得标后,将大部分工程分包给索价较低的一些分包商。

② 对于分期建设的项目,先以低价获得首期工程,而后赢得机会创造第二期工程中的竞争优势,并在以后的实施中赚得利润。

③ 长时期内,承包商没有在建的工程项目,如果再不得标,就难以维持生存。因此,虽然本工程无利可图,但只要能有一定的管理费维持公司的日常运转,就可设法度过暂时的困难,以图东山再起。

(4) 风险决策。

承包人在招投标中应该对风险作全面的分析和预测,并尽可能采取避免较大风险的措施来转移、防范风险,决策者应从全面的角度来考虑期望的利润和承担风险的能力,在风险和利润之间进行权衡并作出选择。

投标决策中的风险防范主要有回避、降低、转移和自留四种基本方式。

① 风险回避。

风险回避就是拒绝承担风险。在投标决策中,对于经核算明显亏损或业主执行条件不好难以继续合作的工程项目,有时不惜以放弃投标和拒签合约来解决。但风险回避更多是针对那些可以回避的特定风险。

② 风险降低。

所谓的风险降低就是采取有效的措施减轻预期风险发生的概率。人们可以采取多元化的活动、获得更多的决策信息来降低风险。为此,投标企业应该在投标前加强各种信息收集和调研,包括目标项目,业主的资信,宏观的经济、政治市场环境等。

③ 风险转移。

风险转移就是将某些风险因素采取一定的措施转移给第三方。工程投标中常见的风险转移的形式是分包和保险。

分包除了可以弥补总包人技术、人力、设备、资金方面的不足,扩大总包人的经营范围外,对于有些分包项目,如果总承包人自己承担会亏本,可以考虑将它分包出去,让报价低同时又有能力的分包商承担,总承包人既能取得一定的经济效益,同时还可转移或减少风险。保险是最普遍的转移风险的方式。

④ 风险自留。

合同双方当事人签订合同的一项基本原则就是利润共享、风险共担,所以自留一部分风险也是合理的。

第五节　投标文件的编制

投标文件是投标人对招标文件提出的实质性要求和条件作出响应，也是评标委员会进行评审和比较的对象，中标的投标文件还和招标文件一起成为招标人和中标人订立合同的法定依据。因此，投标人对投标文件的编制应倍加重视，投标文件必须全面、充分地反映招标文件中关于法律、商务、技术的条件、条款。

一、投标文件的组成

投标文件一般由以下几部分组成：

(1) 投标函及投标函附录；

(2) 法定代表人身份证明或附有法定代表人身份证明的授权委托书；

(3) 联合体协议书(如工程允许采用联合体投标)；

(4) 投标保证书；

(5) 已标价的工程量清单；

(6) 施工组织设计；

(7) 项目管理机构；

(8) 拟分包的项目情况表；

(9) 资格审查资料；

(10) 按招标文件规定提交的其他资料。

二、投标文件的编制步骤

投标人在领取招标文件后，就要进行投标文件的编制工作。编制投标文件的一般步骤如下。

(1) 编制投标文件的准备工作。

① 收集有关资料。应收集现行的规范、定额以及各类图集等。

② 熟悉招标文件，重点研究投标人须知、专用条款、设计图纸、工程范围以及工程量表等。

③ 参加现场踏勘和投标预备会，如有疑问应在投标预备会前以书面形式向招标人提出。

④ 市场调查和询价。调查当地人工、材料、机械租赁的市场供应及价格情况，以便能报出体现市场价格和企业定额的各分部分项工程的综合单价。

⑤ 了解招标人和竞争对手的相关情况，了解与招标工程有关的其他情况。

(2) 复核招标文件中的清单工程量，计算施工工程量。

(3) 根据工程类型编制施工规划或施工组织设计，包括施工方案、施工方法、施工进度计划、用料计划、劳动力计划、机械使用计划、工程质量和施工进度的保证措施、施工现场总平面图等。

(4) 计算和确定报价。投标报价是投标的一个核心环节，投标人要根据工程价格构成对工程进行合理估价，确定切实可行的利润方针，正确计算和确定投标报价。投标人不得以低于成本的报价竞标。

(5) 编制投标文件。投标文件应完全按照招标文件的各项要求编制。投标文件应当对招标文件提出的实质性要求和条件作出响应,一般不能带任何附加条件,否则将导致投标无效。

(6) 投标文件的复核、签字、盖章、密封。在规定的截止时间前将投标文件递交给招标人。

三、投标文件的编写

由于投标文件既要体现投标方本身的技术能力,又要说明投标方对该项目的技术方案和执行计划,这就使得投标文件内容十分繁杂。内容杂乱、层次不清的投标文件会使招标方对投标方的印象大打折扣,导致投标失败。因此,掌握投标文件编写的技巧是很有必要的。

1. 投标文件编写中存在的问题

投标工作的独特性主要体现在投标文件的内容构成上,通常在投标文件编写中存在以下问题。

(1) 通篇是平淡乏味的技术描述。

(2) 对任何项目或招标方都反复使用投标方的一些标准文本,没有针对招标方的问题,充分满足招标方的需要。

(3) 过分拘泥于招标方的招标要求。

(4) 缺乏具体的执行方案,没有实质性的内容,仅有一些投标方的夸大性词语。

(5) 过分强调一些责任要求。

2. 投标文件编写技巧

(1) 表明已完全理解招标方的要求,并能够按照招标文件的要求执行项目。

(2) 告诉招标方过去解决与此类似问题的经验。

(3) 表明能为业主提供更大的价值或能够更好地解决问题。

(4) 告诉招标方具体解决问题的方案和资源。

(5) 针对目标项目,体现企业优势。

(6) 简明扼要。

(7) 切勿脱离实际。

四、编制投标文件的注意事项

投标文件是评标的主要依据,是事关投标者能否中标的关键要件,投标文件制作不当,容易产生废标。因此,投标者在制作投标文件过程中,必须对以下几个方面引起足够重视。

(1) 投标文件应按“投标文件格式”进行编写,如有必要,可以增加附页,作为投标文件的组成部分。投标人在编制投标文件时,凡要求填写的空格都必须填写,否则即被视为放弃意见。如果是报价中的某一项或几项重要数据未填写,一般认为此项费用已经包含在其他项单价和合价中,从而此项费用将得不到支付,投标人不得以此为由提出修改投标,调整报价或提出补偿等要求。投标函附录在满足招标文件实质性要求的基础上,可以提出比招标文件要求更能吸引招标人的承诺。

(2) 投标文件应当对招标文件有关工期、投标有效期、质量要求、技术标准和要求、招标范围等实质性内容作出响应。

在招标实践中,投标文件有下述情形之一的,属于重大偏差,为未能对招标文件作出实质性响应,会被作为废标处理:

① 没有按照招标文件要求提供投标担保或所提供的投标担保存在瑕疵；

② 投标文件没有投标人授权代表签字和加盖公章；

③ 投标文件载明的招标项目完成期限超过招标文件规定的期限；

④ 明显不符合技术规格、技术标准的要求；

⑤ 投标文件载明的货物包装方式、检验标准和方法等不符合招标文件的要求；

⑥投标文件附有招标人不能接受的条件；

⑦不符合招标文件中规定的其他实质性要求。

(3) 投标文件应由投标人的法定代表人或其委托代理人签字和单位盖章。委托代理人签字的，投标文件应附法定代表人签署的授权委托书。投标文件应尽量避免涂改、行间插字或删除。如果出现上述情况，改动之处应加盖单位章或由投标人的法定代表人或其授权的代理人签字确认。

(4) 投标文件正本一份，副本份数符合招标文件有关规定。正本和副本的封面上应清楚地标记“正本”或“副本”的字样。投标文件的正本与副本应分别装订成册，并编制目录。当副本和正本不一致时，以正本为准。

(5) 除招标文件另有规定外，投标人不得递交备选投标方案。允许投标人递交备选投标方案的，只有中标人所递交的备选投标方案方可予以考虑。评标委员会认为中标人的备选投标方案优于其按照招标文件要求编制的投标方案的，招标人可以接受该备选投标方案。

五、工程项目施工投标文件格式

(一) 封面

封　面

________(项目名称)________标段施工招标

投 标 文 件

投标人：________(盖单位章)

法定代表人或其委托代理人：________(签字)

________年________月________日

(二) 投标函及投标函附录

投　标　函

致：________(招标人名称)

在考察现场并充分研究________(项目名称)________标段(以下简称“本工程”)施工招标文件的全部内容后，我方兹以：

人民币(大写)：____________元

RMB：____________________元

的投标价格和按合同约定有权得到的其他金额，并严格按照合同约定，施工、竣工和交付本 工程并维修其中的任何缺陷。

在我方的上述投标报价中，包括：

安全文明施工费 RMB：______________元

暂列金额(不包括计日工部分)RMB：________元

专业工程暂估价 RMB：______________元

如果我方中标，我方保证在______年______月______日或按照合同约定的开工日期开始本工程的施工，______天(日历日)内竣工，并确保工程质量达到______标准。我方同意本投标函在招标文件规定的提交投标文件截止时间后，在招标文件规定的投标有效期期满前对我方具有约束力，且随时准备接受你方发出的中标通知书。

随本投标函道交的投标函附录是本投标函的组成部分，对我方构成约束力。

随同本投标函递交投标保证金一份，金额为人民币(大写)：______元。

在签署协议书之前，你方的中标通知书连同本投标函，包括投标函附录，对双方具有约束力。

投标人(盖章)：______________

法人代表或委托代理人(签字或盖章)：__________

日期：______年______月______日

注：采用综合评估法评标，且采用分项报价方法对投标报价进行评分的，应当在投标函中增加分项报价的填报。

投标函附录

工程名称：______(项目名称)______标段

序号	条款内容	合同条款号	约定内容	备注
1	项目经理	1.1.2.4	姓名：	
2	工期	1.1.4.3	______日历天	
3	缺陷责任期	1.1.4.5		
4	承包人履约担保金额	4.2		
5	分包	4.3.4	见分包项目情况表	
6	逾期竣工违约金	11.5	______元/天	
7	逾期竣工违约金最高限额	11.5		
8	质量标准	13.1		
9	价格调整的差额计算	16.1.1	见价格指数权重表	
10	预付款额度	17.2.1		
11	预付款保函金额	17.2.2		
12	质量保证金扣留百分比	17.4.1		
	质量保证金额度	17.4.1		
…	…			

注：投标人在响应招标文件中规定的实质性要求和条件的基础上，可作出其他有利于招标人的承诺。此类承诺可在本表中予以补充填写。

投标人(盖章)：______

法人代表或委托代理人(签字或盖章)：______

日期：______年______月______日

价格指数权重表

名称		基本价格指数		权重			价格指数来源
		代号	指数值	代号	允许范围	投标人建议值	
定值部分				A			
变值部分	人工费	F_{01}		B_1	____至____		
	钢材	F_{02}		B_2	____至____		
	水泥	F_{03}		B_3	____至____		
	…	…		…	…		
合计						1.00	

注:在专用合同条款16.1款约定采用价格指数法进行价格调整时适用本表。表中除“投标人建议值”由投标人结合其投标报价情况选择填写外,其余均由招标人在招标文件发出前填写。

(三)法定代表人身份证明

法定代表人身份证明

投标人:________

单位性质:________

地　址:________

成立时间:________年________月________日

经营期限:________

姓　名:________　　性　别:________

年　龄:________　　职　务:________

系__________(投标人名称)的法定代表人

特此证明

投标人:________(盖单位章)

________年________月________日

授权委托书

本人________(姓名)系________(投标人名称)的法定代表人,现委托________(姓名)为我方代理人。代理人根据授权,以我方名义签署、澄清、说明、补正、递交、撤回、修改________(项目名称)________标段施工投标文件以及签订合同和处理有关事宜,其法律后果由我方承担。

委托期限:____________________

____。

代理人无转委托权。

附:法定代表人身份证明

投　标　人:________(盖单位章)

法定代表人:________(签字)

身份证号码:____________________

委托代理人:________(签字)

身份证号码:____________________

________年________月________日

(四)联合体协议书

联合体协议书

牵头人名称：____________________

法定代表人：____________________

法定住所：____________________

成员二名称：____________________

法定代表人：____________________

法定住所：____________________

……

鉴于上述各成员单位经过友好协商，自愿组成________(联合体名称)联合体，共同参加________(招标人名称)(以下简称招标人)________(项目名称)________标段(以下简称本工程)的施工投标并争取赢得本工程施工承包合同(以下简称合同)。现就联合体投标事宜订立如下协议：

1. ________(某成员单位名称)为________(联合体名称)牵头人。

2. 在本工程投标阶段，联合体牵头人合法代表联合体各成员负责本工程投标文件编制活动，代表联合体提交和接收相关的资料、信息及指示，并处理与投标和中标有关的一切事务；联合体中标后，联合体牵头人负责合同订立和合同实施阶段的主办、组织和协调工作。

3. 联合体将严格按照招标文件的各项要求，递交投标文件，履行投标义务和中标后的合同，共同承担合同规定的一切义务和责任，联合体各成员单位按照内部职责的部分，承担各自所负的责任和风险，并向招标人承担连带责任。

4. 联合体各成员单位内部的职责分工如下：____________________。按照本条上述分工，联合体成员单位各自所承担的合同工作量比例如下：________。

5. 投标工作和联合体在中标后工程实施过程中的有关费用按各自承担的工作量分摊。

6. 联合体中标后，本联合体协议是合同的附件，对联合体各成员单位有合同约束力。

7. 本协议书自签署之日起生效，联合体未中标或者中标时合同履行完毕后自动失效。

8. 本协议书一式________份，联合体成员和招标人各执一份。

牵头人名称：__________________(盖单位章)

法定代表人或其委托代理人：________(签字)

成员二名称：__________________(盖单位章)

法定代表人或其委托代理人：________(签字)

……

________年________月________日

注：本协议书由委托代理人签字的，应附法定代表人签字的授权委托书。

（五）投标保证金

投标保证金

保函编号：________

________（招标人名称）：

鉴于________（投标人名称）（以下简称“投标人”）参加你方________（项目名称）______标段的施工投标，____________________（担保人名称）（以下简称“我方”）受该投标人委托，在此无条件地、不可撤销地保证：一旦收到你方提出的下述任何一种事实的书面通知，在7日内无条件地向你方支付总额不超过________（投标保函额度）的任何你方要求的金额。

1. 投标人在规定的投标有效期内撤销或者修改其投标文件。

2. 投标人在收到中标通知书后无正当理由而未在规定期限内与贵方签署合同。

3. 投标人在收到中标通知书后未能在招标文件规定期限内向贵方提交招标文件所要求的履约担保。

本保函在投标有效期内保持有效，除非你方提前终止或解除本保函。要求我方承担保证责任的通知应在投标有效期内送达我方。保函失效后请将本保函交投标人退回我方注销。

本保函项下所有权利和义务均受中华人民共和国法律管辖和制约。

担保人名称：________（盖单位章）

法定代表人或其委托代理人：________（盖单位章）

地址：________________（签字）

邮政编码：__________________

电话：____________________

传真：____________________

________年________月________日

注：经过招标人事先的书面同意，投标人可采用招标人认可的投标保函格式，但相关内容不得背离招标文件约定的实质性内容。

（六）已标价工程量清单

已标价工程量清单按第五章“工程量清单”中的相关清单表格式填写。构成合同文件的已标价工程量清单包括第五章“工程量清单”有关工程量清单、投标报价以及其他说明的内容。

（七）施工组织设计

（1）投标人应根据招标文件和对现场的勘察情况，采用文字并结合图表形式，参考以下要点编制本工程的施工组织设计：

① 施工方案及技术措施；

② 质量保证措施和创优计划；

③ 施工总进度计划及保证措施（包括横道图或表明关键线路的网络进度计划、保障进度计划需要的主要施工机械设备、劳动力需求计划及保证措施、材料设备进场计划及其他保证措施等）；

④ 施工安全措施计划；

⑤ 文明施工措施计划；

⑥ 施工场地治安保卫管理计划；

⑦ 施工环保措施计划；

⑧ 冬季和雨季施工方案；

⑨ 施工现场总平面布置（投标人应递交一份施工总平面图，绘制出现场临时设施布置图表并附文字说明，说明临时设施、加工车间、现场办公、设备及仓储、供电、供水、卫生、生活、道路、消防等设施的情况和布置）；

⑩ 项目组织管理机构（若施工组织设计采用“暗标”方式评审，则在任何情况下，项目管理机构不得涉及人员姓名、简历、公司名称等暴露投标人身份的内容）；

⑪承包人自行施工范围内拟分包的非主体和非关键性工作（按第二章“投标人须知”第1.11款的规定）、材料计划和劳动力计划；

⑫成品保护和工程保修工作的管理措施和承诺；

⑬任何可能的紧急情况的处理措施、预案以及抵抗风险（包括工程施工过程中可能遇到的各种风险）的措施；

⑭对总包管理的认识以及对专业分包工程的配合、协调、管理、服务方案；

⑮与发包人、监理及设计人的配合；

⑯招标文件规定的其他内容。

(2) 若投标人须知规定施工组织设计采用技术“暗标”方式评审，则施工组织设计的编制和装订应按附表七“施工组织设计（技术暗标部分）编制及装订要求”编制和装订施工组织设计。

(3) 施工组织设计除采用文字表述外可附下列图表，图表及格式要求附后。若采用技术暗标评审，则下述表格（附表一～附表七）应按照章节内容，严格按给定的格式附在相应的章节中。

附表一：拟投入本工程的主要施工设备表

序号	设备名称	型号规格	数量	国别产地	制造年份	额定功率（kW）	生产能力	用于施工部位	备　注

附表二：拟配备本工程的试验和检测仪器设备表

序号	仪器设备名称	型号规格	数量	国别产地	制造年份	已使用台时数	用途	备　注

附表三:劳动力计划表

单位:人

工种	按工程施工阶段投入劳动力情况						

附表四:计划开、竣工日期和施工进度网络图(略)

(1) 投标人应递交施工进度网络图或施工进度表,说明按招标文件要求的计划工期进行施工的各个关键日期。

(2) 施工进度表可采用网络图和(或)横道图表示。

附表五:施工总平面图

投标人应递交一份施工总平面图,绘制出现场临时设施布置图表并附文字说明,说明临时设施、加工车间、现场办公、设备及仓储、供电、供水、卫生、生活、道路、消防等设施的情况和布置。

附表六:临时用地表

用　　途	面积(平方米)	位　　置	需用时间

附表七:施工组织设计(技术暗标部分)编制及装订要求

(1) 施工组织设计中纳入“暗标”部分的内容:____________________。

(2) 暗标的编制和装订要求:

① 打印纸张要求:____________________;

② 打印颜色要求:______________________________;

③ 正本封皮(包括封面、侧面及封底)设置及盖章要求:____;

④ 副本封皮(包括封面、侧面及封底)设置及要求:____;

⑤ 排版要求:____________________;

⑥ 图表大小、字体、装订位置要求:____;

⑦ 所有“技术暗标”必须合并装订成一册,所有文件左侧装订,装订方式应牢固、美观、不得采用活页方式装订,均应采用____________方式装订;

⑧ 编写软件及版本要求:Microsoft Word ____________________;

⑨ 任何情况下,技术暗标中不得出现任何涂改、行间插字或删除痕迹;

⑩ 除满足上述各项要求外,构成投标文件的“技术暗标”的征文中均不得出现投标人的名称和其他可识别投标人身份的字符、徽标、人员名称以及其他特殊标记等。

注:“暗标”应当以能够隐去投标人的身份为原则,尽可能简化编制和装订要求。

(八)项目管理机构

1. 项目管理机构组成表

项目管理机构组成表

职务	姓名	职称	执业或职业资格证明					备　注
			证书名称	级别	证号	专业	养老保险	

2. 主要人员简历表

附件1:项目经理简历表

项目经理应附建造师职业资格证书、注册证书、安全生产考核合格证书、身份证、职称证、学历证、养老保险复印件及未担任其他在施建设工程项目经理的承诺书,管理过的项目业绩须附合同协议书和竣工验收备案登记表复印件。类似项目限于以项目经理身份参与的项目。

项目经费简历表

姓名		年龄		学历	
职称		职务		拟在本合同任职	项目经理
注册建造师资格等级			级	建造师专业	
安全生产考核合格证书					
毕业学校	年毕业于　　　学校　　　专业				
主要工作经历					
时间	参加过的类似项目			工程概况说明	发包人及联系电话

附件2:主要项目管理人员简历表

主要项目管理人员指项目副经理、技术负责人、合同商务负责人、专职安全生产管理人员等岗位人员。应附注册资格证书、身份证、职称证、学历证、养老保险复印件,专职安全生产管理人员应附有效的安全生产考核合格证书,主要业绩须附合同协议书。

主要项目管理人员简历表

岗位名称			
姓名		年龄	
性别		毕业学校	
学历和专业		毕业时间	
拥有的执业资格		专业职称	
执业资格证书编号		工作年限	

续表

主要工作业绩及担任的主要工作	

附件3:承诺书

承　诺　书

________(招标人名称):

我方在此声明,我方拟派往________(项目名称)________标段(以下简称本工程)的项目经理________(项目经理姓名)现阶段没有担任任何在施建设工程项目的项目经理。

我方保证上述信息的真实和准确,并愿意承担因我方就此弄虚作假所引起的一切法律后果。

特此承诺

申请人:________(盖单位章)

法定代表人或其委托代理人:________(签字)

________年________月________日

(九) 拟分包计划表

拟分包计划表

序号	拟分包项目名称、范围及理由	拟选分包人				备注
		拟选分包人名称	注册地点	企业资质	有关业绩	
		1				
		2				
		3				

注:本表所列分包仅限于承包人自行施工范围内的非主体、非关键工程。

日期:________年________月________日

(十) 资格审查资料

未进行资格预审的需提供以下资料:

① 投标人基本情况表;

② 近年财务状况表;

③ 近年完成的类似项目情况表;

④ 正在施工的和新承接的项目情况表;

⑤ 近年发生的诉讼和仲裁情况；

⑥ 企业其他信誉情况表；

⑦ 主要项目管理人员简历表。

具体内容见本章第二节。

第六节　投标文件的复核、签字、盖章、密封与提交

一、投标文件的复核

投标文件制作完成后，应组织有经验的人员对投标文件进行彻底、全面的检查，然后才能封袋、盖骑缝章。复核的主要内容包括如下项目：

（1）封面；

（2）目录；

（3）投标文件及投标文件附录；

（4）修改报价的声明书；

（5）授权书、银行保函、信贷证明；

（6）报价。

二、投标文件的签字、盖章、装订

投标文件无单位盖章并无法定代表人或法定代表人授权的代理人签字或盖章的，按废标处理。同时，《标准施工招标文件》评标办法中规定，投标函应有法定代表人或其委托代理人签字或加盖单位章。

施工投标文件需要签字、盖章的地方汇总如下。

1. 封面、投标函及投标函附录

投标文件的封面、投标函、投标函附录均应有投标人单位公章和法定代表人或其委托的代理人的签字或盖章。在实际过程中，招标文件中往往规定投标文件需同时盖单位公章和法人或授权委托人签字或盖章。

2. 法定代表人身份证明、法定代表人授权委托书

法定代表人身份证明需盖投标人单位公章、法定代表人签字、委托代理人签字。

3. 联合体协议书

联合体协议书需要联合体所有成员盖单位公章和法定代表人或其委托的代理人签字。

4. 投标保证金

投标保证金需要加盖担保公司公章和法定代表人或其委托的代理人签字，并填写担保人详细地址和联系电话。

5. 已标价工程量清单

工程量清单封面上加盖招标人和咨询人单位章，法定代表人或其授权人签字或盖章。投标总价表中盖投标人单位章，法定代表人或其授权人签字或盖章，编制人一栏由造价人员签字盖章。

6. 施工组织设计

施工组织设计封面一般要加盖投标人单位公章。

7. 项目管理机构

项目管理机构表、项目经理简历表、主要项目管理人员简历表，附主要人员的相应建造师证、注册证、职称证、养老保险等材料的复印件或扫描件光盘，提供的复印件一般要加盖投标人单位公章；承诺书需盖投标人单位公章和法定代表人或其委托的代理人签字或盖章。

8. 资格审查资料

实行资格预审的申请函应有法定代表人或其委托代理人签字并加盖单位公章。

资格审查资料中投标人应按招标文件的要求，提供以下资料的复印件，如果要求提供复印件的，一般需要在所有的复印件上加盖单位公章。需提供的资料主要如下：

(1) 投标人基本情况表应附投标人年检合格的营业执照副本、资质证书副本、安全生产许可证等材料的复印件；

(2) 近年财务状况表应附经会计师事务所或审计机构审计的财务会计报表，包括资产负债表、损益表、利润表、现金流量表、和财务情况说明书等材料的复印件；

(3) 正在施工的和新承接的项目情况表应附中标通知书和合同协议书等材料的复印件；

(4) 近年完成的类似项目情况表应附中标通知书和合同协议书、竣工验收备案登记表复印件。

投标文件签字、盖章后，应按招标文件的要求分册装订，不得采用活页装订。

三、投标文件的密封

投标文件编制人员应仔细阅读并正确理解招标文件中的相关章节，严格按照“投标文件的编制”和“投标文件的提交”中的要求包装，确保章印齐全，密封完好。多标段投标时，更要细致检查，防止错装或混装。投标文件密封的一般要求如下。

(1) 投标文件的正本与副本应分开包装，加贴封条，并在封套的封口处加盖投标人单位章。

(2) 投标文件的封套上应清楚地标记“正本”或“副本”字样，封套上应写明的其他内容见投标人须知前附表。

(3) 投标文件的外层和内层包封上都应写明招标单位和地址、合同名称、投标编号并注明开标时间以前不得开封。在内层包封上还应写明投标单位的邮政编码、地址和名称，以便投标出现逾期送达时能原封退回。

(4) 实行电子评标的，投标单位在提交纸质投标文件时必须同时提交电子投标文件，文本格式及内容应按招标文件的要求制成光盘，并一起装袋密封、标记后在开标时同时递交。

(5) 对于银行出具的投标保函，要按招标文件中所附的格式由公司业务银行开出，银行保函可用单独的信封密封，在投标致函内页可以附一份复印件，并在复印件上注明“原件密封在专用信封内，与本投标文件一并递交”。未按招标文件要求密封和加写标记的投标文件，招标人不予受理。

四、投标文件的提交、修改与撤回

1. 投标文件的提交

投标人应当在招标文件规定的提交投标文件的截止时间前，将投标文件密封后送达投标地点。招标人收到招标文件后，应当向投标人出具标明签收人和签收时间的凭证，在开标前，任何单位和个人不得开启投标文件。在招标文件要求提交投标文件的截止时间后送达或未送达指定地点的投标文件，为无效的投标文件，招标人不予受理。有关投标文件的提交还应注意以下问题。

(1) 投标人在提交投标文件的同时，应按规定的金额、担保形式和投标保证金格式递交投标保证金，并将其作为投标文件的组成部分。联合体投标的，其投标保证金由牵头人递交，并应符合规定。投标保证金除现金外，可以是银行出具的银行保函、保兑支票、银行汇票或现金支票。投标保证金的数额不得超过投标总价的2%，且最高不超过80万元。

依法必须进行招标的项目的境内投标单位，以现金或者支票形式提交的投标保证金应当从其基本账户转出。投标人不按要求提交投标保证金的，其投标文件应被否决。出现下列情况的，投标保证金将不予返还：

① 投标人在规定的投标有效期内撤销或修改其投标文件；

② 中标人在收到中标通知书后，无正当理由拒签合同协议书或未按招标文件规定提交履约担保。

(2) 投标有效期。投标有效期从投标截止时间起开始计算，主要用作组织评标委员会评标招标人定标、发出中标通知书，以及签订合同等工作，一般考虑以下因素：

① 组织评标委员会完成评标需要的时间；

② 确定中标人需要的时间；

③ 签订合同需要的时间。

一般项目投标有效期为60～90天，大型项目120天左右。投标保证金的有效期应与投标有效期保持一致。

出现特殊情况需要延长投标有效期的，招标人以书面形式通知所有投标人延长投标有效期。投标人同意延长的，应相应延长其投标保证金的有效期，但不得要求或被允许修改或撤销其投标文件；投标人拒绝延长的，其投标失效，但投标人有权收回其投标保证金。

(3) 费用承担与保密责任。投标人准备和参加投标活动发生的费用自理。参与招标投标活动的各方应对招标文件和投标文件中的商业和技术等秘密保密，违者应对由此造成的后果承担法律责任。

2. 投标文件的修改与撤回

在投标人前附表规定的投标截止时间前，投标人可以修改或撤回已提交的投标文件，但应以书面形式通知招标人。投标人修改或撤回已提交投标文件的书面通知应按招标文件的要求签字或盖章。招标人收到书面通知后，向投标人出具签收凭证。

修改的内容为投标文件的组成部分。修改的投标文件应按照招标文件的要求进行编制、密封、标记和提交，并标明“修改”字样。

【能力训练】

一、案例分析

某单位承担了某投资工程的施工招标代理任务，该工程采用无标底公开招标方式选定施工单位。工程实施过程中发生了下列事件：

工程招标时，A、B、C、D、E、F、G 共 7 家投标单位通过资格预审，并在投标截止时间前提交了投标文件。评标时，发现 A 投标单位的投标文件虽加盖了公章，但没有投标单位法定代表人的签字，只有法定代表人授权书中被授权人的签字(招标文件中对是否可由被授权人签字没有具体规定)；B 投标单位的投标报价明显高于其他投标单位的投标报价，分析其原因是施工工艺落后；C 投标单位以招标文件规定的工期 380 天作为投标工期，但在投标文件中明确表示如果中标，合同工期按定额工期 400 天签订；D 投标单位投标文件中的总价金额汇总有误。

分别指出事件中 A、B、C、D 投标单位的投标文件是否有效？说明理由。

二、复习思考题

1. 描述建设工程投标程序。
2. 投标文件的组成有哪些？
3. 简述建设工程投标技巧。
4. 简述投标报价的依据。

第五章　开标、评标与定标

【知识目标】

1. 了解建设工程开标、评标与定标的概念。

2. 熟悉建设工程开标、评标与定标的程序。

3. 掌握评标的基本方法，并能理论联系实际，进行案例分析，解决实际问题。

【技能目标】

1. 沟通、团队协作的能力。

2. 组织并开展开标、评标与定标活动的能力。

3. 在开标、评标与定标活动过程中对相关问题进行判断并处理的能力。

【引导案例】

在开标前5分钟，A单位递交了一份补充材料，其中声明将原报价降低4%。但是，招标单位的有关工作人员认为一个承包商不得递交两份投标文件，因而拒收承包商的补充材料。在开标时，B单位在投标文件中提交了两项施工方案，一项按照原招标文件的要求进行报价，另一项对招标文件进行合理的修改，在修改的基础上报出价格。而在唱标时，唱标人仅对方案一进行唱标。在评标过程中，招标人依法组建评标委员会，评标委员会有5人组成，其中招标人代表1人，招标代理机构代表1人，从该市组建的综合性评标专家库中随机抽取的施工技术专家2人，工程造价专家1人。试分析在开标前、开标时及评标过程中招标人的做法是否合理？若不合理，请说明理由。

第一节　建设工程开标

一、建设工程开标活动

招标投标活动经过招标阶段和投标阶段之后，便进入了开标阶段。开标是指在投标人提交投标文件的截止日期后，招标人依据招标文件所规定的时间、地点，在有投标人出席的情况下，当众开启投标人提交的投标文件，并公开宣布投标人的名称、投标价格以及投标文件中的其他主要内容的活动。

《中华人民共和国招标投标法》第三十四条规定："开标应当在招标文件确定的提交投标文件截止时间的同一时间公开进行；开标地点应当为招标文件中预先确定的地点。"开标应当按照招标文件规定的时间、地点和程序，以公开方式进行。

1. 开标时间

开标时间和投标文件递交截止时间应为同一时间，应具体确定到某年某月某日的几时几分，并在招标文件中明示。每一投标人都能事先知道开标的准确时间，以便准时参加，确保开标过程的公开、透明。将开标时间规定为提交投标文件截止时间的同一时间，这样规定的目的是防止投标中的舞弊行为，例如招标人和个别投标人非法串通，在投标文件截止时间之后，视其他投标人的投标情况修改个别投标人的投标文件，从而损害国家和其他投标人利益的情况。

2. 开标地点

为了使所有投标人都能事先知道开标地点，并能够按时到达，开标地点也应当在招标文件中事先确定，以便使每一个投标人都能事先为参加开标活动做好充分的准备，例如根据情况选择适当的交通工具，并提前做好机票、车票的预定工作等。

3. 开标时间和地点的修改

如果招标人需要修改开标时间和地点，应以书面形式通知所有招标文件的收受人。如果涉及房屋建筑和市政基础设施工程施工项目招标，根据《房屋建筑和市政基础设施工程施工招标投标管理办法》的规定，招标文件的澄清和修改均应在通知招标文件收受人的同时报工程所在地的县级以上地方人民政府建设行政主管部门备案。

4. 开标应当以公开方式进行

开标活动除了时间、地点应当向所提交投标文件的投标人公开之外，开标程序也应公开。开标的公开进行是为了保护投标人的合法权益。同时，也是为了更好地体现和维护公开、透明、公平、公正的招标投标原则。

5. 开标的主持人和参加人

开标的主持人可以是招标人，也可以是招标人委托的招标代理机构。开标时，为了保证开标的公开性，除必须邀请所有投标人参加外，也应该邀请招标监督部门、监察部门的有关人员参加，还可以委托公证部门参加。

二、建设工程开标程序

根据《中华人民共和国招标投标法》的相关规定，主持人按下列程序进行开标。

1. 投标人出席开标会的代表签到

投标人授权出席开标会的代表填写开标会签到表，招标人应派专人负责核对签到人身份，应与签到的内容一致。

2. 开标会议主持人宣布开标程序、开标会纪律和当场废标的条件

(1) 开标会纪律。

① 场内严禁吸烟。

② 凡与开标无关的人员不得进入开标会场。

③ 参加会议的所有人员应关闭手机，开标期间不得高声喧哗。

④ 投标人代表有疑问应举手发言，参加会议人员未经主持人同意不得在场内随意走动。

(2) 投标文件有下列情形之一的，招标人不予接收投标文件。

① 逾期送达的或未送达指定地点的。

② 未按招标文件要求密封的。

③ 未通过资格预审的申请人提交的投标文件。

3. 公布投标人名称

公布在投标截止时间前递交投标文件的投标人名称，并点名再次确认投标人是否派人到场。

4. 主持人介绍主要的与会人员

主持人宣布到会的开标人、唱标人、记录人、公证人员及监督人员等有关人员的姓名。

5. 按照投标人须知前附表的规定检查所有投标文件的密封情况

一般而言，主持人会请招标人和投标人的代表共同(或委托公证机关)检查各投标书密封情况，密封不符合招标文件要求的投标文件应当当场废标，不得进入评标。

6. 按照投标人须知前附表的规定确定并宣布投标文件的开标顺序

一般按《中华人民共和国招标投标法》规定，以投标人递交投标文件的时间先后顺序开启标书。

7. 设有标底的，公布标底

标底是评标过程中作为衡量投标人报价的参考依据之一。

8. 唱标人依唱标顺序依次开标并唱标

由指定的开标人(招标人会招标代理机构的工作人员)在监督人员及与会代表的监督下当众拆封所有投标文件，拆封后应当检查投标文件组成情况并记入开标会记录，开标人应将投标书和投标书附件以及招标文件中可能规定需要唱标的其他文件交唱标人进行唱标。唱标的主要内容一般包括投标报价、工期和质量标准、投标保证金等，在递交投标文件截止时间前收到的投标人对投标文件的补充、修改同时宣布，在递交投标文件截止时间前收到投标人撤回其投标文件的书面通知的投标文件不再唱标，但须在开标会上说明。

9. 开标会记录签字确认

开标会记录应当如实记录开标过程中的重要事项，包括开标时间、开标地点、出席开标会的各单位及人员、唱标的内容等，招标人代表、招标代理机构代表、投标人的授权代表、记录人及监督人应当在开标会记录上签字确认，对记录内容有异议的可以注明。

10. 开标会结束

主持人宣布开标会结束，投标文件、开标会记录等送封闭评标区封存。

第二节　建设工程评标

所谓评标，是指按照规定的评标标准和方法，对各投标人的投标文件进行评价比较和分析，从中选出最佳投标人的过程。

评标是招标投标活动中十分重要的阶段，评标是否真正做到公平、公正，决定着整个招标投标活动是否公平和公正；评标的质量决定着能否从众多投标竞争者中选出最能满足招标项目各项要求的中标者。所以评标活动应该遵循公平、公正、科学、择优的原则，在严格保密的情况下进行。

一、评标活动组织及要求

1. 评标活动组织

评标应由招标人依法组建的评标委员会负责，即由招标人按照法律的规定，挑选符合条件的人员组成评标委员会，负责对各投标文件的评审工作。招标人组建的评标委员会应按照招标文件中规定的评标标准和方法进行评标工作，对招标人负责，从投标竞争者中评选出最符合招标文件各项要求的投标者，最大限度地实现招标人的利益。

2. 对评标委员会的要求

(1) 评标委员会须由下列人员组成。

① 招标人代表。招标人的代表参加评标委员会，在评标过程中充分表达招标人的意见，与评标委员会的其他成员进行沟通，并对评标的全过程实施必要的监督。

② 相关技术方面的专家。由招标项目相关专业的技术专家参加评标委员会，对投标文件所提方案技术上的可行性、合理性、先进性和质量可靠性等技术指标进行评审比较，以确定在技术和质量方面真实满足招标文件要求的投标。

③ 经济方面的专家。由经济方面的专家对投标文件所报的投标价格、投标方案的运营成本、投标人的财务状况等投标文件的商务条款进行评审比较，以确定在经济上对招标人最有利的投标。

④ 其他方面的专家。根据招标项目的不同情况，招标人还可以聘请除技术专家和经济专家以外的其他方面的专家参加评标委员会。比如，对一些大型的或国际性的招标采购项目，还可聘请法律方面的专家参加评标委员会，以对投标文件的合法性进行审查把关。

(2) 评标委员会成员人数及专家人数要求。

《评标委员会和评标方法暂行规定》第九条规定："评标委员会由招标人或其委托的招标代理机构熟悉相关业务的代表以及有关技术、经济等方面的专家组成，成员人数为五人以上单数，其中技术、经济等方面的专家不得少于成员总数的三分之二。"

评标委员会成员人数不宜过少，不利于集思广益，从经济、技术各方面对投标文件进行全面的分析比较。当然，评标委员会人数也不宜过多，否则会影响评审的工作效率，增加评审费用。要求评审委员会人数须为单数，以便于在各成员评审意见不一致时，可按照多数通过的原则产生评标委员会的评审结论，推荐中标候选人或直接确定中标人。

评标委员会成员中，有关技术、经济等方面的专家的人数不得少于成员总数的2/3，以保证各方面专家的人数在评标委员会成员中占绝对多数，充分发挥专家在评标活动中的权威作用，保证评审结论的科学性、合理性。招标人的代表不得超过成员总数的1/3。

(3) 评标委员会专家条件要求。

参加评标委员会的专家应当同时具备以下条件。

① 从事相关领域工作满8年。

② 具有高级职称或者具有同等专业水平。

③ 能够认真、公正、诚实、廉洁地履行职责。

④ 身体健康，能够承担评标工作。

(4) 评标委员会专家选择途径规定。

① 由招标人从国务院有关部门或省、自治区、直辖市人民政府有关部门提供的专家名册或者招标代理机构的专家库内的相关专业的专家名单中确定。

② 对于一般招标项目，可以采用随机抽取的方式确定，而对于特殊招标项目，由于其专业要求较高，技术要求复杂，则可以由招标人在相关专业的专家名单中直接确定。

(5) 评标委员会职业道德与保密规定。

① 评标委员会成员应当客观、公正地履行职责，遵守职业道德，对所提出的评审意见承担个人责任。

② 评标委员会成员不得与任何投标人或者与招标结果有利害关系的人进行私下接触，不得收受投标人、中介人、其他利害关系人的财务或其他好处。

③ 与投标人有利害关系的人不得进入相关项目的评标委员会。与投标人有利害关系的人,包括投标人的亲属、与投标人有隶属关系的人员或者中标结果的确定涉及其利益的其他人员。若与投标人有利害关系的人已经进入评标委员会,经审查发现以后,应当按照法律规定更换,该评标委员会的成员自己也应当主动退出。

④ 评标委员会成员的名单在中标结果确定前应当保密,以防止有些投标人对评标委员会成员采取行贿等手段,以谋取中标。

⑤ 评标委员会成员和参与评标的有关工作人员不得对外透露对投标文件的评审和比较、中标候选人的推荐情况以及与评标有关的其他情况。

二、评标程序

评标的目的是根据招标文件中确定的标准和方法,对每个投标人的标书进行评价和比较,以评出最佳投标人。评标一般按以下程序进行。

1. 评标准备工作

(1) 认真研究招标文件。

① 招标的目的。

② 招标工程项目的范围和性质。

③ 主要技术标准和商务条款或合同条款。

④ 评标标准、方法及相关因素。

(2) 编制供评标使用的各种表格资料。

2. 初步评审(简称初审)

初步评审是指从所有的投标书中筛选出符合最低要求标准的合格投标书,剔除所有无效投标书和严重违法的投标书。初步评审工作比较简单,但却是非常重要的一步。因为通过初步筛选,可以减少详细评审的工作量,保证评审工作的顺利进行。

3. 详细评审(简称终审)

在完成初步评审以后,下一步就进入到详细评定和比较阶段。只有在初审中确定为基本合格的投标文件,才有资格进入详细评定和比较阶段。在详细评定阶段,评标委员会根据招标文件确定的评标标准和方法对初审合格的投标文件的技术部分与商务部分作进一步的评审和比较。

4. 编写并上报评审报告

除招标人授权直接确定中标人外,评标委员会按照评标后投标人的名次排列,向招标人推荐1~3名中标候选人。评标委员会经评审,认为所有投标都不符合招标文件要求,可以否决所有投标,这时强制招标项目应重新进行招标。评标委员会完成评标后,应当向招标人提交书面评标报告,并抄送有关行政监督部门。评标报告应当如实记载以下内容:

(1) 基本情况和数据表;

(2) 评标委员会成员名单;

(3) 开标记录;

(4) 符合要求的投标人一览表;

(5) 废标情况说明;

(6) 评标标准、评标方法或者评标因素一览表;

(7) 经评审的价格或者评分比较一览表;

(8) 经评审的投标人排序;

(9) 直接确定的中标人或推荐的中标候选人名单与签订合同前要处理的事宜;

(10) 澄清、说明、补正事项纪要。

评标报告由评标委员会全体成员签字。对评标结论持有异议的评标委员会成员可以以书面方式阐述其不同意见和理由。评标委员会成员拒绝在评标报告上签字且不陈述其不同意见和理由的,视为同意评标结论。评标委员会应当对此作出书面说明并记录在案。

三、评标的标准、内容和方法

1. 评标标准

《中华人民共和国招标投标法》规定,评标必须以招标文件规定的标准和方法进行,任何未在招标文件中列明的标准和方法,均不得采用,对招标文件中已标明的标准和方法,不得有任何改变。这是保证评标公平、公正的关键,也是国际通行的做法。

一般而言,工程评标标准包括价格标准和非价格标准。其中非价格标准主要有工期、质量、资格、信誉、施工人员和管理人员素质、管理能力、以往的经验等。

2. 评标内容

工程项目的评标主要分两步进行,首先进行初步评审,即对标书的符合性评审;然后进行详细评审,即对标书的商务性和技术性评审。工程项目评标具体的评审内容如下。

(1) 初步评审。

在正式评标前,评标委员会要对所有投标文件进行符合性审查,判定投标文件是否完整有效以及有无重大偏差的情况,从而在投标文件中筛选出符合基本要求的投标人,投标书只有通过初步评审方可进入详细评审阶段。初步评审的主要项目包括以下内容。

① 证明文件。

a. 法定代表人签署的授权委托书是否生效。

b. 投标书的签署、附录填写是否符合招标文件要求。

c. 联营体的联营协议是否符合有关法律、法规等的规定。

② 合格性检查。

a. 通过资格预审的合法实体、项目经理是否在投标时被更改。

b. 投标人所报投标书是否符合投标人须知的各项条款。

③ 投标保证金。

a. 投标保证金是否符合投标人须知的要求。

b. 是银行保函形式提供投标保证金的,其措辞是否符合招标文件所提供的投标保函格式的要求。

c. 投标保证金有无金额小于或期限短于投标人须知中的规定。

d. 联营体投标的保证金是不是按招标文件要求,以联营体各方的名义提供的。

④ 投标书的完整性。

a. 投标书正本是否有缺页,按招标文件规定应该每页进行小签的是否完成了小签。

b. 投标书中的涂改、行间书写、增加或其他修改是否有投标人或投标书签署人小签。

c. 投标书是否有完整的工程量清单报价。

⑤ 实质性响应。

a. 对投标人须知中的所有条款是否有明确的承诺。

b. 商务标报价是否超出规定值。

c. 商务要求和技术规格是否有如下重大偏差：第一，要求采用固定价格投标时提出价格调整的；第二，施工的分段与所要求的关键日期或进度标志不一致的；第三，以实质上超出所分包允许的金额和方式进行分包的；第四，拒绝承担招标文件中分配的重要责任和义务，如履约保函和保险等；第五，对关键性条款表示异议和保留，如适用法律、税收及争端解决程序等；第六，忽视“投标人须知”出现可导致拒标的其他偏差。

投标书违背上述任何一项规定，评标委员会认定给招标人带来损失，且无法弥补的，将不能通过符合性审查（初审）。但是在评标过程中，投标人标书有可能会出现实质上响应了招标文件，但个别处有细微的偏差，经补正后不会造成不公平的结果，所以评标委员会可以以书面方式要求投标人澄清或补正疑点问题，按要求补正后的投标书有效。一般而言，通常有以下几方面细微偏差需澄清或补正：投标文件中含义不明确、对同类问题表述不一致、书面有明显文字错误或计算错误的内容等。

如果投标人对上述问题不能合理说明或拒不按照要求对投标文件进行澄清、说明或者补正的，评标委员会可以否决其投标或在详细评审时可以对细微偏差作不利于该投标人的量化，量化标准应在招标文件中规定。若投标人应评标委员会要求同意对有细微偏差处书面澄清或补正，应注意澄清或补正应以书面形式进行，并不得超过投标文件的范围或者改变投标文件的实质性内容。

处理投标文件中不一致或者错误的原则：投标文件中大写金额和小写金额不一致时，以大写金额为准；总价金额与单价金额不一致时，以单价金额为准，但单价金额小数点位置有明显错误的除外；对不同文字文本投标文件的解释发生异议的，以中文文本为准。

（2）详细评审。

经初步评审合格的投标文件，评标委员会应当根据招标文件确定的评标标准和方法，对其商务标和技术标作进一步的评审。详细评审的主要内容包括以下几个方面。

① 商务性评审。商务性评审的目的在于从成本、财务和经济分析等方面评定投标报价的合理性和可靠性，并估量授标给投标人后的不同经济效果。商务性评审的主要内容如下。

a. 将投标报价与标底进行对比分析，评价该报价是否可靠、合理。

b. 分析投标报价的构成和水平是否合理，有无严重的不平衡报价。

c. 审查所有保函是否被接受。

d. 进一步评审投标人的财务实力和资信程度。

e. 投标人对支付条件有何要求或给予招标人以何种优惠条件。

f. 分析投标人提出的财务和支付方面的建议的合理性。

g. 是否提出与招标文件中的合同条款相悖的要求。

② 技术性评审。技术性评审的目的在于确认备选的中标人完成本招标项目的技术能力以及其所提方案的可靠性。技术性评审的主要内容包括以下几个方面。

a. 投标文件是否包括了招标文件所要求提交的各项技术文件，这些技术文件是否同招标文件中的技术说明或图纸一致。

b. 企业的施工能力。评审投标人是否满足工程施工的基本条件以及项目部配备的项目经理、主要工程技术人员以及施工员、质量员、安全员、预算员、机械员等五大员的配备数量和资历。

c. 施工方案的可行性。主要评审施工方案是否科学、合理，施工方案、施工工艺流程是否符合国家、行业、地方强制性标准规范或招标文件约定的推荐性标准规范的要求，是否体现了施工作业的特点。

d. 工程质量保证体系和所采取的技术措施。评审投标人质量管理体系是否健全、完善，是否已经取得 ISO9000 质量体系认证。投标书有无完善、可行的工程质量保证体系和防止质量通病的措施及满足工程要求的质量检测设备等。

e. 施工进度计划及保证措施。评审施工进度安排得是否科学、合理，所报工期是否符合招标文件要求，施工分段与所要求的关键日期或进度安排标志是否一致，有无可行的进度安排横道图、网络图，有无保证工程进度的具体可行措施。

f. 施工平面图。评审施工平面图布置得是否科学、合理。

g. 劳动力、机具、资金需用计划及主要材料、构配件计划安排。评审有无合理的劳动力组织计划安排和用工平衡表，各工种人员的搭配是否合理；有无满足施工要求的主要施工机具计划，并注明到场施工机具产地、规格、完好率及目前所在地处于什么状态，何时能到场，能否满足要求；施工中所需资金计划及分批、分期所用的主要材料、构配件的计划是否符合进度安排。

h. 评审在本工程中采用的国家、省建设行政主管部门推广的新工艺、新技术、新材料的情况。

i. 合理化建议方面。在本工程上是否有可行的合理化建议，能否节约投资，有无对比计算数额。

j. 文明施工现场及施工安全措施。评审对生活区、生产区的环境有无保护与改善措施以及有无保证施工安全的技术措施及保证体系。

3. 评标方法

建设工程招投标常用的评标办法有两种：经评审的最低投标价法和综合评估法。

(1) 经评审的最低投标价法。

经评审的最低投标价法是以价格加上其他因素为标准进行评标的方法。以这种方法评标，首先将报价以外的商务部分数量化，并以货币折算成价格，与报价一起计算，形成评标价，然后按价格高低排出次序。评标价是按照招标文件的规定，对投标价进行调整后计算出的标价。在质量标准及工期要求达到招标文件规定的条件下，经评审的最低价评标价的投标人应作为中标人或应该推荐为中标候选人，但是投标价格低于其成本的除外。

经评审的最低投标价法的优点如下。

① 能最大限度地降低工程造价，节约建设投资。

② 符合市场竞争规律，优胜劣汰，更有利于促使施工企业加强管理，注重技术进步。

③ 可最大限度地减少招标过程中的腐败行为，将人为的干扰降到最低，使招标过程更加公平、公正、公开。

④ 节省了评标的时间，减少了评标的工作量。

利用经评审的最低投标价法进行评标的风险相对较大。低的工程造价固然可以节省业主的成本，但是有可能造成投标单位在投标时盲目地压价，在施工过程中却没有采取有效的措施降低造价，而是以劣质的材料、低劣的施工技术等方法压低成本，导致工程质量下降，违背了最低报价法的初衷。

总之，经评审的最低投标价法主要适用于具有通用技术、统一的性能标准，并且施工难度不大、招标金额较小或实行清单报价的建设工程施工招标项目。

(2)综合评估法。

综合评估法是评标委员会对满足招标文件实质性要求的投标文件，按照规定的评分标准对确定好的评价要素如报价、工期、质量、信誉、三材指标等进行打分，根据每个指标的权重和得分来计算总得分，选择综合评分最高的投标人为中标人，但是投标价格低于其成本的除外。一般总计分值为100分，各因素所占比例和具体分值由招标人自行确定，并在招标文件中明确载明。

这种方法的操作要点如下。

① 评标委员会根据招标项目的特点和招标文件中规定的需要量化的因素及权重(评分标准)，将准备评审的内容进行分类，各类中再细化成小项，并确定各类及小项的评分标准。

② 评分标准确定后，每位评标委员会委员独立地对投标书分别打分，各项分数统计之和即为该投标书的得分。

③ 进行综合评分。例如报价以标底价为标准，报价低于标底5%范围内为满分(假设为50分)，高于标底6%范围内和低于标底8%范围内，比标底每增加1%或比标底减少1%均扣减2分，报价高于标底6%以上或低于8%以下均为0分计。同样报价以技术价为标准进行类似评分。

综合以上得分情况后，最终以得分的多少排列顺序，作为综合评分的结果。

可见，综合评估法是一种定量的评标方法，在评定因素较多而且繁杂的情况下，可以综合地评定出各投标人的素质情况和综合能力，它主要适用于技术复杂、施工难度较大、设计结构安全的建设工程招标项目。

第三节 建设工程定标

一、定标的原则

定标是招标人最后决定中标人的行为，《中华人民共和国招标投标法》第四十一条规定中标人的投标应当符合下列条件之一：能够最大限度地满足招标文件中规定的各项综合评价标准；能够满足招标文件的实质性要求，并且经评审的投标价格最低，但是投标价格低于成本的除外。

二、定标的流程

1. 招标人确定中标人

招标人可以授权评标委员会直接确定中标人，招标人也可根据评标委员会推荐的中标候选人确定中标人，一般而言，应选择排名第一的候选人为中标人，若排名第一的中标候选人因自身原因放弃中标或因不可抗力不能履行合同或未按招标文件的要求提交履约保证金(或履约保函)而不能与招标人签订合同的，招标人可以确定排名第二的中标候选人为中标人。

2. 招标人发出中标通知书

中标人确定后，招标人应当向中标人发出中标通知书，同时将中标结果通知其他未中标的投标人，中标通知书其实相当于招标人对中标的投标人所作的承诺，对招标人和中标人具有法律效力，中标后招标人改变中标结果的，或者中标人放弃中标项目，应当依法承担法律责任。

3. 招标人提交招投标情况书面报告

招标人确定中标人后15日内，应向有关行政监管部门提交招标投标情况的书面报告。

建设主管部门自收到招标人提交的招标投标情况的书面报告之日起5日内未通知招标人在招标投标活动中有违法行为的，招标人方可向中标人发出中标通知书。

4. 订立合同

招标人和中标人应当在中标通知书发出后的30日内，按照招标文件和中标人的投标文件订立书面合同，招标人和中标人不得再行订立背离合同实质性内容的其他协议。这项规定是要用法定的形式肯定招标的成果，或者说招标人、投标人双方都必须尊重竞争的结果，不得任意改变。

5. 中标人提交履约保证金

招标文件要求中标人提交履约保证金的，中标人应当提交，这是采用法律形式促使中标人履行合同义务的一项特定的经济措施，也是保护招标人利益的一种保证措施。

6. 中标人完成合同约定的义务

中标人应当按照合同约定履行义务，完成中标项目，中标人不得向他人转让中标项目，也不得将中标项目肢解后分别向他人转让，中标人按照合同约定或者经招标人同意，可以将中标项目的部分非主体、非关键性工作分包给他人完成，但不得再次分包，分包项目由中标人向招标人负责，接受分包的人承担连带责任。这项规定表明，分包是允许的，但是有严格的条件和明确的责任，有分包行为的应当注意这些规定。

三、建设工程开标、评标与定标附表

1. 签到及投标文件送达时间登记表

签到及投标文件送达时间登记表见表5-1。

表5-1 签到及投标文件送达时间登记表

开标地址：×××　　　　开标时间：××年××月××日××时

投标人	投标文件送达时间	投标人法定代表人或授权委托代理人签字	联系电话	备　注

2. 开标记录表

开标记录表见表5-2。

表5-2 开标记录表

开标地址：×××　　　　开标时间：××年××月××日××时

序号	投标人	密封情况	投标保证金	投标报价	质量目标	工期	备注	签　名
1								
2								
3								
…								

招标人代表：×××　　　　招标代理机构代表：×××

记录人：×××　　　　监标人：×××

3. 初步评审记录表

初步评审记录表见表 5-3。

表 5-3　初步评审记录表

工程名称：×××

序号	评 审 因 素	投标人名称及评审意见								
1	投标书证明文件									
2	投标函签字盖章									
3	投标文件完整性									
4	密封格式									
5	投标保证金									
6	投标文件装订编码签字									
	是否通过评审									

评标委员会全体成员签名：×××

日期：××年××月××日

4. 百分制综合评分表

百分制综合评分表见表 5-4。

表 5-4　百分制综合评分表

招标编号：×××　　　　工程名称：×××

序号		评 标 内 容	投标单位名称及得分		
商务部分 50 分	1	投标报价 50 分(基础 30 分)，以下百分之几即表示为几个百分点 本次评标的有效标范围为最低报价不得低于工程成本，评标采用公开修正标底的做法，即有效标投标报价的算术平均值为 A 值，$A=(A_1+A_2+\cdots+A_n)/n$，n 为有效个数，A_n 为某有效标的投标报价，A 值为评标标底。本次评标计分，保留两位小数计算，第三位小数四舍五入			
	2	凡投标报价实质上响应招标文件要求的投标文件，为有效标，得基础分 30 分			
	3	投标报价与评标标底相比，每下浮一个百分点加 2 分，下浮至十个百分点加 20 分，最多加 20 分；投标报价与评标标底相比每上浮一个百分点减 2 分，上浮至十个百分点减 20 分，最多减 20 分			
企业信誉及业绩 20 分	1	质量承诺达到招标文件等级加 2 分			
	2	本工程投标建造师近两年内被评为省级优秀建造师加 1 分，被评为国家级优秀建造师加 2 分			
	3	企业资质：特级资质加 4 分，一级资质加 3 分，二级资质加 2 分，三级资质加 1 分			

续表

序号		评 标 内 容	投标单位名称及得分		
企业信誉及业绩20分	4	投标建造师前两年施工本专业类似工程(已竣工,以施工合同为准)加1分			
	5	企业通过ISO9001:2000质量管理体系系列认证的加2分			
	6	企业通过GB/T28001—2001职业健康安全管理体系认证的加2分			
	7	企业通过ISO14001:2004环境管理体系系列认证的加2分			
	8	投标企业前两年获得省级“重合同、守信誉”加1分,获得国家级“重合同、守信誉”加2分			
	9	投标企业前两年获得省级“安全文明工地”加1分			
	10	投标企业前两年工程质量获省级奖加1分,获国家级奖加2分			
		注:以上证明材料(资质证书、营业执照、安全生产许可证、建造师证、荣誉证书等)应当真实、有效,以原件为准。遇有弄虚作假者,未携带原件者,投标建造师未到会场的,取消其投标资格。证书每一种均按获得的最高荣誉证书记分,记分时不重复、不累计			
技术部分30分	1	各分部工程主要施工方案: 各专家评委根据各投标单位的施工方案打分(分值为1分至6分任意打取)			
	2	工程材料进场计划: 能满足施工要求并且本企业有生产加工能力的得3分;有常年合作单位(以合同为准)的得2分;采用其他方式满足生产的得1分			
	3	施工平面布置: 施工现场平面布置图,包括临时设施、现场交通、现场作业区、施工设备机具、安全通道、消防设施及通道的布置,成品、半成品、原材料的堆放等。布置合理的得3分;较合理的得1分			
	4	施工进度安排: 投标单位应提供初步的施工进度表且响应招标文件的有关违约责任,说明按投标工期进行施工的各个关键日期。初步施工进度表可采用横道图(或关键线路网络图表示)。施工进度计划与招标工期一致的得1分;提前3天得2分;提前5天得3分			

续表

序号		评 标 内 容	投标单位名称及得分		
技术部分 30分	5	项目管理机构及劳动力组织： 项目管理机构至少应包括建造师、施工员、材料员、造价员、质检员、安全员、财务人员；劳动力计划应分工种、级别、人数按工程施工阶段配备劳动力（以证书原件为准，否则不得分）。配备合理得3分；较合理得2分；基本满足得1分			
	6	质量、工期保证措施体系： 质量、工期保证措施应包括各分部、分项的措施。健全得3分；比较健全得2分；基本健全得1分			
	7	安全生产施工措施： 安全措施合理。应有临街商户及行人安全出行措施、有临时用电防护措施等。措施合理得3分；较好得2分；基本满足得1分			
	8	文明施工措施： 文明施工措施合理，封闭围挡，防尘、防噪声、保证现场环境整洁。措施合理得3分；较好得2分；基本满足得1分			
	9	冬雨季施工措施： 措施合理得3分；较合理得2分；基本满足得1分			
合计得分					

评委(签字)：××× ××年××月××日

5. 评分结果汇总表

评分结果汇总表见表5-5。

表5-5 评标结果汇总表

工程名称：×××

序号	投标人名称	初步评审		详细评审	备 注
		合格	不合格	排序（综合得分由高至低排序）	
1					
2					
…					
最终推荐的中标候选人及排序		第一名：			
		第二名：			
		第三名：			

评标委员会全体成员签名：××× 日期：××年××月××日

第四节　建设工程施工招标评标案例

某省一企业的综合办公楼工程进行公开招投标。根据该省关于施工招标评标细则，业主要求投标单位将技术标和商务标分别装订报送，并且采用综合评估法评审。经招标领导小组研究确定的评标规定如下。

通过符合性审查和响应性检验，即初步评审投标书，按投标报价、主要材料用量、施工能力、施工方案、企业业绩和信誉等以定量方式综合评定。初步评审的分值设置为总分 100 分，其中：投标报价 70 分；施工能力 5 分；施工方案 15 分；企业信誉和业绩 10 分。

1. 投标报价（70 分）

投标报价在复合标底价－6%～＋4%（含－6%、＋4%）范围内可参加评标，超出此范围者不得参加评标。复合标底价是指开标前由评标委员会负责人当众临时抽签决定的组合值。其设置范围是标底与投标人有效报价算术平均值的比值，分别为：0.2∶0.8、0.3∶0.7、0.4∶0.6、0.5∶0.5、0.6∶0.4、0.7∶0.3。

评标指标价是复合标底价在开标前由评标委员会负责人以当众随机抽取的方式确定浮动点后重新计算的指标价，其浮动点分别为 1%、0.5%、0、－0.5%、－1%、－1.5%、－2%。评标指标价的计算公式如下：

评标指标价＝复合标底价/（1＋浮动点绝对值）

投标报价等于评标指标价时得满分。投标报价与评标指标价相比，每向上或向下浮动 0.5%扣 1 分（高于 0.5%按 1%计，低于 0.5%，按 0.5%计）。

2. 施工能力（5 分）

（1）满足工程施工的基本条件者得 2 分（按工程规模在招标文件中提出要求）。

（2）项目主要管理人员及工程技术人员的配备数量和资历 3 分。其中：项目配备的项目经理资格高于工程要求者得 1 分；项目主要技术负责人具有中级以上技术职称者得 1 分；项目部配备了持证上岗的施工员、质量员、安全员、预算员、机械员者共得 1 分，其中每一员持证得 0.2 分，不满足则该项不得分。

3. 施工方案（15 分）

（1）施工方案的可行性 2 分。主要施工方案科学、合理，能够指导施工，有满足需要的施工程序及施工大纲者得满分。

（2）工程质量保证体系和所采取的技术措施 3 分。投标人质量管理体系健全，自检体系完善，投标书符合招标文件及国家、行业、地方强制性标准规范的要求，并有完善、可行的工程质量保证体系和防止质量通病的措施及满足工程要求的质量检测设备者得满分。

（3）施工进度计划及保证措施 3 分。施工进度安排科学、合理，所报工期符合招标文件的要求，施工分段与所要求的关键日期或进度安排标志一致，有可行的进度安排横道图、网络图，有保证工程进度的具体可行措施者得满分。

（4）施工平面图 0.5 分。有布置合理的施工平面图者得满分。

（5）劳动力计划安排 1 分。有合理的劳动力组织计划安排和用工平衡表，各工种人员的搭配合理者得满分。

（6）机具计划 1 分。有满足施工要求的主要施工机具计划，并注明到场施工机具的产地、规格、完好率及目前所在地处于什么状态，何时能到场，满足要求者得满分。

(7) 资金需用计划及主要材料、构配件计划 0.5 分。施工中所需资金计划及分批、分期所用的主要材料、构配件的计划符合进度安排者得满分。

(8) 在本工程中拟采用国家、省建设行政主管部门推广的新工艺、新技术、新材料能保证工程质量或节约投资，并有对比方案者得 0.5 分。

(9) 在本工程上有可行的合理化建议，并能节约投资，有对比计算数额者得 0.5 分。

(10) 文明施工现场措施 1 分。对生活区、生产区的环境有保护与改善措施者得满分。

(11) 施工安全措施 1 分。有保证施工安全的技术措施及保证体系并已取得安全认证者得满分。

(12) 投标人已经取得 ISO9000 质量体系认证者得 1 分。

4. 企业业绩和信誉(10 分)

(1) 投标的项目经理近五年承担过与招标工程同类工程者得 0.75 分。投标人近五年施工过与招标工程同类工程者得 0.25 分。

(2) 投标的项目经理近三年每获得过一项国家鲁班奖工程者得 1.5 分；投标人近三年每获得过一项国家鲁班奖工程者得 1 分。投标的项目经理近两年每获得过一项省飞天奖工程者得 1 分；投标人近两年每获得过一项飞天奖工程者得 0.75 分。投标的项目经理上年度以来每获得过一项地(州、市)级建设行政主管部门颁发或受地(州、市)级建设行政主管部门委托的行业协会颁发的在当地设置的相当于优质工程奖项者得 0.5 分；投标人上年度以来每获得过一项上述奖项者得 0.25 分。本项满分 8 分，记满为止。

项目经理所创鲁班奖、飞天奖、其他质量证书的认证以交易中心备案记录为依据。同一工程按最高奖记分，不得重复计算。

(3)投标人上年度以来在省建设行政主管部门组织或受省建设行政主管部门委托的行业协会组织的质量管理、安全管理、文明施工、建筑市场执法检查中受表彰的，每项(次)加 0.2分；受到地(州、市)级建设行政主管部门或受地(州、市)级建设行政主管部门委托的行业级的上述表彰的，每项(次)加 0.1 分。受建设行政主管部门委托的由行业协会组织评选的“三优一文明”获奖者(只记投标人)记分同上。上述各项(次)得分按最高级别计算，同项目不得重复计算。上述表彰获奖者为投标人下属二级单位(分公司、项目部、某工地等，只有该二级单位是投标的具体实施人时方可记分，投标人内部不得通用)时，记分按上述标准减半计算。本项满分 1 分，记满为止。

本次招标活动共七家施工企业投标，项目开标后，他们的报价、工期、质量分别如表 5-6 所示。标底为 3600 万元。

表 5-6　投标单位的报价、工期、质量表

投标单位	A	B	C	D	E	F	G
报价/万元	3500	3620	3740	3800	3550	3650	3680
工期/天	300	300	300	300	300	300	300
质量	合格	合格	合格	合格	合格	合格	合格

评标过程如下。

① 现场通过随机方式抽取计算符合标底价的权重值为 0.4∶0.6，复合标底价及投标报价的有效范围计算如下。

复合标底价如下：

3600×0.4+(3500+3620+3740+3800+3550+3650+3680)/7×0.6=3629(万元)

投标报价的有效范围如下：

上限：3629×(1−6%)=3411(万元)

下限：3629×(1+4%)=3774(万元)

即投标报价的有效范围 3411 万～3774 万元。

七家投标单位中，D 单位报价超出有效范围，退出评标，其余单位报价均符合要求。

② 现场通过随机方式抽取评标指标价的浮动点为−0.5%，计算评标指标价。

3629/(1+0.5%)=3611(万元)

③ 计算各投标单位报价得分值。

A 单位：浮动点=−3.07%，扣 7 分，得 63 分。

同理计算，B、C、E、F、G 单位报价得分分别为 69 分、63 分、65 分、68 分、67 分，见表 5-7。

表 5-7 各投标单位报价得分

投标单位	A	B	C	D	E	F	G
得分	63	69	63	—	65	68	67

④ 施工能力得分。评标委员会通过核对各投标施工单位的投标文件以及职称证、资格证的原始证明文件，分别给出各单位的施工能力得分。表 5-8 所示为各位专家对 A 单位的施工能力的评分，表 5-9 为各单位的施工能力得分汇总表。

表 5-8 A 投标单位施工能力得分表

评委	1	2	3	4	5	6	7
得分	5	5	5	5	5	5	5
备注	项目经理为一级资质，技术负责人职称为工程师，施工员、质量员、安全员、预算员、机械员证书齐全，满足工程施工的基本条件						

表 5-9 各投标单位施工能力汇总表

投标单位	A	B	C	D	E	F	G
得分	5	5	4	—	5	5	5

⑤ 施工方案评分。评标委员会的各位专家给每个投标单位的施工方案打分，最后去掉一个最高分和一个最低分后，计算算数平均分得出各投标单位的施工方案最后得分，见表 5-10及表 5-11。

表 5-10 A 投标单位施工方案得分表

评委	1	2	3	4	5	6	7
得分	12.5	13.0	11.5	12.0	12.5	13.5	12.0
平均得分	12.4						
备注	在 2005 年取得 ISO9000 质量体系认证						

表 5-11　各投标单位施工方案汇总表

投标单位	A	B	C	D	E	F	G
得分	12.4	11.8	12.0	—	12.6	12.8	11.2

⑥ 企业业绩和信誉得分。通过查看各获奖证书的原件，评标委员会按照评标规则得出各投标单位的企业业绩和信誉得分，见表 5-12。

表 5-12　各投标单位业绩和信誉汇总表

投标单位	A	B	C	D	E	F	G
得分	3.2	2.8	2.5	—	2.5	3.5	3.0

各投标单位综合得分如下：

A：63＋5＋12.4＋3.2＝83.6

B：69＋5＋11.8＋2.8＝88.6

C：63＋4＋12.0＋2.5＝81.5

E：65＋5＋12.6＋2.5＝85.1

F：68＋5＋12.8＋3.5＝89.3

G：67＋5＋11.2＋3.0＝86.2

各投标单位综合得分从高到低顺序依次是 F、B、G、E、A、C。因此，中标候选人依次是 F、B、G。

【能力训练】

1. 开标时间的确定有何要求？
2. 建设工程开标应按什么程序进行？
3. 评标过程应遵循什么样的原则？
4. 评标委员会人员的组成有何要求？
5. 评标委员会如何对投标文件进行评定？
6. 评标常用是具体方法有哪几种？
7. 定标的原则有哪些？

第六章　政府采购项目招标

【知识目标】

1. 掌握政府采购招投标活动的基本概念。
2. 掌握政府采购招标的方式。
3. 掌握政府采购招标文件的组成。
4. 熟悉政府采购项目公开招标程序。
5. 熟悉政府采购项目招标文件编制。
6. 了解政府采购活动的一般规定。
7. 了解政府采购活动的开标、评标、定标及后续。

【技能目标】

1. 沟通、团队协作的能力。
2. 管理政府采购招投标过程的能力。
3. 编制简单的政府采购招标文件的能力。
4. 政府财政招投标中投诉处理的能力。

【引导案例】

某学院要扩建一批实验室，其中需要购买一批教学仪器，估算价格在80万元左右，由于时间紧迫，需要马上投入使用，学院采购负责人提出由于该采购金额在80万元，小于《中华人民共和国招标投标法》中关于必须招标项目的规模标准中的重要设备、材料等货物的采购单项合同估算价，且项目总投资不足3000万，无须进行项目招标。这位负责人的方法可行吗？省略该项目招标是否能节省时间？

第一节　政府采购招标概述

一、政府采购招投标活动的基本概念

1. 政府采购

政府采购是指各级国家机关、事业单位和团体组织，使用财政性资金采购依法制定的集中采购目录以内的或者采购限额标准以上的货物、工程和服务的行为。

2. 采购

采购是指以合同方式有偿取得货物、工程和服务的行为，包括购买、租赁、委托、雇用等。

3. 货物

货物是指各种形态和种类的物品，包括原材料、燃料、设备、产品等。

4. 工程

工程是指建设工程，包括建筑物和构筑物的新建、改建、扩建、装修、拆除、修缮等。

5. 服务

服务是指除货物和工程以外的其他政府采购对象。

6. 政府采购当事人

政府采购当事人是指在政府采购活动中享有权利和承担义务的各类主体,包括采购人、供应商和采购代理机构等。

7. 采购人

采购人是指依法进行政府采购的国家机关、事业单位、团体组织。

8. 集中采购机构

集中采购机构为采购代理机构。

(1) 设区的市、自治州以上人民政府根据本级政府采购项目组织集中采购的需要设立集中采购机构。

(2) 集中采购机构是非营利事业法人,根据采购人的委托办理采购事宜。

9. 供应商

供应商是指向采购人提供货物、工程或者服务的法人、其他组织或者自然人。

10. 政府采购程序

负有编制部门预算职责的部门在编制下一财政年度部门预算时,应当将该财政年度政府采购的项目及资金预算列出,报本级财政部门汇总。部门预算的审批,按预算管理权限和程序进行。

11. 采购文件

采购文件包括采购活动记录、采购预算、招标文件、投标文件、评标标准、评估报告、定标文件、合同文本、验收证明、质疑答复、投诉处理决定及其他有关文件、资料。

12. 采购活动记录

采购活动记录至少应当包括下列内容:

(1) 采购项目类别、名称;

(2) 采购项目预算、资金构成和合同价格;

(3) 采购方式,采用公开招标以外的采购方式的,应当载明原因;

(4) 邀请和选择供应商的条件及原因;

(5) 评标标准及确定中标人的原因;

(6) 废标的原因;

(7) 采用招标以外采购方式的相应记载。

13. 政府采购合同

政府采购合同适用合同法。

(1) 采购人和供应商之间的权利和义务,应当按照平等、自愿的原则以合同方式约定。

(2) 政府采购合同应当采用书面形式。

14. 质疑与投诉

供应商对政府采购活动事项有疑问的,可以向采购人提出询问,采购人应当及时作出答复,但答复的内容不得涉及商业秘密。供应商认为采购文件、采购过程和中标、成交结果使自己的权益受到损害的,可以在知道或者应知其权益受到损害之日起七个工作日内,以书面形式向采购人提出质疑。

二、政府采购活动的一般规定

(1) 政府采购应当遵循公开透明原则、公平竞争原则、公正原则和诚实信用原则。

(2) 政府采购工程进行招标投标的，适用《中华人民共和国招标投标法》。

(3) 任何单位和个人不得采用任何方式，阻挠和限制供应商进入本地区和本行业的政府采购市场。

(4) 政府采购应当严格按照批准的预算执行。

(5) 政府采购实行集中采购和分散采购相结合。集中采购的范围由省级以上人民政府公布的集中采购目录确定。

① 属于中央预算的政府采购项目，其集中采购目录由国务院确定并公布；属于地方预算的政府采购项目，其集中采购目录由省、自治区、直辖市人民政府或者其授权的机构确定并公布。

② 纳入集中采购目录的政府采购项目，应当实行集中采购。

(6) 政府采购限额标准，属于中央预算的政府采购项目，由国务院确定并公布；属于地方预算的政府采购项目，由省、自治区、直辖市人民政府或者其授权的机构确定并公布。

(7) 政府采购应当有助于实现国家的经济和社会发展政策目标，包括保护环境，扶持不发达地区和少数民族地区，促进中小企业发展等。

(8) 政府采购应当采购本国货物、工程和服务。但有下列情形之一的除外：

①需要采购的货物、工程或者服务在中国境内无法获取或者无法以合理的商业条件获取的；②为在中国境外使用而进行采购的；③其他法律、行政法规另有规定的。

(9) 政府采购的信息应当在政府采购监督管理部门指定的媒体上及时向社会公开发布，但涉及商业秘密的除外。

(10) 在政府采购活动中，采购人员及相关人员与供应商有利害关系的，必须回避。供应商认为采购人员及相关人员与其他供应商有利害关系的，可以申请其回避。

(11) 各级人民政府财政部门是负责政府采购监督管理的部门，依法履行对政府采购活动的监督管理职责。各级人民政府其他有关部门依法履行与政府采购活动有关的监督管理职责。

第二节 政府采购招标方式

政府采购分为招标采购方式及非招标采购方式。其中，招标采购方式分为公开招标和邀请招标，非招标采购方式分为竞争性谈判、单一来源采购、询价。除前述方式以外的其他方式属于竞争性磋商。其中，公开招标应作为政府采购的主要采购方式。

有下列情形之一的，经批准可以进行邀请招标：

① 采购技术复杂或有特殊要求，只有少量几家潜在投标人可供选择的；

② 涉及国家安全、国家秘密或者抢险救灾，适宜招标但不适宜公开招标的；

③ 拟公开招标的费用与项目的价值相比不值得的；

④ 法律、行政法规规定不宜公开招标的。

国家重点建设项目的政府采购采用邀请招标方式的，应当经国务院发展改革部门批准；地方重点建设项目政府采购采用邀请招标方式的，应当经省、自治区、直辖市人民政府批准。

采购人采用非招标方式采购货物、工程、服务的，适用于竞争性谈判、单一来源采购或询价采购方式。

(1) 竞争性谈判是指谈判小组与符合资格条件的供应商就采购货物、工程和服务事宜就行谈判，供应商按照谈判文件的要求提交响应文件和最后报价，采购人从谈判小组提出的成交候选人中确定成交供应商的采购方式。

(2) 单一来源采购是采购人从某以特定供应商处采购货物、工程和服务的采购方式。

(3) 询价是询价小组向符合资格条件的供应商发出采购货物询价通知书，要求供应商一次报出不得更改的价格，采购人从询价小组提出的成交候选人中确定成交供应商的采购方式。

采购人采购以下货物、工程和服务之一的，可以采用竞争性谈判、单一来源采购方式采购；采购货物的，还可以采用询价采购方式：

① 依法制定的集中采购目录以内，且未达到公开招标数额标准的货物、服务；

② 依法制定的集中采购目录以外，采购限额标准以上，且未达到公开数额标准的货物、服务；

③ 达到公开招标数额标准，经批准采用非公开招标方式的货物、服务；

④ 按照招投标法及其实施条例必须进行招标的工程建设项目以外的政府采购工程。

达到公开招标数额标准的货物、服务采购项目，拟采用非招标采购方式的，采购人应当在采购活动开始前，报经主管预算单位同意后，向设区的市、自治州以上人民政府财政部门申请批准。

(4) 竞争性磋商是指采购人通过组建竞争性磋商小组，与符合条件的供应商就采购货物、工程和服务事宜就行磋商，供应商按照磋商文件的要求提交响应文件和报价，采购人从磋商小组评审后提出的候选供应商名单中确定成交供应商的采购方式。符合下列情形的项目，可以采用竞争性磋商方式开展采购：

① 政府采购服务的项目；

② 技术复杂或者性质特殊，不能确定详细规格或者具体要求的项目；

③ 因艺术品采购、专利、专有技术或服务的时间、数量事先不能确定等原因不能事先计算出价格总额的项目；

④ 市场竞争不充分的科研项目，以及需要扶持的科技成果转化项目；

⑤ 除《中华人民共和国招标投标法》《中华人民共和国招标投标法实施条例》规定必须进行招标的其他工程建设项目。

第三节　政府采购项目招标程序

政府采购的方式有多种，每种方式的操作程序既有相同之处，又有不同之处，现以《中华人民共和国政府采购法》中明确注明的五种招标方式为例来详细叙述各种方式的操作程序。

一、政府采购公开招标程序

1. 接受委托

(1) 根据《中华人民共和国政府采购法》《政府采购货物和服务招标投标管理法》等法律法规及政府公布的年度政府集中采购目录和公开招标的限额标准等有关规定，经采购人委托，采购中心确定公开招标的项目编号和项目制标负责人。

(2) 与采购人协商后签订年度委托协议，特殊情况亦可单独签订。委托代理协议应明确采购项目、采购数量、采购金额、采购时限、采购方式和协议履约地等内容。

2. 审定采购人提供的资料

(1) 采购人对采购价格、规格及技术要求等相关事项进行市场调查或论证后，填写采购项目供应商资质要求及设备技术参数需求表，向采购中心提供详细、准确、完整、可行的采购需求书、采购计划批复等相关资料。采购需求书须包括投标人资格条件、商务条款、技术要求和采购预算等。

(2) 提供的采购需求书内容应符合政府采购政策、国家行业法规与技术规范、国家安全标准和强制性标准，不得规定以下内容：

① 以不合理的注册资本金、销售业绩以及资格条件(含特别授权条款)等条款对潜在供应商实行歧视或差别待遇；

② 设定限制、排斥潜在供应商的商务、技术条款；

③ 以某一品牌特有的技术指标作为技术要求；

④ 其他有违公平竞争的条款。

(3) 收到采购人提供的采购资料后3个工作日内，采购中心项目制标负责人应及时对采购单位提供的资料(货物清单，详细技术参数及性能要求、供应商资格条件、付款方式、项目实施要求、售后服务要求等)进行审核，发现明显错误或带有明显排斥、倾向性条款等违法违规内容的，与采购人磋商并依法予以纠正后，由采购人确认(经办人签字并加盖单位公章)。若采购人不予纠正的，须及时向同级财政部门报告。

3. 发布采购预备招标公告

(1) 下列条件之一的采购项目，除法律法规要求保密外，采购中心在编制招标文件期间，可以发布预备招标公告，就采购标准是否含有倾向性、歧视性征集潜在供应商意见。

① 对可能存有影响公平竞争的内容和不合理条款。

② 国家或省、市重点建设项目。

③ 政府采购金额较大的项目。

④ 政府采购监督管理部门认为应当进行预备招标公告的其他采购项目。

(2) 不具备上述条件的采购项目，采购中心可根据需要自行确定是否进行预备招标公告。

(3) 采购中心在×××政府采购网上发布预告。预备招标公告的内容应当包括：采购中心名称，项目名称、项目背景及概况，对投标人的资格要求，技术和商务要求，相关联系人及联系方式。

(4) 在预告期间，采购中心对潜在供应商提出的公正、合理的意见应予采纳。

4. 编制招标文件

(1) 采购中心根据采购人提供的采购需求书依法编制招标文件。采购中心在收到符合要求的采购需求书之日起5个工作日内，将其编制的招标文件提交采购人确认。

属于国家重点项目或者采购金额较大的项目，其招标文件的编制、提交确认时间可以再延长10个工作日。

(2) 招标文件主要内容应当包括：投标邀请函、采购项目内容、投标人须知、合同书范本、投标文件格式共五部分。

(3) 招标文件及政府采购合同应当列示节能环保、自主创新、扶持中小企业等政府采购公共政策内容。

(4) 招标文件要充分体现公平、公正的原则，不得规定下列内容：

① 以特有企业资质、技术商务条款或专项授权证明作为投标适用条件；

② 指定品牌、参考品牌或供应商；

③ 以单一品牌产品特有的技术指标或专有技术作为重要的技术要求；

④ 不利于公平竞争的区域或者行业限制。

(5) 货物或服务类采购项目，技术指标或供应商的资质应当有三个以上品牌型号或三家符合资质要求的投标人完全响应。同一品牌同一型号的产品可有多家投标人参与竞争，但只作为一个投标人计算。

(6) 下列条件之一的采购项目在编制招标文件过程中，应当进行招标文件论证：

① 招标信息预告期间，潜在供应商对采购标准有质疑的；

② 国家或省、市重点建设项目；

③ 独立单个采购项目预算金额较大的；

④ 政府采购监督管理部门认为应当进行招标文件论证的其他采购项目。

a. 招标文件论证小组由采购人代表和专家组成，成员人数为 3 人或 3 人以上单数，专家人数不得少于论证小组成员总数的 2/3。

b. 论证小组主要对招标文件中投标人资质条件、商务条款、技术指标、评审标准及办法、合同范本等进行论证，并出具书面论证意见，确保达到充分有效的公平竞争。

c. 项目论证会信息及项目基本内容应当在政府采购网上公告，以广泛征集潜在投标人提出的意见和建议。

(7) 采购中心招标文件编制完成后提交采购人审核，采购人在收到招标文件之日起 3 个工作日内提出审核、确认意见。

5. 发布招标公告

(1) 招标文件经确认后，采购中心在××省政府采购网上发布公告，公告期为 5 个工作日。预定开标、评审的时间和场地一旦确定后，不得擅自更改，因故确需变更或取消的，须提前向市公共资源交易中心备案，并与市公共资源交易中心商定下次开标、评审的时间、场地。供应商可以自行下载公示文件的具体内容。

(2) 自招标文件开始发出之日起至投标人提交投标文件截止之日止，公示和公告期不得少于 20 天。

(3) 招标文件公开发售时间不得少于 5 个工作日，其售价按有关规定执行。

6. 招标答疑及澄清修改

(1) 招标采购单位对招标文件需进行澄清或修改的，应在规定投标截止时间 15 天前，在政府采购网上发布采购公告。澄清修改的内容为招标文件的组成部分。

澄清或修改时间距投标截止时间不足 15 天的，采购中心在征得已获取招标文件的供应商同意并书面确认后，可不改变投标截止时间。

(2) 投标人要求对招标文件进行澄清的，应在投标截止之日前 15 天按照招标文件中规定的联系方式，以书面形式通知采购中心。

(3) 在投标截止时间前，采购中心可以视采购具体情况，延长投标截止时间和开标时间，并在招标文件要求提交投标文件的截止时间 3 天前，在××政府采购网上发布变更公告。

7. 组建评审专家小组

(1) 采购中心应依法组建评审专家小组。

(2) 评审专家小组由采购人代表和项目相关领域的专家组成,成员为5人或5以上单数,其中专家人数不得少于成员总数的2/3。

(3) 评审专家小组原则上在开标前1个工作日内组建,其中专家成员由采购人从同级财政部门建立的政府采购专家库中随机抽取确定。评审专家小组名单在中标结果确定前应当保密。

(4) 涉及评审专家的产生和管理等事项,均由同级财政部门负责,包括对特殊采购项目直接确定专家成员的审批等事宜。

(5) 采购人代表由采购人书面指派1人担任,采购人的监察代表或相关部门代表随同列席。采购人代表不得担任评审专家小组组长。

8. 接受投标

(1) 供应商按照招标文件要求,编制投标文件,在招标文件规定的时间、地点将投标文件密封送达,并交纳投标保证金。

(2) 供应商经登记备案并递交投标文件后即成为该招标项目的有效投标人,可行使投标人的法定权利,并履行投标人应尽的责任义务。

(3) 采购中心应在招标文件规定的投标地点和截止时间前,接受投标人递交密封完好的投标文件。在招标文件规定的投标截止时间之后递交的文件,一律不予接受。

二、政府采购邀请招标程序

1. 接受委托

(1) 根据《中华人民共和国政府采购法》《政府采购货物和服务招标投标管理法》等法律法规及政府公布的年度政府集中采购目录和邀请招标的限额标准等有关规定,经采购人委托,采购中心确定邀请招标的项目编号和项目制标负责人。

(2) 与采购人协商后签订年度委托代理协议,特殊情况亦可单独签订。委托代理协议应明确采购项目、采购数量、采购金额、采购时限、采购方式和协议履约地等内容。

2. 审定采购人提供的资料

(1) 采购人对采购价格、规格及技术要求等相关事项进行市场调查或论证后,填写采购项目供应商资质要求及设备技术参数需求表,向采购中心提供详细、准确、完整、可行的采购需求书、采购计划批复等相关资料。采购需求书须包括:投标人资格条件、商务条款、技术要求和采购预算等。

(2) 提供的采购需求书内容应符合政府采购政策、国家行业法规与技术规范、国家安全标准和强制性标准,不得规定以下内容:

① 以不合理的注册资本金、销售业绩以及资格条件(含特别授权条款)等条款对潜在供应商实行歧视或差别待遇;

② 设定限制、排斥潜在供应商的商务、技术条款;

③ 以某一品牌特有的技术指标作为技术要求;

④ 其他有违公平竞争的条款。

(3) 收到采购人提供的采购资料后3个工作日内,采购中心项目制标负责人应及时对采购单位提供的资料(货物清单,详细技术参数及性能要求、供应商资格条件、付款方式、项目实施要求、售后服务要求等)进行审核,发现明显错误或带有明显排斥、倾向性条款等违法违规内容的,与采购人磋商并依法予以纠正后,由采购人确认(经办人签字并加盖单位公章)。若采购人不予纠正的,须及时向同级财政部门报告。

3. 发布采购预备招标公告

(1) 下列条件之一的采购项目,除法律法规要求保密外,采购中心在编制招标文件期间,可以发布预备招标公告,就采购标准是否含有倾向性、歧视性征集潜在供应商意见。

① 对可能存有影响公平竞争的内容和不合理条款;

② 国家或省、市重点建设项目;

③ 政府采购金额较大的项目;

④ 政府采购监督管理部门认为应当进行预备招标公告的其他采购项目。

(2) 不具备上述条件的采购项目,采购中心可根据需要自行确定是否进行预备招标公告。

(3) 采购中心在政府采购网上发布预告。预备招标公告的内容应当包括:采购中心名称,项目名称、项目背景及概况,对投标人的资格要求,技术和商务要求,相关联系人及联系方式。

(4) 在预告期间,采购中心对潜在供应商提出的公正、合理的意见应予采纳。

4. 编制邀请招标文件

(1) 采购中心根据采购人提供的采购需求书依法编制招标文件。采购中心在收到符合要求的采购需求书之日起 5 个工作日内,将其编制的招标文件提交采购人确认。

属于国家重点项目或者采购金额较大的项目,其招标文件的编制、提交确认时间可以再延长 10 个工作日。

(2) 招标文件主要内容应当包括:投标邀请函、采购项目内容、投标人须知、合同书范本、投标文件格式共五部分。

(3) 招标文件及政府采购合同应当列示节能环保、自主创新、扶持中小企业等政府采购公共政策内容。

(4) 招标文件要充分体现公平、公正的原则,不得规定下列内容:

① 以特有企业资质、技术商务条款或专项授权证明作为投标适用条件;

② 指定品牌、参考品牌或供应商;

③ 以单一品牌产品特有的技术指标或专有技术作为重要的技术要求;

④ 不利于公平竞争的区域或者行业限制。

(5) 货物或服务类采购项目,技术指标或供应商的资质应当有三个以上品牌型号或三家符合资质要求的投标人完全响应。同一品牌同一型号的产品可有多家投标人参与竞争,但只作为一个投标人计算。

(6) 下列条件之一的采购项目在编制招标文件过程中,应当进行招标文件论证:

① 招标信息预告期间,潜在供应商对采购标准有质疑的;

② 国家或省、市重点建设项目;

③ 独立单个采购项目预算金额较大的;

④ 政府采购监督管理部门认为应当进行招标文件论证的其他采购项目。

a. 招标文件论证小组由采购人代表和专家组成,成员人数为 3 人或 3 人以上单数,专家人数不得少于论证小组成员总数的2/3。

b. 论证小组主要对招标文件中投标人资质条件、商务条款、技术指标、评审标准及办法、合同范本等进行论证,并出具书面论证意见,确保达到充分有效的公平竞争。

c. 项目论证会信息及项目基本内容应当在政府采购网上公告,以广泛征集潜在投标人提出的意见和建议。

(7) 采购中心招标文件编制完成后提交采购人审核,采购人在收到招标文件之日起3个工作日内提出审核、确认意见。

5. 发布邀请招标公告

(1) 邀请招标文件经确认后,采购中心在政府采购网上发布公告,公告期为5个工作日。预定开标、评审的时间和场地一旦确定后,不得擅自更改,因故确需变更或取消的,须提前向市公共资源交易中心备案,并与市公共资源交易中心商定下次开标、评审的时间、场地。

供应商可以自行下载公示文件的具体内容。

(2) 自招标文件开始发出之日起至投标人提交投标文件截止之日止,公示和公告期不得少于20天。

(3) 招标文件公开发售时间不得少于5个工作日,其售价按有关规定执行。

6. 确定被邀请投标的供应商

采购中心应当按以下方式确定邀请参与投标的供应商:对邀请供应商进行资格预审,从符合相应资格条件的供应商中随机选择3家以上的供应商。资格预审程序按以下操作执行:

(1) 采购中心按《政府采购信息公告管理办法》的规定,在政府采购网上发布邀请供应商资格预审公告(可与邀请招标公告发布同步进行);

(2) 邀请供应商资格预审公告应当包括:采购人、采购项目名称和内容,资格预审的内容、标准和方法,以及供应商提交资格证明文件的时间和地点;

(3) 供应商资格预审公告的期限不得少于5个工作日;

(4) 受邀供应商应当在资格预审公告期结束之日起3个工作日内,按预审公告要求提交资格证明文件,采购中心应当组织评审专家小组对供应商进行资格预审,从审查合格的供应商中随机选择3家以上的供应商,并向其发出投标邀请书与招标文件。

7. 招标答疑及澄清修改

(1) 招标采购单位对招标文件需进行澄清或修改的,应在规定投标截止时间15天前,在政府采购网上发布采购公告。澄清修改的内容为招标文件的组成部分。

澄清或修改时间距投标截止时间不足15天的,采购中心在征得已获取招标文件的供应商同意并书面确认后,可不改变投标截止时间。

(2) 投标人要求对招标文件进行澄清的,应在投标截止之日前15天按照招标文件中规定的联系方式,以书面形式通知采购中心。

(3) 在投标截止时间前,采购中心可以视采购具体情况,延长投标截止时间和开标时间,并在招标文件要求提交投标文件的截止时间3天前,在政府采购网上发布变更公告。

8. 组建评审专家小组

(1) 采购中心应依法组建评审专家小组。

(2) 评审专家小组由采购人代表和项目相关领域的专家组成,成员为5人或5以上单数,其中专家人数不得少于成员总数的2/3。

（3）评审专家小组原则上在开标前1个工作日内组建，其中专家成员由采购人从同级财政部门建立的政府采购专家库中随机抽取确定。评审专家小组名单在中标结果确定前应当保密。

（4）涉及评审专家的产生和管理等事项，均由同级财政部门负责，包括对特殊采购项目直接确定专家成员的审批等事宜。

（5）采购人代表由采购人书面指派1名人员担任，采购人的监察代表或相关部门代表随同列席。采购人代表不得担任评审专家小组组长。

9. 接受投标

（1）受邀供应商按照招标文件要求，编制投标文件，在招标文件规定的时间、地点将投标文件密封送达，并交纳投标保证金。

（2）供应商经登记备案并递交投标文件后即成为该招标项目的有效投标人，可行使投标人的法定权利，并履行投标人应尽的责任义务。

（3）采购中心应在招标文件规定的投标地点和截止时间前，接受投标人递交密封完好的投标文件。在招标文件规定的投标截止时间之后递交的文件，一律不予接受。

三、政府采购竞争性谈判程序

1. 接受委托

（1）根据《中华人民共和国政府采购法》《政府采购货物和服务招标投标管理法》等法律法规及政府公布的年度政府集中采购目录和限额标准等有关规定，经采购人委托，采购中心确定竞争性谈判的项目编号和项目制标负责人。

（2）与采购人协商后签订年度委托协议，特殊情况亦可单独签订。委托代理协议应明确采购项目、采购数量、采购金额、采购时限、采购方式和协议履约地等内容。

2. 审定采购人提供的资料

（1）采购人对采购价格、规格及技术要求等相关事项进行市场调查或论证后，填写采购项目供应商资质要求及设备技术参数需求表，向采购中心提供详细、准确、完整、可行的采购需求书、采购计划批复等相关资料。采购需求书须包括：投标人资格条件、商务条款、技术要求和采购预算等。

（2）提供的采购需求书内容应符合政府采购政策、国家行业法规与技术规范、国家安全标准和强制性标准，不得规定以下内容：

① 以不合理的注册资本金、销售业绩以及资格条件（含特别授权条款）等条款对潜在供应商实行歧视或差别待遇；

② 设定限制、排斥潜在供应商的商务、技术条款；

③ 以某一品牌特有的技术指标作为技术要求；

④ 其他有违公平竞争的条款。

（3）收到采购人提供的采购资料后3个工作日内，采购中心项目制标负责人应及时对采购人提供的资料（货物清单，详细技术参数及性能要求、供应商资格条件、付款方式、项目实施要求、售后服务要求等）进行审核，发现明显错误或带有明显排斥、倾向性条款等违法违规内容的，与采购人磋商并依法予以纠正后，由采购人确认（经办人签字并加盖单位公章）。若采购人不予纠正的，须及时向同级财政部门报告。

3. 编制招标文件

项目制标负责人应根据采购项目的需求和特点，在认真做好该项目前期准备工作(包括市场调查等)的基础上，按照确定的采购方式制作具体项目谈判招标文件(含谈判公告)初稿。

谈判招标文件内容主要包括以下各项：

(1) 招标公告；

(2) 竞争性谈判须知；

(3) 招标内容及技术要求；

(4) 谈判原则和程序；

(5) 评分标准；

(6) 合同主要条款；

(7) 投标文件格式等。

4. 征求意见

采购文件在公开发布或出售前，原则上应在政府采购网上公开征求潜在供应商意见或咨询专家意见。网上征求意见的，时间一般不少于3个工作日。征集的专家或供应商意见应当与其他采购文件资料一并存档备查。

5. 标书审核、签发、备案

谈判文件(含招标公告)初稿经内部初审，交采购人确认(签字、加盖公章)后，由采购中心统一签发，并同时报同级财政部门备案。

6. 发布招标公告

采购中心在政府采购网上发布竞争性谈判公告，谈判文件公开发售时间一般不得少于5个工作日，采购文件自发布公告之日起至投标截止之日止一般不得少于7个工作日。

7. 答疑、澄清及更正

若在招标公告发布后，招标文件规定的答疑及澄清截止时间内，有供应商对招标项目中涉及的技术指标、参数等存在异议，以书面形式提出的，回复答疑必须采用书面形式，回复时间必须符合有关法律、法规规定。如果所提异议正确合理，经采购人和采购小组确认后，应由项目制标负责人对招标文件进行修改，并在政府采购网上发布更正公告，同时以书面形式通知所有报名供应商。(如因采购人或采购中心原因，对已发布的采购文件的相关参数或事项更正的，发布更正公告操作同上)

8. 组建谈判专家小组

(1) 采购中心应依法组建谈判专家小组。

(2) 谈判专家小组由采购人代表和项目相关领域的专家组成，成员为3人或3人以上单数，其中专家人数不得少于成员总数的2/3。

(3) 谈判专家小组原则上在开标前1个工作日内组建，其中专家成员由采购人从同级财政部门建立的政府采购专家库中随机抽取确定。谈判专家小组名单在中标结果确定前应当保密。

(4) 涉及谈判专家的产生和管理等事项，由同级财政部门负责，包括对特殊采购项目直接确定专家成员的审批等事宜。

(5) 采购人代表由采购人书面指派1人担任，采购人的纪检(监察)代表或相关部门代表随同列席。采购人代表不得担任谈判专家小组组长。

9. 接受投标

（1）供应商按照招标文件要求，编制投标文件，在招标文件规定的时间、地点将投标文件密封送达，并交纳投标保证金。

（2）供应商经登记备案并递交投标文件后即成为该招标项目的有效投标人，可行使投标人的法定权利，并履行投标人应尽的责任义务。

（3）采购中心应在招标文件规定的投标地点和截止时间前，接受投标人递交密封完好的投标文件。在招标文件规定的投标截止时间之后递交的文件，一律不予接受。

四、政府采购询价程序

1. 接受委托

（1）根据《中华人民共和国政府采购法》《政府采购货物和服务招标投标管理法》等法律法规及政府公布的年度政府集中采购目录和公开招标的限额标准等有关规定，经采购人委托，采购中心确定询价采购的项目编号和项目制标负责人。

（2）与采购人协商后签订年度委托协议，特殊情况亦可单独签订。委托代理协议应明确采购项目、采购数量、采购金额、采购时限、采购方式和协议履约地等内容。

2. 审定采购人提供资料

（1）采购人对采购价格、规格及技术要求等相关事项进行市场调查或论证后，填写采购项目供应商资质要求及设备技术参数需求表，向采购中心提供详细、准确、完整、可行的采购需求书、采购计划批复等相关资料。采购需求书须包括：投标人资格条件、商务条款、技术要求和采购预算等。

（2）提供的采购需求书内容应符合政府采购政策、国家行业法规与技术规范、国家安全标准和强制性标准，不得规定以下内容：

① 以不合理的注册资本金、销售业绩以及资格条件（含特别授权条款）等条款对潜在供应商实行歧视或差别待遇；

② 设定限制、排斥潜在供应商的商务、技术条款；

③ 以某一品牌特有的技术指标作为技术要求；

④ 其他有违公平竞争的条款。

（3）收到采购人提供的采购资料后 3 个工作日内，采购中心项目制标负责人应及时对采购人提供的资料（货物清单，详细技术参数及性能要求、供应商资格条件、付款方式、项目实施要求、售后服务要求等）进行审核，发现明显错误或带有明显排斥、倾向性条款等违法违规内容的，与采购人磋商并依法予以纠正后，由采购人确认（经办人签字并加盖单位公章）。若采购人不予纠正的，须及时向同级财政部门报告。

3. 编制询价招标文件

项目制标负责人应根据采购项目的需求和特点，在认真做好该项目前期准备工作（包括市场调查等）的基础上，按照确定的采购方式制作具体项目询价文件初稿。询价文件内容主要包括以下各项：

（1）对供应商的资质要求及有关业绩情况的证明材料；

（2）询价项目的名称、规格、技术参数、数量；

（3）报名起止时间、答疑截止时间、提交报价文件的时间和地点；

（4）对报价文件的要求；

(5) 询价保证金交纳方式和金额；

(6) 询价程序、评定成交的标准；

(7) 交货时间和售后服务；

(8) 验收及付款方式；

(9) 合同样本；

(10) 应提交的有关格式范例。

4. 标书审核、签发、备案

询价文件(含招标公告)初稿经内部初审，交采购人确认(签字、加盖公章)后，由采购中心统一签发，并同时报同级财政部门备案。

5. 公告的发布及报名

(1) 采购中心在采购网上发布询价公告，询价文件公开发售时间一般不得少于5个工作日，询价文件自开始发售之日起至投标截止之日止一般不得少于7个工作日。预定开标、评审的时间和场地一旦确定后，不得擅自更改。因故确需变更或取消的，须提前告知市公共资源交易中心，并与市公共资源交易中心商定下次开标、评审的时间、场地。

(2) 项目制标负责人严格按照询价公告规定的资格条件和要求受理项目报名，仔细审核潜在竞标人提交的报名资料。

(3) 供应商按询价文件规定的时间、地点提交一次报价密封文件，同时交纳投标保证金。

(4) 采购中心要做好工作保密，妥善保管报名资料，不得向其他人透露已获取询价文件的潜在竞标人名称、数量以及可能影响公平竞争的其他情况。

6. 组织询价答疑

询价答疑，一般采用信函(包括传真)形式，回复答疑必须采用书面形式(传真等)，回复时间必须符合相关法律、法规规定，答疑回复函也同时在发布原询价公告的媒体上刊登(备案手续与发布招标信息同)。再次答疑步骤同上。

7. 组建询价评审专家小组

(1) 采购中心应依法组建询价评审专家小组。

(2) 询价评审专家小组由采购人代表和项目相关领域的专家组成，成员为3人或3人以上单数，其中专家人数不得少于成员总数的2/3。

(3) 询价评审专家小组原则上在开标前1个工作日内组建，其中专家成员由采购人从同级财政部门建立的政府采购专家库中随机抽取确定。询价评审专家小组名单在中标结果确定前应当保密。

(4) 涉及评审专家的产生和管理等事项，均由同级财政部门负责，包括对特殊采购项目直接确定专家成员的审批等事宜。

(5) 采购人代表由采购人书面指派1人担任，采购人的监察代表或相关部门代表随同列席。采购人代表不得担任评审专家小组组长。

五、政府采购单一来源程序

1. 接受委托

(1) 根据《中华人民共和国政府采购法》《政府采购货物和服务招标投标管理法》等相关法规政策及政府公布的年度政府集中采购目录和单一来源采购的数额标准等有关规定，经采购人委托，采购中心确定单一来源采购的项目编号和项目负责人。

(2) 与采购人协商后签订年度委托协议，特殊情况亦可单独签订。委托协议应明确采购项目、采购数量、采购金额、采购时限、采购方式和协议履约地等内容。

2. 编制招标文件

(1) 项目负责人与采购人进行沟通，对采购人提供的资料(货物清单，详细技术参数及性能要求、供应商资格条件、付款方式、项目实施要求、售后服务要求等)进行审核，并制作具体项目邀请谈判的函。

(2) 谈判邀请函应当包括采购项目内容、供应商报价须知、应提交的资料等内容。

(3) 采购中心谈判邀请函编制完成后提交采购人审核。采购人收到后 3 个工作日内提出审核、确认意见。

(4) 谈判邀请函经内部审核、采购人确认(签字、加盖公章)后，由采购中心统一签发。

3. 发布招标公告

招标方案确定后，由采购中心在政府采购网上进行公告，明确参加单一来源政府采购供应商应提交的资料。招标文件自发布公告之日起至投标截止之日止一般不得少于 7 个工作日。

4. 答疑、澄清及更正

若在招标公告发布后，招标文件规定的答疑及澄清截止时间内，有供应商对单一来源招标项目中涉及的技术指标、参数等存在异议，以书面形式提出的，回复答疑必须采用书面形式。如所提改变采购方式的意见正确合理，经采购人和采购小组确认后，及时报同级财政部门，由财政确定是否改变采购方式。

5. 组建谈判专家小组

(1) 采购中心应依法组建谈判专家小组。谈判专家小组由采购人和相关领域的专家组成，成员一般为 3 人或 3 人以上单数，其中专家人数不得少于成员总数的 2/3。

(2) 谈判专家小组原则上在谈判前 1 个工作日内组建，谈判专家小组的专家成员由采购人从同级财政部门设立的政府采购专家库中随机抽取确定。专家成员名单在成交结果确定前应当保密。

(3) 涉及评审专家的产生和管理等事项，均由同级财政部门负责，包括对特殊采购项目直接确定专家成员的审批等事宜。

(4) 采购人代表由采购人书面指派 1 人担任，采购人的监察代表或相关部门代表随同列席。

6. 接受投标

供应商按照招标文件要求，编制投标文件，在招标文件规定的时间、地点将投标文件送达，并交纳投标保证金。

第四节 政府采购项目招标文件

一、政府采购项目招标文件的组成

政府采购项目招标文件一般包括下列内容：

(1) 招标公告(投标邀请书)；

(2) 投标人须知；

(3) 投标文件格式；

(4) 技术规格、参数及其他要求；

(5) 评标标准和方法；

(6) 合同主要条款。

二、政府采购项目招标文件的编制

1. 投标人须知

招标文件中的投标人须知是对投标人的具体要求，一般包括下列内容。

(1) 总则。总则用以阐明招标的目的。

(2) 符合招标文件的声明。投标人应向招标人声明，保证报价完全符合招标文件的要求并且没有异议。如果招标人对招标文件及其附件中某些条款有异议，应在报价偏差表中逐条列出。

(3) 技术说明。投标人推荐的货物应满足采购单中所阐明的技术要求。为了能对所推荐的货物有准确详细的了解，投标人应用足够的详细资料数据加以说明。

(4) 货物采购单及其附件，包括在招标文件中的货物采购单及其附件中的有关要求，必须填写完整并与报价书一起返回询价单位。

(5) 价格。报价书中的价格应为投标人负责货物生产制造和包装、发送到指定交货地点为止的不变价格(固定价)，并应按供货一览表的要求分项列出。

(6) 报价费用。投标人不得以任何理由向招标人索取报价费用。

(7) 报价书的采用。招标人有权部分采用报价书中的内容或完全不采用。

(8) 报价有效期。报价有效期规定为报价日期之后多少天有效。

(9) 报价截止日期。投标人应在报价截止日期(以邮戳日期为准)之前提出报价。若在规定的截止日期不能提出报价而延期时，必须将延期时间通知招标人，并征得招标人同意。

(10) 招标文件澄清。对于招标文件，如果招标人要求说明必须以书面形式提出，招标人应予以书面答复。

2. 招标文件中的技术规格、参数及其他要求

(1) 应详细说明拟采购的货物设计意图、标准规范、特殊功能要求，以及应注意的事项。例如设备采购，要说明用途、性能、大小、材质、结构、操作条件、辅件、维护要求等，都要提供详细的技术数据。

(2) 图纸是重要技术性文件，招标文件中必须提供设备、材料等详细、齐全的图纸，其中包括总图、制造详图、安装图、备品备件图等。

(3) 招标人应当在招标文件中规定实质性要求和条件，说明不满足其中任何一项实质性要求和条件的投标将被拒绝，并用醒目的方式标明；国家对招标货物的技术、标准、质量等有特殊要求的，招标人应当在招标文件中提出相应特殊要求，并将其作为实质性要求和条件。没有注明的要求和条件在评标时不得作为实质性要求和条件。对于非实质性要求和条件，招标人应规定允许偏差的最大范围、最高项数，以及对这些偏差进行调整的方法。

(4) 招标货物需要划分标包的，招标人应合理划分标包，确定各标包的交货期，并在招标文件中如实载明。招标人允许中标人对非主体货物进行分包的，应当在招标文件中载明。主要设备或者供货合同的主要部分不得要求或者允许分包。除招标文件要求不得改变标准货物的供应商外，中标人经招标人同意改变标准货物的供应商的，不应视为转包和违法分包。

(5) 招标人可以要求投标人在提交符合招标文件规定要求的投标文件外，提交备选投标方案，但应当在招标文件中作出说明。不符合中标条件的投标人，其备选投标方案不予考虑。

(6) 招标文件规定的各项技术规格应当符合国家技术法规的规定。招标文件中规定的各项技术规格均不得要求或标明某一特定的专利技术、商标、名称、设计、原产地或供应者等，不得含有倾向或者排斥潜在投标人的其他内容。如果必须引用某一供应者的技术规格才能准确或清楚地说明拟招标货物的技术规格时，则应当在参照后面加上“或相当于”的字样。

(7) 招标文件应当明确规定评标时包含价格在内的所有评标因素，以及据此进行评估的方法。在评标过程中，不得改变招标文件中规定的评标标准、方法和中标条件。

(8) 招标人可以在招标文件中要求投标人以自己的名义提交投标保证金。投标保证金除现金外，也可以是银行出具的银行保函、保兑支票、银行汇票或现金支票，也可以是招标人认可的其他合法担保形式。投标保证金一般不得超过投标总价的 2%，但最高不得超过 80 万元人民币。投标保证金有效期应当与投标有效期一致。

(9) 对无法精确拟定其技术规格的货物，招标人可以采用两阶段招标程序。第一阶段，招标人可以首先要求潜在投标人提交技术建议，详细阐明货物的技术规格、质量和其他特性。招标人可以与投标人就其建议的内容进行协商和讨论，达成一个统一的技术规格后编制招标文件。第二阶段，招标人应当向第一阶段提交了技术建议的投标人提供包含统一技术规格的正式招标文件，招标人根据正式招标文件的要求提交包括价格在内的最后投标文件。

(10) 招标人应当确定投标人编制投标文件所需的合理时间。自招标文件开始发出之日起至投标人提交投标文件截止之日止，最短不得少于 20 日。招标文件应当规定一个适当的投标有效期，以保证招标人有足够的时间完成评标和与中标人签订合同。投标有效期从提交投标文件的截止之日起计算。

第五节　政府采购公开招标的开标、评标、定标及后续

政府采购的上述五种招标及非招标方式的开标、评标、定标及后续程序基本相似，本节以政府采购公开招标为例来具体描述。

一、开标

1. 会前准备

(1) 采购中心确定 1 名项目招标负责人和 2 名工作人员参加开标会议。

(2) 采购中心提前 1 天通知财政、监察等部门派人参加公开招标会议。若财政、监察等部门不派人参加，采购中心工作人员要做好记录，并载明原因。

(3) 采购中心工作人员提前 30 分钟到开标现场，将入场登记表(加盖公章)送市公共资源交易中心备案。市公共资源交易中心确定公布开标、评审的采购项目开标室和报名点，并发布投标文件递交的地点及截止时间等信息。

(4) 开标前，采购中心工作人员应与市公共资源交易中心工作人员一起，检查开标室的投影仪是否工作正常、核对电子时钟准确性，检查主席台上主持人、监督部门、记录人的座牌和会标等的布置情况和监督人员到位情况，及时到市公共资源交易中心工作人员处领取监督证、代理证、采购人代表证，并负责分发给相应人员。同时，接待投标人等相关人员，并做好签到及投标文件的签收等工作。

若有 3 家以上供应商签到参与投标，可以开标。若参与投标的供应商不足 3 家，即流标，并及时将情况报告给同级财政部门。

2. 组织开标会议

采购中心在招标文件确定的时间和地点组织开标会议(评审专家小组成员不参加)。开标会议一般遵循以下程序。

(1) 采购中心会议主持人宣布招标会议开始，介绍参加本次政府采购公开招标的主持人、监管人员、工作人员和供应商，以及评审原则和办法、中选条件等事项；供应商可当场对上述人员是否需要回避提出意见，采购中心对所提需回避的人员进行核实确认后，该人员必须回避。

(2) 开标时，可按约定由递交投标文件的前三名投标人授权代表，作为全体投标人推选的代表就全部投标文件的密封情况进行检查。无异议后供应商签字认可。

(3) 主持人采用抽签方式决定参与供应商代表或委托授权人的公开报价顺序。

(4) 招标工作人员当众拆封投标文件报价内容，并按招标文件规定的内容当众唱标。

(5) 开标会记录人应在开标记录表上记录唱标内容，并当场公示。如开标记录表上内容与投标文件不一致时，投标人代表须当场提出。开标记录表由记录人、唱标人、投标人代表和有关人员共同签字确认。开标唱读内容与投标文件内容不一致时，均以公开唱读为准。

(6) 供应商公开报价后退场，等待专家评审结果。等待期间，供应商通讯必须保持畅通。

二、评审

1. 事前准备

(1) 市公共资源交易中心工作人员提前 10 分钟到专家评审室，做好专家接待和签到等相关工作。

(2) 评审专家到达后，凭手机短信或有效身份证明进入评审区等候室休息。待评审专家到齐后，由采购中心工作人员、监督人员当场启封《××省政府采购评审专家抽取结果记录表》。采购中心工作人员查验评审专家身份，确认无误后，在已组成的专家小组中推选出一位专家任组长，并督促专家签署《××市政府采购评审专家承诺书》。市公共资源交易中心工作人员向评审专家发放存物柜钥匙，评审专家须将随身携带的通讯工具和个人物品存放至存物柜，然后进入评审室。

(3) 市公共资源交易中心确定 2 名工作人员，做好专家评审信息传递、资料收回保密、维护现场秩序和提供后勤服务等工作。

2. 专家评审

按自 2017 年 10 月 1 日执行的中华人民共和国财政部令第 87 号，合格投标人不足 3 家的不得评标。评标方法分为最低评标价法和综合评分法。

最低评标价法，是指投标文件满足招标文件全部实质性要求，且投标报价最低的投标人为中标候选人的评标方法。技术、服务等标准统一的货物服务项目，应当采用最低评标价法。采用最低评标价法评标时，除了算术修正和落实政府采购政策需进行的价格扣除外，不能对投标人的投标价格进行任何调整。

综合评分法，是指投标文件满足招标文件全部实质性要求，且按照评审因素的量化指标评审得分最高的投标人为中标候选人的评标方法。评审因素的设定应当与投标人所提供货物服务的质量相关，包括投标报价、技术或者服务水平、履约能力、售后服务等。资格条件不得作为评审因素。评审因素应当在招标文件中规定。

评审工作由评审专家小组组长主持。在评审中，评审专家小组成员应当遵循以下程序。

(1) 评审专家小组组长宣布纪律和工作规则，评审专家签署《××市评审专家承诺书》。

(2) 评审专家小组成员在履行独立评审权利义务的同时，不得发表有失公正和不负责任的言论，不得相互串通和压制他人意见，不得将个人倾向性意见诱导、暗示或强加于他人认同。

(3) 投标人的澄清或说明。评审专家小组可以以书面形式要求投标人对投标文件中含义不明确、对同类问题表述不一致或者有明显笔误、文字和计算错误的内容作出必要的澄清、说明或者补正。澄清、说明或者补正应当采取书面形式，但不得超出投标文件的范围或者改变投标文件的实质性内容，且须经评审专家小组成员一致同意。

(4) 评审专家对招标文件有异议的，应当在报告上签署不同意见，并说明理由，否则视为同意。对招标文件规定与有关法律、法规相违背的，应当拒绝进行评审并向采购人或采购中心说明有关情况。

(5) 评审专家小组评审与出具评审报告。评审专家小组应当根据招标文件规定的评审标准和方法，严格按照招标文件的评审程序，对投标文件进行系统的评审和比较，依法出具评审报告并按招标文件约定确定中标供应商。招标文件中没有规定的标准和方法不得作为评审的依据。评审专家或采购人代表对评审报告有异议的，应当在报告上签署不同意见，并说明理由，否则视为同意。

(6) 对中标候选人的价格出现明显低于或高于同业同期市场平均价的情形时，评审专家小组应当在评审意见中详细说明推荐理由。

(7) 采购中心应当对各评审专家的专业技术水平、职业道德素质和评审工作等情况进行评价。

(8) 评审现场监督。评审时，应实行现场监督。现场监督人员应当是采购人、采购中心的监察人员或政府采购监督管理部门、监察机关、公证机关的派出人员。

(9) 参加评审会议的所有工作人员在法定的时间内应当对评审过程和评审结果保密。

3. 废标处理

在投标截止时间前提交有效投标文件的投标人，或开标后符合资格条件的投标人，或对招标文件实质性条款做出响应的投标人不足三家的，依法作废标处理。

对出现废标情形时，除采购任务取消外，采购人中心可向同级财政部门报告并申请变更采购方式，财政部门一般按照以下情形处理。

(1) 招标文件没有不合理条款且招标程序符合规定的，应当根据采购项目的实际情况，批准采取竞争性谈判、询价或者单一来源等方式采购。采取竞争性谈判、询价采购方式的，采购中心应当按照规定程序重新组织采购活动。

(2) 招标文件存在不合理条款或招标程序不符合法律规定的，应当责成采购中心修改招标文件，并按照规定程序重新组织招标活动。

三、定标

(1) 采购人应当自收到评审报告之日起5个工作日内，按照评审专家小组评审的中标候选人依法确定中标供应商。

(2) 替补候选人的设定和使用应在招标文件中明确约定，并按招标文件的约定执行。

四、发布中标公告

(1) 确定中标供应商后，采购中心在政府采购网上发布中选公告，公告期为7个工作日。

(2) 公示期内投标人有质疑的，按照《中华人民共和国政府采购法》和《××省政府采购供应商质疑处理办法》规定处理。

五、发出中标通知书

公示期满，各方对中选结果没有异议或者异议举证不成立的，采购中心以书面形式向中标供应商发出中标通知书。

六、退还投标保证金

(1) 采购中心在中标通知书发出后5个工作日内，退还未中标供应商的保证金。

(2) 在采购合同履行后5个工作日内，将中标供应商的保证金退还。

七、合同履行协调(非必经程序)

采购人和中标供应商在履行政府采购合同过程中出现争议或纠纷的，应当按照采购文件确定的事项及采购合同的约定依法解决。经双方当事人同意，也可由采购中心进行协调。采购中心协调的内容和结果不得违背法律法规的规定，也不得超出或改变采购文件及采购合同约定的实质性条款。

对协调不成或发现合同履行过程中有违法违规情况的，采购中心应当及时向同级财政部门报告。

八、出具拨款函

采购人必须按照采购合同所列的质量要求、验收标准和方法组织对供应商的履约验收，并向采购中心报送一份政府采购验收单(经办人签字、加盖单位公章)。采购中心确认收到采购人提交的政府采购验收单后，向采购人出具拨款函。

九、资料归档

采购工作结束后7日内，采购中心项目制标负责人和项目招标负责人及工作人员应将所有相关文件资料按照《××市政府采购项目档案管理制度》规定及时归档。

【能力训练】

1. 简述政府采购的概念。

2. 简述政府采购条件与工程施工招标相比有什么区别。

3. 简述政府采购方式的分类。

4. 如在项目在开标时投标人不足三家,则招标人或招标代理公司应如何处理?

5. 如该项目在开标时有三家投标人,在资格审查时由于资质不满足去掉一家,还剩两家,则该项目是否会流标?

6. 列举出评审条件中的客观条件和主观条件。

7. 编写政府采购招标文件要考虑哪些因素?哪些需要重点考虑?

第七章 PPP项目概述

【知识目标】

1. 掌握PPP的概念。
2. 掌握PPP的基本运行结构。
3. 掌握PPP项目的参与主体。
4. 熟悉PPP的各类模式。
5. 了解PPP项目的操作流程。

【技能目标】

1. 沟通、团队协作的能力。
2. 管理政府采购招投标过程的能力。
3. 能够编制简单的政府采购招标文件的能力。
4. 政府财政招投标中投诉处理的能力。

【引导案例】

国家体育场项目法人合作方招标(PPP)

招 标 人:北京市人民政府

招标机构:国信招标有限责任公司

招标文件:包含项目三大协议

资格预审公告:2002年10月25日,在《中国采购与招标网》《人民日报》《北京日报》同时发布。

招标方式:公开招标,“一次招标、两步进行”。首先招商,对全球39家申请人的资格、方案设想、融资计划等进行评估,确定5名投标人。然后招标,对投标人优化设计方案、建设方案、融资方案、运营方案、移交方案等进行评审,确定中标人。

投标单位:中信集团联合体、北京建工集团联合体、筑巢国际联合体、MAX BOEGL联合体(德国)。

中 标 人:中信集团联合体

融资情况如下。

特许经营期:2008年奥运会后30年

招标控制价:政府控股,不低于51%;投资人不超过49%。

融资比例:中标人出资42%(政府融资约13亿);政府投资部分,委托北京国有资产公司作为出资人代表,注入项目公司。

政府拥有项目资产所有权、决策权、监管权,放弃项目的收益权,补前不补后,补建设,不补运营。政府也不给经营补贴,例如维护、修理、更新费用;中标人有经营权、收益权,负责项目的维护、修理、更新,没有项目资产处置权。30年后移交政府。

该项目为何要采用PPP模式?对于该项目来说,采用PPP模式的好处是什么?

第一节 PPP项目与新时代建筑业

一、PPP的概念及内涵

1. 概念

PPP即Public-Private-Partnership的字母缩写，通常译为“公共私营合作制”，是指政府与私人组织之间，为了合作建设城市基础设施项目，或是为了提供某种公共物品和服务，以特许权协议为基础，彼此之间形成一种伙伴式的合作关系，并通过签署合同来明确双方的权利和义务，以确保合作的顺利完成，最终使合作各方达到比预期单独行动更为有利的结果。

2. 内涵

(1) PPP不仅止于交易环节。PPP是一种合作伙伴关系，基于共同的目标追求，以最少的资源，实现最多的产品或服务。

(2) PPP不只是融资模式。融资只是PPP的目的之一，并不是全部，PPP还利用了民营部门的生产管理技术和先进制度；PPP是一个多目标任务，以社会综合效益最大化为导向。

(3) BT是分期付款的政府采购模式，融资大多为短期行为，而PPP则是考虑全寿命周期的长期合作模式。所以，在中国大规模应用的BT模式，虽有PPP的形式，却没有体现PPP的精髓，本质上来说只是一种融资模式。

二、新时代建筑业

新时代建筑业五大发展理念是创新、协调、绿色、开放、共享，工程建设的基本要求是经济、适用、美观、绿色、安全。因此建筑业必须与时俱进，体现时代特征，整合环境保护理念、双赢互惠、公平公正、本质安全、风险管控要素的系统管理。2017年2月国务院办公厅印发了《关于促进建筑业持续健康发展的意见》(国办发〔2017〕19号)，其中明确提出：加快推进建筑信息模型(BIM)技术在规划、勘察、设计、施工和运营维护全过程的集成应用，实现工程建设项目全生命周期数据共享和信息化管理，为项目方案优化和科学决策提供依据，促进建筑业提质增效。显然发展BIM技术已经成为国家政策。

随着PPP、BT/BOT特大型以及城市综合体项目的增加，装配式建筑、综合地下管廊与BIM技术的融合已常态化，尤其是与大客户的合作深入，经济一体化进程的加快以及市场竞争的日益加剧，各企业集团间的战略合作(包括上述模式与技术的有机融合)日益突出。由中建八局EPC工程总承包，多家单位协同参与的中国敦煌丝路文博会主场馆项目，采用“EPC＋BIM＋PC＋VR＋二维码”智慧建造的总承包管理模式，最大限度地利用中建数字化平台，仅用8个月时间就完成了常规需要4年才能建成的项目，把不可能变成了可能，创造了“敦煌奇迹”，成为建筑业转型升级、供给侧结构性改革的鲜活案例和成功实践。

三、PPP的基本知识

1. PPP的基本运行结构

PPP的基本运行结构如图7-1所示。

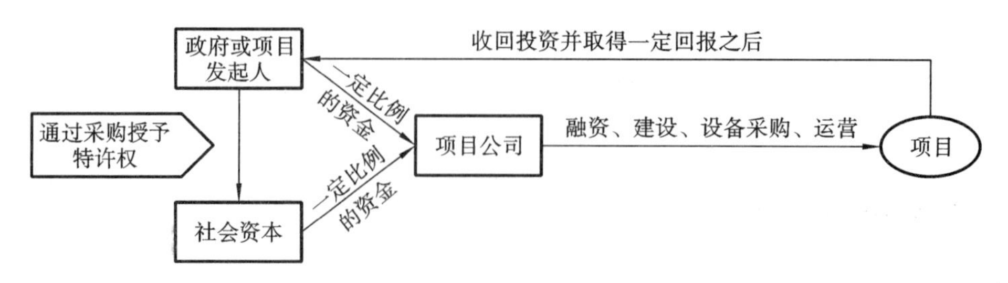

图 7-1　PPP 的基本运行结构

2. PPP 的构成要素

PPP 的构成要素如图 7-2 所示。

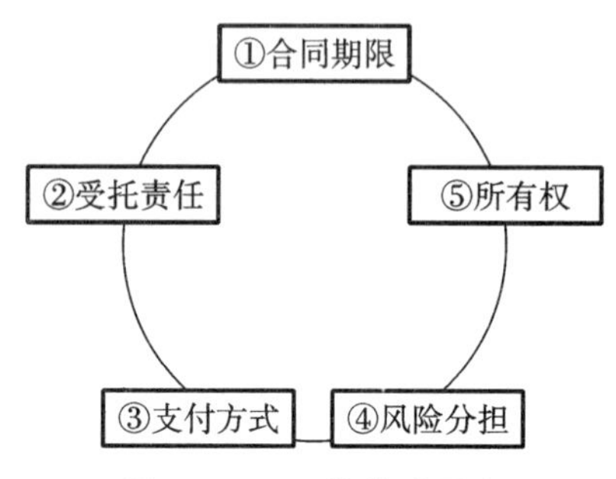

图 7-2　PPP 的构成要素

3. PPP 项目的参与主体

PPP 项目的参与主体如图 7-3 所示。

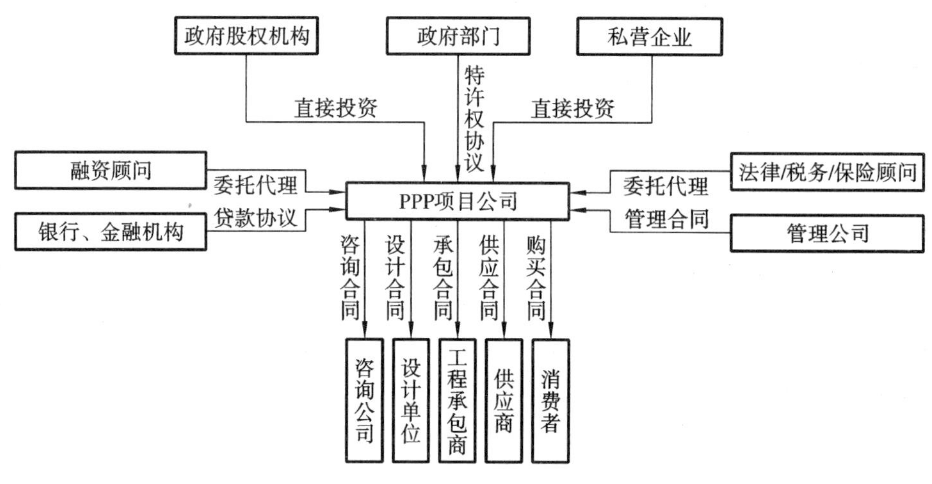

图 7-3　PPP 项目的参与主体

4. PPP 的适用范围

《基础设施和公用事业特许经营法(征求意见稿)》(2014 年 12 月 3 日)主要针对政府和社会资本合作(PPP)的基础设施项目,采用“正面清单”的方式列出了允许进行特许经营的 24 个行业、公用事业和 10 个公共服务领域。适用的行业包含以下各项。

(1) 煤炭、石油、天然气、电信、电力、新能源、农田、水利、生态环境治理、土地整治、矿山修复、城市园林、公用事业、工业园区。

(2) 交通基础设施。

(3) 铁路、公路、水运、港口、机场、通信、网络、信息等项目。

(4) 市政基础设施。

（5）廉租房、公租房、经济适用房、保障房、供水、供电、供气、供热、污水处理、垃圾处理、电动汽车充电桩。

（6）社会公用事业。

（7）医院、学校、养老院、监狱。

此外，PPP 也适用于科技、教育、文化、旅游、卫生、体育和社会福利等公共服务领域，以及由省级以上政府确立的其他设施和公用事业。

第二节　PPP 模式的基本知识

一、PPP 模式的定义及概况

PPP 模式是对整个项目生命周期提出的一种新的融资模式，它是政府部门、盈利性企业和非盈利性企业基于某个项目而形成的、以“双赢”或“多赢”为目的的相互合作关系形式。它首先必须选择一个由公共部门和私营部门共同组建的特别项目公司，政府部门通过招标方式选择民营企业或个人参与到项目中来，并以特许经营合同的形式授予项目公司有一定年限的经营权（一般是 20～30 年），允许项目公司通过经营该项目而取得相关利益作为回报。民营企业或个人的特许经营期满后，无偿将全部设施还给政府项目。

二、PPP 模式的分类

1. PPP 模式在国外组织的分类

各国或国际组织对 PPP 的分类有十几种之多，其中多数是按广义的 PPP 进行分类的。

（1）世界银行综合考虑资产所有权、经营权、投资关系、商业风险和合同期限等角度，将广义 PPP 分为服务外包、管理外包、租赁、特许经营、BOT/BOO 和剥离六种模式。

（2）联合国培训研究院按照狭义 PPP 进行分类，认为世界银行 PPP 分类选项中的 Concession、BOT 和 BOO 三类模式称为 PPP，而外包、租赁和剥离不属于 PPP 范畴。

（3）欧盟委员会将 PPP 分为传统承包类、一体化开发和经营类、合伙开发类。

（4）加拿大 PPP 国家委员会按照转移给私人部门的风险大小将广义 PPP 细分成了 12 种模式：O&M、DB、DBMM、DBO、LDO、BLOT、BTO、BOT、BOOT、BOO、BBO。

2. 中国的 PPP 分类方式

中国的 PPP 分类方式如图 7-4 所示。

（1）Service Contract 即服务外包，是政府以一定费用委托私人部门代为提供某项公共服务，例如设备维修，办公室卫生打扫等，合同期限为 1～3 年。

（2）Management Contract 即管理外包，是政府以一定费用委托私人部门代为管理某公共设施或服务，例如城市垃圾处理等，合同期限为 3～5 年。

（3）DB(Design—Build—Transfer)，即设计—建造模式，是私人部门按照公共部门规定的性能指标，以事先约定好的固定价格设计并建造基础设施，并承担工程延期和费用超支的风险。因此，私人部门必须通过提高其管理水平和专业技能来满足规定的性能指标要求，合同期限不确定。

（4）DBMM（Design—Build—Major Maintenance），即设计—建造—主要维护模式，是

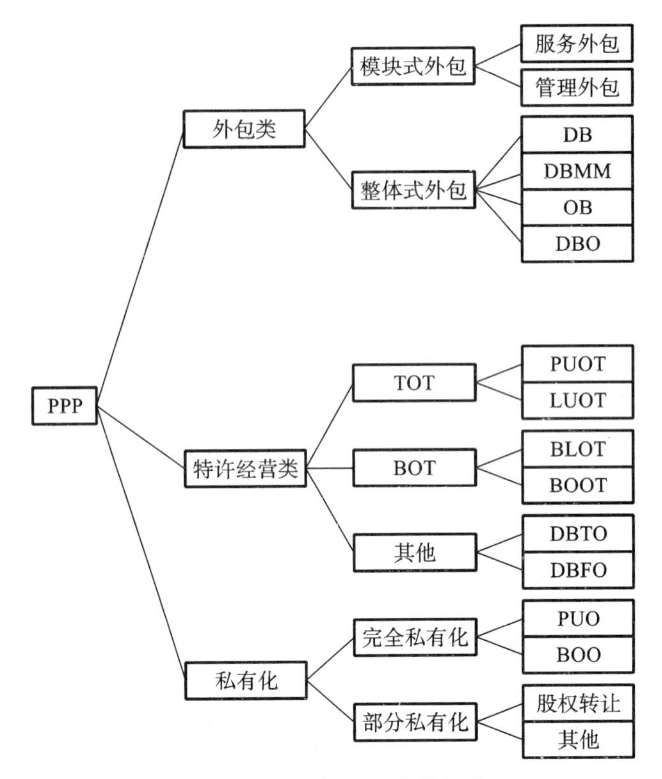

图 7-4 中国的 PPP 分类方式

公共部门承担 DB 模式中提供的基础设施的经营责任，但主要的维修功能交给私人部门，合同期限为 5～8 年。

(5) O&M(Operation& Maintenance)，即经营和维护，是私人部门与公共部门签订协议，代为经营和维护公共部门拥有的基础设施，政府向私人部门支付一定费用，例如城市自来水供应、垃圾处理等。

(6) DBO(Design—Build—Operate)即设计—建造—经营(交钥匙)模式，是私人部门除承担 DB 和 DBMM 中的所有职能外，还负责经营该基础设施，但整个过程中资产的所有权仍由公共部门保留，合同期限不确定。

(7) TOT(Transfer—Operate—Transfer)，即建设—经营—移交模式，是政府与投资者签订特许经营协议后，把已经投产运行的可受益公共设施项目移交给民间投资者经营，凭借该设施在未来若干年的收益，一次性地从投资者手中融得一笔资金，用于建设新的基础设施项目；特许经营期满后，投资者再把该设施无偿交给政府管理。

(8) LUOT(Lease—Upgrade—Operate—Transfer)，即租赁—更新—经营—转让模式，是私人部门租赁已有的公共基础设施，经过一定程度的更新、扩建后经营该设施，租赁期结束后移交给公共部门，合同期限为 8～15 年。

(9) PUOT(Purchase—Upgrade—Operate—Transfer)，即购买—更新—经营—转让模式，是私人部门购买已有的公共基础设施，经过一定程度的更新、扩建后经营该设施，在经营期间私人部门拥有该设施的所有权，合同结束后将该设施的使用权和所有权移交给公共部门，合同期限为 8～15 年。

(10) BOT(Build—Operate—Transfer)，即建设—经营—移交模式，是政府通过特许权协议，授权投资者建设、经营和维护公共基础设施项目的特许权，投资者在特许期内向该产品或服务的使用者收取适当的费用，由此回收项目的投资、经营和维护等成本，并获得合理的回报。特许期满后，政府无偿收回项目。这是一种典型的新建特许经营项目的融资模式。

（11）BOOT(Build—Own—Operate—Transfer)，即建设—拥有—经营—转让模式，是私人部门在获得公共部门授予的特许权后，投资、建设基础设施，并通过向用户收费而收回投资实现利润。在特许期内私人部门具有该设施的所有权，特许期结束后交还给公共部门，合同期限为 25～30 年。

（12）DBTO(Design—Build—Transfer—Operate)，即设计—建造—转移—经营模式，是私人部门先垫资建设基础设施，完工后以约定好的价格移交给公共部门。公共部门再将该设施以一定的费用回租给私人部门，由私人部门经营该设施。私人部门这样做的目的是为了避免由于拥有资产的所有权而带来的各种责任或其他复杂问题，合同期限为 20～25 年。

（13）DBFO(Design—Build—Finance—Operate)，即设计—建造—投资—经营模式，在该模式中，私人部门投资建设公共设施，通常也具有该设施的所有权。公共部门根据合同约定，向私人部门支付一定费用并使用该设施，同时提供与该设施相关的核心服务，而私人部门只提供该设施的辅助性服务。例如，私人部门投资建设某医院的各种建筑物，公共部门向私人部门支付一定费用使用建设好的医院设施，并提供门诊等主要公共服务，而私人部门负责提供饮食、清洁等保证该设施正常运转的辅助性服务，合同期限为 20～25 年。

（14）PUO(Purchase—Upgrade—Operate)，即购买—更新—经营模式，是私人部门购买现有基础设施，经过更新扩建后经营该设施，并永久拥有该设施的产权。在与公共部门签订的购买合同中注明保证公益性的约束条款，受政府管理和监督，合同期限为永久。

（15）BOO(Build—Own—Operate)，即建设—拥有—经营模式，是私人部门投资、建设并永久拥有和经营某基础设施，在与公共部门签订的原始合同中注明保证公益性的约束条款，受政府管理和监督，合同期限为永久。

三、PPP 模式的比较

1. 按投资、建设、经营、拥有方式比较

按投资、建设、经营、拥有方式比较的 PPP 模式见表 7-1。

表 7-1　投资、建设、经营、拥有比较

<table>
<tr><th colspan="2">比　较　项</th><th>DBO</th><th>DBTO</th><th>DBFO</th><th>BLOT</th><th>BOOT</th><th>BOO</th></tr>
<tr><td rowspan="3">投资</td><td>私人负责投资</td><td></td><td></td><td>P</td><td>P</td><td>P</td><td>P</td></tr>
<tr><td>通过向用户收费收回投资</td><td></td><td>P</td><td></td><td>P</td><td>P</td><td>P</td></tr>
<tr><td>通过政府付费收回投资</td><td>P</td><td></td><td>P</td><td></td><td></td><td></td></tr>
<tr><td>建设</td><td>私人部门建设工程</td><td>P</td><td>P</td><td>P</td><td>P</td><td>P</td><td>P</td></tr>
<tr><td>经营</td><td>私人部门提供服务</td><td>P</td><td>P</td><td>P</td><td>P</td><td>P</td><td>P</td></tr>
<tr><td rowspan="3">拥有</td><td>公共部门永久拥有</td><td>P</td><td>P</td><td rowspan="3">视合同定</td><td>P</td><td></td><td></td></tr>
<tr><td>合同期间私人拥有</td><td></td><td></td><td></td><td>P</td><td></td></tr>
<tr><td>私人部门永久拥有</td><td></td><td></td><td></td><td></td><td>P</td></tr>
</table>

2. 按合作双方的角色比较

按合作双方的角色比较的 PPP 模式见表 7-2。

表 7-2 合作双方的角色比较

PPP 类型	示 例 模 式
政府主导型	DB、O&M 等各种外包类 PPP 模式
共同协商型	DBFO、DBTO、LUOT、PUOT、BLOT、BOOT
私人主导型	PUO、BOO

3. 按适用对象比较

按适用对象比较的 PPP 模式见表 7-3。

表 7-3 适用对象比较

PPP 类型	示 例 模 式
适用于已有设施	服务外包、管理外包、O&M
适用于扩建已有设施	LUOT、PUOT、PUO
适用于新建设施	DB、DBMM、DBO、DBFO、DBTO、BOOT、BOO

4. 按承担责任大小比较

按承担责任大小比较的 PPP 模式如图 7-5 所示。

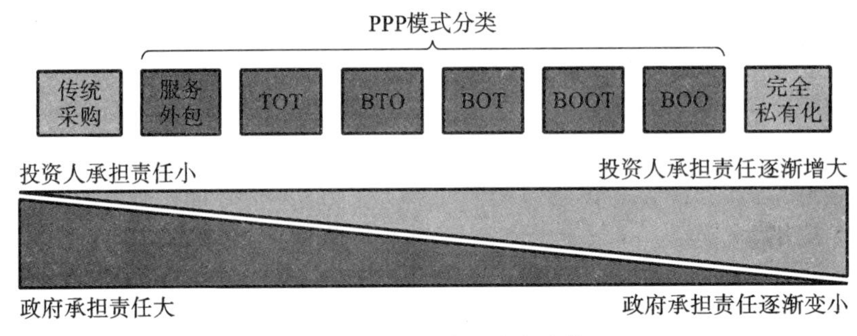

图 7-5 按承担责任大小比较

第三节 PPP 项目实施流程

一、项目策划

项目策划，主要是确定参与者。

二、选择准备

选择准备，包括可行性研究、规划、项目产出说明、编制 PPP 初步实施方案 。

三、PPP 项目识别

PPP 项目识别包括项目发起、项目筛选和物有所值评价、财政承受能力论证。项目政府和社会资本合作项目由政府或社会资本发起，以政府发起为主。

1. 项目发起

(1) 政府发起。政府和社会资本合作中心应负责向交通、住建、环保、能源、教育、医疗、体育健身和文化设施等行业主管部门征集潜在政府和社会资本合作项目。行业主管部门可从国民经济和社会发展规划及行业专项规划中的新建、改建项目或存量公共资产中遴选潜在项目。

(2) 社会资本发起。社会资本应以项目建议书的方式向政府和社会资本合作中心推荐潜在政府和社会资本合作项目。

2. 项目筛选

政府和社会资本合作项目由政府或社会资本发起，以政府发起为主。

(1) 财政部门(政府和社会资本合作中心)会同行业主管部门，对潜在政府和社会资本合作项目进行评估筛选，确定备选项目。财政部门(政府和社会资本合作中心)应根据筛选结果制定项目年度和中期开发计划。

(2) 对于列入年度开发计划的项目，项目发起方应按财政部门(政府和社会资本合作中心)的要求提交相关资料。新建、改建项目应提交可行性研究报告、项目产出说明和初步实施方案；存量项目应提交存量公共资产的历史资料、项目产出说明和初步实施方案。

(3) 投资规模较大、需求长期稳定、价格调整机制灵活、市场化程度较高的基础设施及公共服务类项目，适宜采用PPP模式。

3. 物有所值评价

财政部门政府和社会资本合作中心会同行业主管部门，从定性和定量两方面开展物有所值评价工作。定量评价工作由各地根据实际情况开展。

(1) 定性评价重点关注项目采用政府和社会资本合作模式与采用政府传统采购模式相比能否增加供给、优化风险分配、提高运营效率、促进创新和公平竞争等。

(2) 定量评价主要通过对政府和社会资本合作项目全生命周期内政府支出成本现值与公共部门比较值进行比较，计算项目的物有所值量值，判断政府和社会资本合作模式是否降低项目全生命周期成本。

4. 财政承受能力论证

为确保财政中长期可持续性，财政部门应根据项目全生命周期内的财政支出、政府债务等因素，对部分政府付费或政府补贴的项目，开展财政承受能力论证，每年政府付费或政府补贴等财政支出不得超出当年财政收入的一定比例。

四、PPP项目准备

1. 组织实施机构

按照地方政府的相关要求，明确相应的行业管理部门、事业单位、行业运营公司或其他相关机构，作为政府授权的项目实施机构，在授权范围内负责PPP项目的前期评估论证、实施方案编制、合作伙伴选择、项目合同签订、项目组织实施以及合作期满移交等工作。考虑到PPP运作的专业性，通常情况下需要聘请PPP咨询服务结构。

项目组织实施通常会建立项目领导小组和工作小组，领导小组负责重大问题的决策、政府高层沟通、总体工作的指导等，项目小组负责项目公司的具体开展，以PPP咨询服务机构为主要组成。项目实施结构需要制定工作计划，包含工作阶段、具体工作内容、实施主体、预计完成时间等内容。

2. 尽职调查

(1) 项目内部调查。

项目实施机构拟定调研提纲，应至少从法律和政策、经济和财务、项目自身三个方面把握，主要包括：政府项目的批文和授权书、国家、省和地方对项目的关于土地、税收等方面的优惠政策、特许经营和收费的相关规定等；社会经济发展现状及总体发展规划、与项目有关的市政基础设施建设情况、建设规划、现有管理体制、现有收费情况及结算和调整机制等；项目可行性研究报告、环境影响评价报告、初步设计、已形成的相关资产、配套设施的建设情况、项目用地的征地情况等。

(2) 外部投资人调查。

根据项目基本情况、行业现状、发展规划等，与潜在投资人进行联系沟通，获得潜在投资人的投资意愿信息，并对各类投资人的投资偏好、资金实力、运营能力、项目诉求等因素进行分析研究，与潜在合适的投资人进行沟通，组织调研及考察。

3. 实施方案编制

通过前期的调查研究及分析论证，完成项目招商实施方案编制。招商实施方案主要内容包括以下各项。

(1) 项目概况。

项目概况主要包括基本情况、经济技术指标和项目公司股权情况等。

(2) 风险分配基本框架。

按照风险分配优化、风险收益对等和风险可控等原则，综合考虑政府风险管理能力、项目回报机制和市场风险管理能力等要素，在政府和社会资本间合理分配项目风险。

(3) PPP 运作模式。

PPP 运作模式主要包括委托运营、管理合同、建设—运营—移交、建设—拥有—运营、转让—运营—移交和改建—运营—移交等。

(4) 交易结构。

交易结构主要包括项目投融资结构、回报机制和相关配套安排。项目投融资结构主要说明项目资本性支出的资金来源、性质和用途，项目资产的形成和转移等。项目回报机制主要说明社会资本取得投资回报的资金来源，包括使用者付费、可行性缺口补助和政府付费等支付方式。

(5) 合同体系。

合同体系主要包括项目合同、股东合同、融资合同、工程承包合同、运营服务合同、原料供应合同、产品采购合同和保险合同等。项目合同是其中最核心的法律文件。

(6) 监管架构。

监管架构主要包括授权关系和监管方式。授权关系主要是政府对项目实施机构的授权，以及政府直接或通过项目实施机构对社会资本的授权；监管方式主要包括履约管理、行政监管和公众监督等。

(7) 采购方式选择。

采购方式包括公开招标、竞争性谈判、邀请招标、竞争性磋商和单一来源采购。项目实施机构应根据项目采购需求特点，依法选择合适的采购方式。

(8) 实施方案审核。

为提高工作效率，财政部门应当会同相关部门及外部专家建立 PPP 项目的评审机制，从项目建设的必要性及合规性、PPP 模式的适用性、财政承受能力以及价格的合理性等方面，对项目实施方案进行评估，确保“物有所值”。评估通过的由项目实施机构报政府审核，审核通过的按照实施方案推进。

五、项目采购

1. 项目预审

(1) 项目实施机构应根据项目需要准备资格预审文件，发布资格预审公告，邀请社会资本和与其合作的金融机构参与资格预审，验证项目能否获得社会资本响应和实现充分竞争，并将资格预审的评审报告提交财政部门(政府和社会资本合作中心)备案。

(2) 有 3 家以上社会资本通过资格预审的项目，项目实施机构可以继续开展采购文件准备工作；通过资格预审的社会资本不足 3 家的项目，项目实施机构应在实施方案调整后重新组织资格预审；经重新资格预审合格社会资本仍不够 3 家的项目，可依法调整实施方案选择的采购方式。

2. 项目采购文件编制

项目采购文件应包括采购邀请、竞争者须知(包括密封、签署、盖章要求等)、竞争者应提供的资格、资信及业绩证明文件、采购方式、政府对项目实施机构的授权、实施方案的批复和项目相关审批文件、采购程序、响应文件编制要求、提交响应文件截止时间、开启时间及地点、强制担保的保证金交纳数额和形式、评审方法、评审标准、政府采购政策要求、项目合同草案及其他法律文本等。

3. 建立方案评审小组

项目 PPP 运作需建立方案评审小组。评审小组由项目实施机构代表和评审专家共 5 人以上单数组成，其中评审专家人数不得少于评审小组成员总数的 2/3。评审专家可以由项目实施机构自行选定，但评审专家中应至少包含 1 名财务专家和 1 名法律专家。项目实施机构代表不得以评审专家身份参加项目的评审。

4. 谈判与合同签署

(1) 项目实施机构应成立专门的采购结果确认谈判工作组。按照候选社会资本的排名，依次与候选社会资本及与其合作的金融机构就合同中可变的细节问题进行合同签署前的确认谈判，率先达成一致的即为中选者。确认谈判不得涉及合同中不可谈判的核心条款，不得与排序在前但已终止谈判的社会资本进行再次谈判。

(2) 确认谈判完成后，项目实施机构应与中选社会资本签署确认谈判备忘录，并将采购结果和根据采购文件、响应文件、补遗文件和确认谈判备忘录拟定的合同文本进行公示，公示期不得少于 5 个工作日。

(3) 公示期满无异议的项目合同，应在政府审核同意后，由项目实施机构与中选社会资本签署。需要为项目设立专门项目公司的，待项目公司成立后，由项目公司与项目实施机构重新签署项目合同，或签署关于承继项目合同的补充合同。

六、PPP 项目执行

1. 项目公司设立

社会资本可依法设立项目公司，政府可指定相关机构依法参股项目公司。项目实施机构和财政部门(政府和社会资本合作中心)应监督社会资本按照采购文件和项目合同约定，按时足额出资设立项目公司。

2. 项目融资管理

项目融资由社会资本或项目公司负责。社会资本或项目公司应及时开展融资方案设计、机构接洽、合同签订和融资交割等工作。财政部门(政府和社会资本合作中心)和项目实施机构应做好监督管理工作,防止企业债务向政府转移。

3. 绩效监测与支付

社会资本项目实施机构应根据项目合同约定,监督社会资本或项目公司履行合同义务,定期监测项目产出绩效指标,编制季报和年报,并报财政部门(政府和社会资本合作中心)备案。项目合同中涉及的政府支付义务,财政部门应结合中长期财政规划统筹考虑,纳入同级政府预算,按照预算管理相关规定执行。项目实施机构应根据项目合同约定的产出说明,按照实际绩效直接或通知财政部门向社会资本或项目公司及时足额支付。

4. 中期评估

项目实施机构应每3～5年对项目进行中期评估,重点分析项目运行状况和项目合同的合规性、适应性和合理性;及时评估已发现问题的风险,制订应对措施,并报财政部门(政府和社会资本合作中心)备案。

七、PPP项目移交

(1) 项目移交时,项目实施机构或政府指定的其他机构代表政府收回项目合同约定的项目资产。

(2) 项目合同中应明确约定移交形式、补偿方式、移交内容和移交标准。移交形式包括期满终止移交和提前终止移交;补偿方式包括无偿移交和有偿移交;移交内容包括项目资产、人员、文档和知识产权等;移交标准包括设备完好率和最短可使用年限等指标。

(3) 项目实施机构或政府指定的其他机构应组建项目移交工作组,根据项目合同约定与社会资本或项目公司确认移交情形和补偿方式,制定资产评估和性能测试方案。

(4) 社会资本或项目公司应将满足性能测试要求的项目资产、知识产权和技术法律文件,连同资产清单移交项目实施机构或政府指定的其他机构,办妥法律过户和管理权移交手续。社会资本或项目公司应配合做好项目运营平稳过渡相关工作。

(5) 项目移交完成后,财政部门(政府和社会资本合作中心)应组织有关部门对项目产出、成本效益、监管成效、可持续性、政府和社会资本合作模式应用等进行绩效评价,并按相关规定公开评价结果。

【能力训练】

一、案例分析

徐州市自来水总公司项目

(一) 项目概况

1. 徐州自来水总公司为全民所有制企业,负责徐州市区自来水建设运营。

2. PPP运作现状:

(1) 徐州市自来水总公司的供水能力远远不能满足城市发展需要;

(2) 新建水厂和管网改造资金缺乏,新建60万吨骆马湖水厂所需1.58亿资金都无法解决；

(3) 经营管理技术落后，水泥管网较多，漏损严重。

(二) 实施 PPP 模式的关键问题

实施 PPP 模式的关键问题如图 7-6 所示。

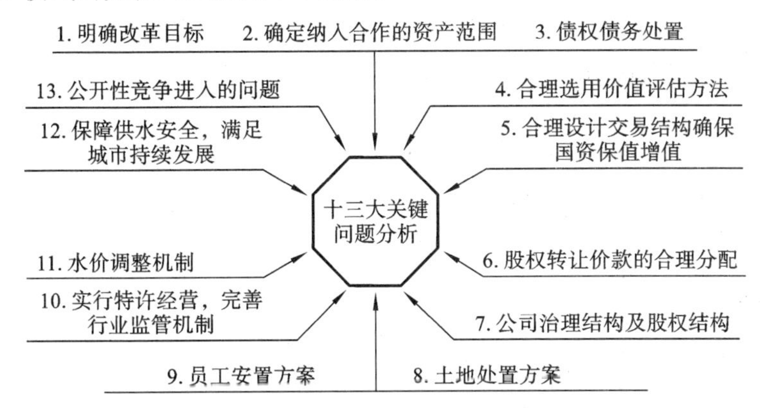

图 7-6　实施 PPP 模式的关键问题

(三) 该项目的 PPP 交易结构模式

徐州市自来水总公司项目 PPP 模式结构如图 7-7 所示。

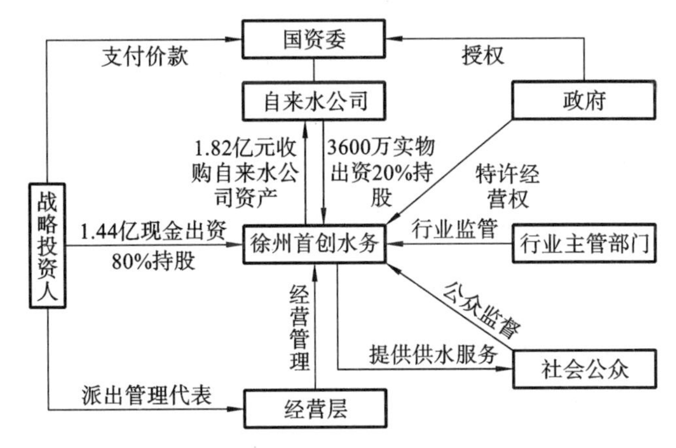

图 7-7　徐州市自来水总公司项目 PPP 模式结构

(四) 该项目 PPP 模式中的法律关系

(1) 合资协议。由徐州市国资办与投资者就合作的资产范围、出资比例以及未来合资公司的投资、管理、运营、双方的权利与义务等方面进行明确的规定，签订合资协议，是项目成立的核心部分。

(2) 特许经营权协议。由徐州市公用事业局与合资公司签署，赋予合资公司在规定的区域范围内享有独家提供供水服务和负责供水设施的建设、经营、维护和更新的权利。市政府同意在特许经营期内不再批准任何个人和企业进入特许经营区域从事供水服务，以确保合资公司实现排他性经营。

(3) 工程建设协议。由合资公司与工程总承包商就合资公司未来的扩建、新建工程分别达成工程承包合同。

(4) 贷款协议。由合资公司和国内外贷款银行之间就公司贷款建设水厂项目及担保安排等达成协议。

（5）价格约束。按《江苏省水价调整暂行办法》，以市政公用事业局为主体，进行必要的自来水价格调整可行性研究，上报政府及其授权机构，由政府及其授权机构审核，进行相关调整后确定自来水售水价格。

（五）取得的成效

（1）这是江苏省第一个将公用事业企业改革和引进资金同步操作、引进资金最多的项目，圆满实现了国有企业的转制和职工身份的平稳转换。

（2）实现了"引资、引制、引智"改革目标。

（3）实现了国有资产的保值增值。

（4）实现了企业改革和职工的平稳过渡。

（5）实现了政府和社会资本的合作共赢。

二、复习思考题

1. 简述 PPP 的概念。
2. 简述 PPP 模式的分类。
3. 简述 PPP 项目操作流程。
4. 简述 PPP 模式的适用范围。
5. 上题案例中的"徐州首创水务"的权利和义务分别是什么？

第八章　建设工程合同

【知识目标】

1. 掌握各类合同的基本组成部分。
2. 掌握各类合同订立的依据和条件。
3. 掌握各方主体的权利与义务。

【技能目标】

1. 会拟定各类合同条款。
2. 会签订合同。
3. 沟通、团队协作的能力。

【引导案例】

南京某总承包公司(承包人)与某开发商集团(发包人)签订了一份建设工程总承包合同。合同中规定,建设项目为燕平大厦,承包商承包范围为图纸设计、材料采购(钢材、设备由甲供)土建、装饰、水电安装、绿化工程,总造价为5000万元,按照工程进度付款,合同工期为700天。经过项目前期准备,工程于2008年5月1日正式开工,2009年10月20日竣工,经验收合格后交付发包人使用。在此期间发生了材料采购问题与工程纠纷,发包人认为承包人所采购的门窗不符合国家标准,且拖延工期82天,拒付工程尾款400万元;承包人认为工程验收合格,发包人应当支付工程款。两方发生争执,那么怎么预防和解决此类争议?通过本章相关知识的学习,来妥善解决合同争议的问题。

第一节　建设工程合同的概念及分类

一、建设工程合同的概念

建设工程合同是承包人进行工程建设(含施工、咨询、委托监理、勘察设计、物资采购等),发包人向其支付价款的合同,属于承包合同的一种。通常有建设工程勘察与设计合同、建设工程施工合同、建设工程委托监理合同、建设工程物资采购合同、建设工程保险合同、建设工程担保合同等。

按合同主体是否跨国为标准分为国内工程合同和国际工程合同。国内工程承包合同,是指合同双方都属于同一国的建设工程合同。国际工程合同是指一国的建筑工程发包人与他国的建筑工程承包人之间,为承包建筑工程项目,就双方权利义务达成一致的协议。国际工程承包合同的主体一方或双方是外国人,其标的是特定的工程项目,如道路建设,油田、矿井的开发,水利设施建设等。合同内容是双方当事人依据有关国家的法律和国际惯例以及特定的为世界各国所承认的国际工程招标投标程序,确立的为完成本项特定工程的双方当事人之间的权利义务。这一合同又可分为工程咨询合同、建设施工合同、工程服务合同以及提供设备和安装合同等。本章主要介绍几种常见的建设工程合同。

二、建设工程合同的分类

建设工程合同按照工程不同的性质、阶段、内容，通常可作如下分类。

1. 按承包方式分类

建设工程合同按承包方式可分为工程总承包合同、承包合同、专业分包合同、劳务分包合同。

（1）工程总承包合同，又称为“交钥匙承包合同”，即发包人将建设工程的勘察、设计、施工等工程建设的全部任务一并发包给一个具备相应的总承包资质条件的承包人。

（2）承包合同，是指总承包人就工程的勘察、设计、建筑安装任务分别与勘察人、设计人、施工人订立的勘察、设计、施工承包合同。

（3）专业分包合同，是指施工总承包企业将其所承包工程中的专业工程发包给具有相应资质的其他建筑企业完成的合同。例如单位工程中的地基、装饰、幕墙工程。

（4）劳务分包合同，是指施工总承包企业或者专业承包企业将其承包工程中的劳务作业发包给劳务分包企业完成的合同。

2. 按工程实施的不同阶段和职能分类

按工程实施的不同阶段和职能，建设工程合同分为勘察合同、设计合同、施工合同、招投标代理合同、监理合同、工程咨询合同、物资采购合同、工程保险合同、工程担保合同等。

3. 按工程计价方式分类

按工程计价方式的不同，建设工程合同分为固定价合同、可调价合同、成本加酬金合同。

其中固定价合同可分为固定总价合同和固定单价合同；可调价合同可分为可调总价合同和可调单价合同。

4. 按施工内容(单位工程、分部分项工程)分类

按施工内容的不同，建设工程合同分为主体结构合同、地基与基础合同、设备安装合同、水电合同、装修合同、电梯合同、幕墙合同、弱电工程合同、锅炉合同、垃圾处理合同、室外道路合同、园林绿化合同等。

5. 按行业的不同分类

按行业的不同，建设工程合同分为建筑工程合同、市政工程合同、水利工程合同、公路工程合同、铁路工程合同、通讯工程合同、航空工程合同、港口工程合同等。

第二节　建设工程施工合同

一、建设工程施工合同的概念

建设工程施工合同是指发包方（建设单位）和承包方（施工人）为完成商定的施工工程，明确相互权利、义务的协议。依照施工合同，施工单位应完成建设单位交给的施工任务，建设单位应按照规定提供必要条件并支付工程价款。建设工程施工合同是承包人进行工程建设施工，发包人支付价款的合同，是建设工程的主要合同，同时也是工程建设质量控制、进度控制、投资控制的主要依据。施工合同的当事人是发包方和承包方，双方是平等的民事主体。

二、建设工程施工合同的特征

(1) 有着特殊的标的物。该类合同为完成特定的建设项目需要大量的建筑产品。这些建筑产品除具有一般商品的特性外,还应根据不同的工程选用特殊的材料。

(2) 建设工程施工合同条款多。现在的建设工程施工合同通常包含很多通用条款和专用条款,对于招投标的许多文件及补充文件,也是合同的重要组成部分。因涉及双方的权利义务内容非常丰富,所以除必备的书面形式要件外,其涉及的内容十分繁杂,条文少则数十条,多则上百条。

(3) 该类合同涉及法律、法规多。工程项目建设是十分重要的经济活动,对国家和社会的生产生活具有重大影响,其中建设工程质量更是直接关系到人民群众的生命财产安全,因此,国家发布大量的法律、法规及部门规章,来加强对工程项目建设的严格监督和管理。

(4) 建设工程施工合同具有严格的计划性要求。

(5) 签订建设工程施工合同,除应符合法律有关一般性合同成立的要件外,还需符合一些特定条件。

三、建设工程施工合同的作用

在市场经济条件下,随着社会法制建设的不断完善和社会法治意识的不断加强,"按合同办事"已成为工程建设领域公认的一种规律和要求。施工合同依据法律的约束,遵循公平交易的原则,确定各方的权利和义务,对进一步规范各方建设主体的行为,维护当事人的合法权益,培养和完善建设市场将起着重要的作用。建设工程施工合同的作用主要表现在下列几个方面。

1. 明确建设工程发包人和承包人在施工阶段的权利和义务

《中华人民共和国合同法》规定:"依法成立的合同,对当事人具有法律约束力,受法律保护。"施工合同的法律效力有三层含义:即双方都应认真履行各自的义务;任何一方都无权擅自修改或废除合同;如果任何一方违反履行合同义务,就不能享受相应权利,还要承担违约责任。

2. 实行建设工程施工阶段监理的法定依据

《中华人民共和国建筑法》第 30 条规定:"国家推行建筑工程监理制度。"第 31 条规定:"建筑工程监理应当依照法律、行政法规及有关的技术标准、设计文件和建筑工程承包合同,对承包单位在施工质量、建设工期和建设资金使用方面,代表建设单位实施监督。"在这些法定依据中,建筑工程承包合同,也就是施工合同中,一是明确了建设工程的发包人、承包人和监理人三者的关系是通过工程监理合同和施工合同确立的;二是明确了监理人对工程的监理是以施工合同为依据的。

3. 保护发包人和承包人权益的依据

《中华人民共和国民法通则》第 85 条规定:"合同是当事人之间设立、变更、终止民事关系的协议。依法成立的合同,受法律保护。"

无论是哪种情况的违约,权利受到侵害的一方,就要以施工合同为依据,根据有关法律,追究对方的法律责任。施工合同一经订立,就成为调解、仲裁和审理纠纷的依据。因此,施工合同是保护建设工程实施阶段发包人和承包人权益的依据。

4. 有利于建筑市场的培育发展

在计划经济条件下,行政手段是施工管理的主要方法;在市场经济条件下,合同是维系市场运转的主要因素。因此,培育和发展建筑市场,首先要培育合同(契约)意识,其次推行建设监理制度、实行招标投标制(这些都是建筑市场的组成部分)等,但都要以签订施工合同为基础,否则建筑市场的培育和发展将无从谈起。

四、建设工程施工合同的订立

(一) 建设工程施工合同订立的依据和条件

1. 建设工程施工合同订立的依据

(1)《中华人民共和国合同法》。

(2)《中华人民共和国建筑法》。

(3)《建设工程施工合同(示范文本)》。

2. 建设工程施工合同订立应具备的条件

(1) 初步设计已经批准。

(2) 有能够满足施工需要的设计文件和有关技术资料。

(3) 建设资金和主要建筑材料设备来源已经落实。

(4) 通过招标选择承包单位的工程,其中标通知书已经下达。

(5) 工程项目已经列入年度建设计划。

除此之外,发承包双方签订施工合同,必须具备相应资质条件和履行施工合同的能力。承办人员签订合同,应取得法定代表的授权委托书。

(二) 建设工程施工合同的内容和签订程序

1. 建设工程施工合同的内容

承发包方应尽可能采用标准的合同范本订立施工合同,通常按所选定的标准合同示范文本(国家建设部,国家工商行政管理局印发的《建设工程施工合同(示范文本)》(GF—2017—0201))或双方约定的合同条件协商签订。《建设工程施工合同(示范文本)》主要适用于各类公用建筑,民用住宅,工业厂房,交通设施及线路,管道的施工和设备安装工程。

《建设工程施工合同(示范文本)》由协议书、通用条款、专用条款三部分组成,并附有三个附件:承包方承揽工程项目一览表、发包方供应材料设备一览表、房屋建筑工程质量保修书。

(1) 协议书。

协议书规定了合同当事双方最主要的权利和义务,规定了组成合同的文件及合同当事人对履行合同义务的承诺,合同当事人需要在协议书上签字盖章。

协议书的内容包括工程承包范围,合同工期,质量标准,合同价款,组成合同的文件及双方的承诺书等。

(2) 通用条款。

通用条款是根据《中华人民共和国合同法》《中华人民共和国建筑法》等法律、法规,对承发包方双方的协议义务作出规定,除双方协商一致后对其中的某些条款作了修改、补充或取消外,其余条款双方都必须履行。

通用条款具有施行的通用性,基本通用于各类工程。通用条款共有 11 部分 47 条,基本内容包括以下各项。

① 词语定义及合同文件，包括词语定义、合同文件及解释顺序、语言文字和通用法律、标准及规范和图纸。

② 双方一般权利和义务，包括工程师、工程师的委派和指令、项目经理、发包人工作、承包人工作。

③ 施工组织设计和工期，包括进度计划、开工及延期开工、暂停施工、工期延误和工程竣工。

④ 质量和检验，包括工程质量、检查和返工、隐蔽工程和中间验收、重新检验、工程试车。

⑤ 安全施工，包括安全施工与检查、安全防护、事故处理。

⑥ 合同价款与支付，包括合同价款及调整、工程预付款、工程量的确认和工程款（进度款）支付。

⑦ 材料设备供应，包括发包人供应材料设备和承包人采购材料设备。

⑧ 工程变更，包括工程设计变更、其他变更和确定变更价款。

⑨ 违约、索赔和争议。

⑩ 其他，包括工程分包、不可抗力、保险、担保、专利技术及特殊工艺、文物和地下障碍物、合同解除、合同份数和补充条款。

（3）专用条款。

由于建筑工程的条件各不相同，通用条款不能完全适用各个具体工程，因此专用条款对其作必要的修改和补充，使通用条款和专用条款成为双方统一意愿的体现。专用条款的条款号与通用条款相一致，但主要是空格，由当事人根据具体情况予以明确或者对通用条款进行修改、补充。

（4）附件。

《建设工程施工合同（示范文本）》的附件，是对施工合同当事人的权利和义务的进一步明确，并使合同当事人的有关工作一目了然，便于执行和管理。

2. 建设工程施工合同的签订程序

建设工程施工合同作为合同的一种，其签订也应该经过要约和承诺两个阶段。从合同法角度分析，通过招标方式签订的合同，招标文件是要约邀请，投标文件是要约，中标通知书是承诺。

发包人通过招标方式选择施工承包单位。中标通知书发出后，中标人应当及时与发包人签订施工合同，对双方的责任、义务、权益等合同内容作出进一步的文字明确。

依据《中华人民共和国招标投标法》的规定，中标通知书发出30天内，中标人应与发包人依据招标文件投标书等，签订施工合同。投标书中已确定的合同条款在签订时不得更改，确定的合同价应与中标价相一致。发包方应依据合同条件逐条与承包单位进行协商。承发包双方对合同内容取得一致意见后，即可正式签订施工合同，经双方签字盖章后，施工合同即生效。

五、建设工程施工合同的履行

合同的履行指的是合同规定义务的执行。任何合同规定义务的执行，都是合同的履行行为；相应地，凡是不执行合同规定义务的行为，都是合同的不履行。因此，合同的履行，表现为当事人执行合同义务的行为。当合同义务执行完毕时，合同也就履行完毕。

六、合同中各方的权利和义务

1. 发包人的权利和义务

(1) 发包人应遵守法律，并办理法律规定由其办理的许可、批准或备案，包括但不限于建设用地规划许可证、建设工程规划许可证、建设工程施工许可证、施工所需临时用水和临时用电、中断道路交通、临时占用土地等许可和批准。发包人应协助承包人办理法律规定的有关施工证件和批件。

因发包人原因未能及时办理完毕前述许可、批准或备案，由发包人承担由此增加的费用和(或)延误的工期，并支付承包人合理的利润。

(2) 发包人应在专用合同条款中明确其派驻施工现场的发包人代表的姓名、职务、联系方式及授权范围等事项。发包人代表在发包人的授权范围内，负责处理合同履行过程中与发包人有关的具体事宜。发包人代表在授权范围内的行为由发包人承担法律责任。发包人更换发包人代表的，应提前 7 天书面通知承包人。

发包人代表不能按照合同约定履行其职责及义务，并导致合同无法继续正常履行的，承包人可以要求发包人撤换发包人代表。

不属于法定必须监理的工程，监理人的职权可以由发包人代表或发包人指定的其他人员行使。

(3) 发包人应要求在施工现场的发包人人员遵守法律及有关安全、质量、环境保护、文明施工等规定，并保障承包人免于承受因发包人人员未遵守上述要求给承包人造成的损失和责任。

发包人人员包括发包人代表及其他由发包人派驻施工现场的人员。

(4) 其他工作。

① 提供施工现场。除专用合同条款另有约定外，发包人应最迟于开工日期 7 天前向承包人移交施工现场。

② 提供施工条件。除专用合同条款另有约定外，发包人应负责提供施工所需要的条件，包括：将施工用水、电力、通信线路等施工所必要的条件接至施工现场内；保证向承包人提供正常施工所需要的进入施工现场的交通条件；协调处理施工现场周围地下管线和邻近建筑物、构筑物、古树名木的保护工作，并承担相关费用；按照专用合同条款约定应提供的其他设施和条件。

③ 提供基础资料。发包人应当在移交施工现场前向承包人提供施工现场及工程施工所必需的毗邻区域内供水、排水、供电、供气、供热、通信、广播电视等地下管线资料，气象和水文观测资料，地质勘察资料，相邻建筑物、构筑物和地下工程等有关基础资料，并对所提供资料的真实性、准确性和完整性负责。

按照法律规定确需在开工后方能提供的基础资料，发包人应尽其努力及时地在相应工程施工前的合理期限内提供，合理期限应以不影响承包人的正常施工为限。

因发包人原因未能按合同约定及时向承包人提供施工现场、施工条件、基础资料的，由发包人承担由此增加的费用和(或)延误的工期。

④ 资料来源证明及支付担保。除专用合同条款另有约定外，发包人应在收到承包人要求提供资金来源证明的书面通知后 28 天内，向发包人提供能够按照合同约定支付合同加宽的相应资金来源证明。

除专用合同条款另有约定外，发包人要求承包人提供履约担保的，发包人应当向承包人提供支付担保。支付担保可以采用银行保函或担保公司担保等形式，具体由合同当事人在专用合同条款中约定。

⑤ 支付合同价款。发包人应按合同约定向承包人及时支付合同价款。

⑥ 组织竣工验收。发包人应按合同约定及时组织竣工验收。

2. 承包人的义务和职责

(1) 承包人的一般义务。

承包人在履行合同过程中应遵守法律和工程建设标准规范，并履行以下义务。

① 办理法律规定应由承包人办理的许可和批准，并将办理结果书面报送发包人留存。

② 按法律规定和合同约定完成工程，并在保修期内承担保修义务。

③ 按法律规定和合同约定采取施工安全和环境保护措施，办理工伤保险，确保工程及人员、材料、设备和设施的安全。

④ 按合同约定的工作内容和施工进度要求，编制施工组织设计和施工措施计划，并对所有施工作业和施工方法的完备性和安全可靠性负责。

⑤ 在进行合同约定的各项工作时，不得侵害发包人与他人使用公用道路、水源、市政管网等公共设施的权利，避免对邻近的公共设施产生干扰。承包人占用或使用他人的施工场地，影响他人作业或生活的，应承担相应责任。

⑥ 按照环境保护约定负责施工场地及其周边环境与生态的保护工作。

⑦ 按安全文明施工约定采取施工安全措施，确保工程及其人员、材料、设备和设施的安全，防止因工程施工造成的人身伤害和财产损失。

⑧ 将发包人按合同约定支付的各项价款专用于合同工程，且应及时支付其雇佣人员工资，并及时向分包人支付合同价款。

⑨ 按照法律规定和合同约定编制竣工资料，完成竣工资料立卷及归档，并按专用合同条款约定的竣工资料的套数、内容、时间等要求移交发包人。

⑩ 应履行的其他义务。

(2) 承包人的职责。

承包人除履行以上义务外，还应执行以下职责。

① 承包人人员：除专用合同条款另有约定外，承包人应在接到开工通知后 7 天内，向监理人提交承包人项目管理机构及施工现场人员安排的报告，其内容应包括合同管理、施工、技术、材料、质量、安全、财务等主要施工管理人员名单及其岗位、注册执业资格等，以及各工种技术工人的安排情况，并同时提交主要施工管理人员与承包人之间的劳动关系证明和缴纳社会保险的有效证明。

承包人派驻到施工现场的主要施工管理人员应相对稳定。施工过程中如有变动，承包人应及时向监理人提交施工现场人员变动情况的报告。承包人更换主要施工管理人员时，应提前 7 天书面通知监理人，并征得发包人书面同意。通知中应当载明继任人员的注册执业资格、管理经验等资料。

特殊工种作业人员均应持有相应的资格证明，监理人可以随时检查。

发包人对于承包人主要施工管理人员的资格或能力有异议的，承包人应提供资料证明被质疑人员有能力完成其岗位工作或不存在发包人所质疑的情形。发包人要求撤换不能按照合同约定履行职责及义务的主要施工管理人员，承包人应当撤换。承包人无正当理由拒绝撤换的,应按照专用合同条款的约定承担违约责任。

除专用合同条款另有约定外,承包人的主要施工管理人员离开施工现场每月累计不超过5天的,应报监理人同意;离开施工现场每月累计超过5天的,应通知监理人,并征得发包人书面同意。主要施工管理人员离开施工现场前应指定一名有经验的人员临时代行其职责,该人员应具备履行相应职责的资格和能力,且应征得监理人或发包人的同意。

承包人擅自更换主要施工管理人员,或前述人员未经监理人或发包人同意擅自离开施工现场的,应按照专用合同条款约定承担违约责任。

② 承包人现场查勘:承包人应对基于发包人按照提交的基础资料所做出的解释和推断负责,但因基础资料存在错误、遗漏导致承包人解释或推断失实的,由发包人承担责任。

承包人应对施工现场和施工条件进行查勘,并充分了解工程所在地的气象条件、交通条件、风俗习惯以及其他与完成合同工作有关的其他资料。因承包人未能充分查勘、了解前述情况或未能充分估计前述情况所可能产生后果的,承包人承担由此增加的费用和(或)延误的工期。

③ 承包人对分包进行管理:承包人不得将其承包的全部工程转包给第三人,或将其承包的全部工程肢解后以分包的名义转包给第三人。承包人不得将工程主体结构、关键性工作及专用合同条款中禁止分包的专业工程分包给第三人,主体结构、关键性工作的范围有合同当事人按照法律规定在专用合同条款中予以明确。

承包人不得以劳务分包的名义转包或违法分包工程。

承包人应按专用合同条款的约定进行分包,确定分包人。已标价工程量清单或预算书中给定暂估价的专业工程,按照暂估价确定分包人。按照合同约定进行分包的,承包人应确保分包人具有相应的资质和能力。工程分包不减轻或免除承包人的责任和义务,承包人和分包人就分包工程向发包人承担连带责任。除合同另有约定外,承包人应在分包合同签订后7天内向发包人和监理人提交分包合同副本。

承包人应向监理人提交分包人的主要施工管理人员表,并对分包人的施工人员进行实名制管理,包括但不限于进出场管理、登记造册以及各种证照的办理。

除双方约定生效法律文书要求发包人向分包人支付分包合同价款的,发包人有权从应付承包人工程款中扣除该部分款项或专用合同条款另有约定外,分包合同价款由承包人与分包人结算,未经承包人同意,发包人不得向分包人支付分包工程价款。

④ 工程照管与成品、半成品保护:除专用合同条款另有约定外,自发包人向承包人移交施工现场之日起,承包人应负责照管工程及工程相关的材料、工程设备,直到颁发工程接收证书之日止。

在承包人负责照管期间,应承包人原因造成工程、材料、工程设备损坏的,由承包人负责修复或更换,并承担由此增加的费用和(或)延误的工期。

对合同内分期完成的成品和半成品,在工程接收证书颁发前,由承包人承担保护责任。

因承包人原因造成成品或半成品损坏的,由承包人负责修复或更换,并承担由此增加的费用和(或)延误的工期。

⑤ 履约担保:发包人需要承包人提供履约担保的,由合同当事人在专用合同条款中约定履约担保的方式、金额及期限等。履约担保可以采用银行保函或担保公司担保等形式,具体由合同当事人在专用合同条款中约定。

因承包人原因导致工期延长的,继续提供履约担保所增加的费用由承包人承担;非因承包人原因导致工期延长的，继续提供履约担保所增加的费用由发包人承担。

⑥ 联合体要求：联合体各方应共同与发包人签订合同协议书。联合体各方应为履行合同向发包人承担连带责任。联合体协议经发包人确认后作为合同附件。在履行合同过程中，未经发包人同意，不得修改联合体协议。联合体牵头人负责与发包人和监理人联系，并接受指示，负责组织联合体各成员全面履行合同。

3. 项目经理

项目经理应为合同当事人所确认的人选，并在专用合同条款中明确项目经理的姓名、职称、注册执业证书编号、联系方式及授权范围等事项，项目经理经承包人授权后代表承包人负责履行合同。项目经理应是承包人正式聘用的员工，承包人应向发包人提交项目经理与承包人之间的劳动合同，以及承包人为项目经理缴纳社会保险的有效证明。承包人不提交上述文件的，项目经理无权履行职责，发包人有权要求更换项目经理，由此增加的费用和(或)延误的工期由承包人承担。

项目经理应常驻施工现场，且每月在施工现场时间不得少于专用合同条款约定的天数。项目经理不得同时担任其他项目的项目经理。项目经理确需离开施工现场时，应事先通知监理人，并取得发包人的书面同意。项目经理的通知中应当载明临时代行其职责的人员的注册执业资格、管理经验等资料，该人员应具备履行相应职责的能力。

项目经理按合同约定组织工程实施。在紧急情况下为确保施工安全和人员安全，在无法与发包人代表和总监理工程师及时取得联系时，项目经理有权采取必要的措施保证与工程有关的人身、财产和工程的安全，但应在 48 小时内向发包人代表和总监理工程师提交书面报告。

承包人需要更换项目经理的，应提前 14 天书面通知发包人和监理人，并征得发包人书面同意。通知中应当载明继任项目经理的注册执业资格、管理经验等资料，继任项目经理继续履行约定的相应职责。未经发包人书面同意，承包人不得擅自更换项目经理。承包人擅自更换项目经理的，应按照专用合同条款的约定承担违约责任。

发包人有权书面通知承包人更换其认为不称职的项目经理，通知中应当载明要求更换的理由。承包人应在接到更换通知后 14 天内向发包人提出书面的改进报告。发包人收到改进报告后仍要求更换的，承包人应在接到第二次更换的 28 天内进行更换，并将新任命的项目经理的注册执业资格、管理经验等资料书面通知发包人。继任项目经理继续履行约定的相应职责。承包人无正当理由拒绝更换项目经理的，应按照专用合同条款的约定承担违约责任。

项目经理因特殊情况授权其下属人员履行其某项工作职责的，该下属人员应具备履行相应职责的能力，并应提前 7 天将上述人员的姓名和授权范围书面通知监理人，并征得发包人书面同意。

4. 监理人

监理人是指在专用合同条款中指明的，受发包人委托按照法律规定进行工程监督管理的法人或其他组织。在法定必须监理的项目中，监理人是法定的参与主体，对于保证建设工程的质量和安全具有重要意义。

工程实行监理的，发包人和承包人应在专用合同条款中明确监理人的监理内容及监理权限等事项。监理人应当根据发包人授权及法律规定，代表发包人对工程施工相关事项进行检查、查验、审核、验收，并签发相关指示，但监理人无权修改合同，且无权减轻或免除合同约定的承包人的任何责任与义务。

除专用合同条款另有约定外，监理人在施工现场的办公场所、生活场所由承包人提供，所发生的费用由发包人承担。

发包人授予监理人对工程实施监理的权利由监理人派驻施工现场的监理人员行使，监理人员包括总监理工程师及监理工程师。监理人应将授权的总监理工程师和监理工程师的姓名及授权范围以书面形式提前通知承包人。更换总监理工程师的，监理人应提前7天书面通知承包人；更换其他监理人员，监理人应提前48小时书面通知承包人。

监理人应按照发包人的授权发出监理指示。监理人的指示应采用书面形式，并经其授权的监理员签字。紧急情况下，为了保证施工人员的安全或避免工程受损，监理人员可以口头形式发出指示，该指示与书面形式的指示具有同等法律效力，但必须在发出口头指示后24小时内补发书面监理指示，补发的书面监理指示应与口头指示一致。

监理人发出的指示应送达承包人项目经理或项目经理授权接收的人员。因监理人未能按合同约定发出指示、指示延误或发出错误指示而导致承包人费用增加和(或)工期延误的，由发包人承担相应责任。除专用合同条款另有约定外，总监理工程师不应将根据商定或确定条款约定由总监理工程师做出确定的权力授权或委托给其他监理人员。

承包人对监理人发出的指示有疑问的，应向监理人提出书面异议，监理人应在48小时内对该指示予以确认、更改或撤销，监理人逾期未回复的，承包人有权拒绝执行上述指示。

监理人对承包人的任何工作、工程或其采用的材料和工程设备未在约定的或合理期限内提出意见的，视为批准，但不免除或减轻承包人对该工作、工程、材料、工程设备等应承担的责任和义务。

合同当事人进行商定或确定时，总监理工程师应当会同合同当事人尽量通过协商达成一致，不能达成一致的，由监理工程师按照合同约定审慎作出公正的确定。

总监理工程师应将确定书面形式通知发包人和承包人，并附详细依据。合同当事人对总监理工程师的确定没有异议的，按照总监理工程师的确定执行。任何一方合同当事人有异议，按照争议解决条款约定处理。争议解决前，合同当事人暂按总监理工程师的确定执行；争议解决后，争议解决的结果与总监理工程师的确定不一致的，按照争议解决的结果执行，由此造成的损失由责任人承担。

七、建设工程施工合同的争议解决

根据《中华人民共和国合同法》第437条的规定，解决合同纠纷共有四种方式：一是用协商的方式自行解决，这是最好的方式；二是用调解的方式，由有关部门帮助解决；三是用仲裁的方式，由仲裁机关解决；四是用诉讼的方式，即向人民法院提起诉讼以寻求纠纷的解决。

八、合同的效力

合同生效，是指法律按照一定标准对合同评价后而赋予强制力。已经成立的合同，必须具备一定的生效要件，才能产生法律约束力。合同生效要件是判断合同是否具有法律效力的评价标准。合同的生效要件有如下几项。

1. 意思表示真实

所谓意思表示真实，是指表意人的表示行为真实反映其内心的效果意思，及表示行为应当与效果意思相一致。

2. 不违反法律行政法规的强制性规定，不损害社会公共利益

有效合同不仅不得违反法律行政法规的强制性规定，而且不得损害社会公共利益。社会公共利益是一个抽象的概念，内涵丰富范围宽泛，包括了政治基础、社会秩序、社会公共道德要求，可以弥补法律、行政法规明文规定的不足。对于那些表面上虽未违反现行法律明文强制性规定但实质上违反社会规范的合同行为，具有重要的否定作用。

3. 具备法律所要求的形式

这里的形式包括两层意思：订立合同的程序与合同的表现形式。这两方面都必须要符合法律的规定，否则不能发生法律效力。例如，《中华人民共和国合同法》第44条规定："依法成立的合同，自成立时生效。法律行政法规规定应当办理批准登记等手续生效的，依据其规定。"如果符合此规定的合同没有进行登记备案，则合同不能发生法律效力。

第三节　建设工程委托监理合同

一、建设工程委托监理合同的概念和特点

1. 建设工程委托监理合同的概念

建设工程委托监理合同，是指工程建设单位聘请监理单位代其对工程项目进行管理，明确双方权利、义务的协议。建设单位称委托人，监理单位称受托人。

2. 建设工程委托监理合同的特点

(1) 委托监理合同的当事人双方应当是具有民事权利能力和民事行为能力、取得法人资格的企事业单位或其他社会组织，个人在法律允许范围内也可以成为合同当事人。作为委托人必须是有国家批准的建设项目、落实投资计划的企事业单位、其他社会组织及个人，作为监理人必须是依法成立具有法人资格的监理单位，并且所承担的工程监理业务应与单位资质相符合。

(2) 委托监理合同的订立必须符合工程项目建设程序。

(3) 委托监理合同的标的是服务，即监理工程师凭据自己的知识、经验、技能受业主委托为其所签订的其他合同的履行实施监督和管理。因此，《中华人民共和国合同法》将监理合同划入委托合同的范畴。《中华人民共和国合同法》第276条规定："建设工程实施监理的，发包人应当与监理人采用书面形式订立委托监理合同。发包人与监理人的权利和义务以及法律责任，应当依照本法委托合同以及其他有关法律、行政法规的规定。"

二、建设工程委托监理合同示范文本

组成委托监理合同的文件包括如下各项：

(1) 协议书；

(2) 中标通知书(适用于招标工程)或委托书(适用于非招标工程)；

(3) 投标文件(适用于招标工程)或监理与相关服务建议书(适用于非招标工程)；

(4) 专用条件；

(5) 通用条件；

(6) 附录,包括:附录A相关服务的范围和内容;附录B委托人派遣的人员和提供的房屋、资料、设备。

委托监理合同签订后,双方依法签订的补充协议也是合同文件的组成部分。

三、合同双方的义务

1. 监理人的义务

(1) 本着守法、公正、诚信、科学的原则,按专用合同条款约定的监理服务内容为委托人提供优质服务。

(2) 在专用合同条款约定的时间内组建监理机构,并进驻现场。及时将监理规划及其主要人员名单提交委托人,将监理机构人员名单、监理工程师和监理员的授权范围通知承包人;实施期间有变化的,应当及时通知承包人。更换总监工程师和其他监理人员应征得委托人同意。

(3) 发现设计文件不符合有关规定或合约约定时,应向委托人报告。

(4) 检验建筑材料、建筑构配件和设备质量,检查、检验并确认工程的施工质量,检查施工安全生产情况。发现存在质量、安全事故隐患,或发生质量、安全事故,应按有关规定及时采取相应的监理措施。

(5) 监督检查施工进度。

(6) 按照委托人签订的工程险合同,做好施工现场工程险合同的管理。协助委托人向保险公司及时提供一切必要的材料和证据。

(7) 协调施工合同各方之间的关系。

(8) 按照施工作业程序,采取旁站、巡视、跟踪检测和平行检测等方法实施监理。需要旁站的重要部位和关键工序在专用合同条款中约定。

(9)及时做好工程施工过程各种监理信息的收集、整理和归档,并保证现场记录、试验、检验、检查等资料的完整和真实。

(10) 编制监理日志,并向委托人提供月报、监理专题报告、监理工作报告和监理工作总结报告。

(11) 按有关规定参加工程验收,做好相关配合工作。委托人委托监理人主持的分部工程验收由专用条款约定。

(12) 妥善做好委托人所提供的工程建设文件资料的保存、回收及保密工作。在本合同期限内或专用合同条款约定的合同终止后的一年期限内,未征得委托人同意,不得公开涉及委托人的专利、专有技术或其他保密的资料,不得泄漏与本合同业务有关的技术、商务等秘密。

2. 委托人的义务

(1) 委托人应负责建设工程的所有外部关系的协调工作,满足开展监理工作所需提供的外部条件。

(2) 与监理人做好协调工作。委托人要授权一位熟悉建设工程情况、能迅速作出决定的常驻代表,负责与监理人联系。更换此人要提前通知监理人。

(3) 为了不耽搁服务,委托人应在合理的时间内就监理人以书面形式提交并要求作出决定的一切事宜作出书面决定,即及时作出书面决定的义务。

(4) 为监理人顺利履行合同义务,做好协助工作。协助工作包括以下几方面内容。

① 将授予监理人的监理权利,以及监理人监理机构主要成员的职能分工、监理权限及

时书面通知已选定的第三方，并在第三方签订的合同中予以明确。

② 在双方议定的时间内，免费向监理人提供与工程有关的监理服务所需要的工程资料。

③ 为监理人驻工地监理机构开展正常工作提供协助服务。服务内容包括信息服务、物质服务和人员服务三个方面。

a. 信息服务是指协助监理人获取工程使用的原材料、构配件、机构设备等生产厂家名录，以掌握产品质量信息，向监理人提供与本工程有关的协作单位、配合单位的名录，以方便监理工作的组织协调。

b. 物质服务是指免费向监理人提供合同专用条件约定的设备、设施、生活条件等。这些属于委托人财产的设备和物品，在监理任务完成和终止时，监理人应将其交还委托人。如果双方议定某些本应由委托人提供的设备由监理人自备，则应给监理人合理的经济补偿。对于这种情况，要在专用条件的相应条款内明确经济补偿的计算方法，通常如下：

补偿金额＝设施在工程使用时间占折旧年限的比例×设施原值＋管理费

c. 人员服务是指如果双方议定，委托人应免费向监理人提供职员和服务人员，也应在专用条件中写明提供的人数和服务时间。当涉及监理服务工作时，委托人所提供的职员只应从监理工程师处接受指示。监理人应与这些提供服务人员密切合作，但不对他们的失职行为负责。例如，委托人选定某一科研机构的实验室负责对材料和工艺质量的检测试验，并与其签订委托合同，试验机构的人员应接受监理工程师的指示完成相应的试验工作，但监理人既不对检测试验数据的错误负责，也不对由此而导致的判断失误负责。

第四节　建设工程勘察、设计合同

一、建设工程勘察、设计合同概述

建设工程勘察、设计合同是指委托方与承包方为完成特定的勘察、设计任务，明确相互权利和义务关系而订立的合同。建设单位称为委托方，勘察设计单位称为承包方。

《建设工程勘察设计合同管理办法》第 4 条规定，勘察、设计合同的发包人应当是法人或者自然人，承接方必须具有法人资格。甲方是建设单位或项目管理部门，乙方是持有建设行政主管部门颁发的工程勘察设计资质证书、工程勘察设计收费资格证书和工商行政管理部门核发的企业法人营业执照的工程勘察设计单位。

二、建设工程勘察合同的订立

依据示范文本订立建设工程勘察合同时，双方通过协商，应根据工程项目的特点，在相应条款内明确以下方面的具体内容。

1. 发包人应提供的勘察依据文件和资料

(1) 提供本工程批准文件（复印件），以及用地（附红线范围）、施工、勘察许可等批件（复印件）。

(2) 提供工程勘察任务委托书、技术要求和工作范围的地形图、建筑总平面布置图。

(3) 提供勘察工作范围已有的技术资料及工程所需的坐标与标高资料。

(4) 提供勘察工作范围地下已有埋藏物的资料(如电力电缆、通信电缆、各种管道、人防设施、洞室等)及具体位置分布图。

(5) 其他必要的相关资料。

2. 委托任务的工作范围

(1) 工程勘察任务(内容)。可能包括:自然条件观测;地形图测绘;资源探测;岩土工程勘察;地震安全性评价;工程水文地质勘察;环境评价;模型试验等。

(2) 技术要求。

(3) 预计的勘察工作量。

(4) 勘察成果资料提交的份数。

3. 合同工期

合同工期是指合同约定的勘察工作开始和终止的时间。

4. 勘察费用

(1) 勘察费用的预算金额。

(2) 勘察费用的支付程序和每次支付的百分比。

5. 发包人应为勘察人提供的现场工作条件

根据项目的具体情况,双方可以在合同内约定由发包人负责保证勘察工作顺利开展应提供的条件,可能包括如下几项:

(1) 落实土地征用、青苗树木赔偿;

(2) 拆除地上地下障碍物;

(3) 处理施工扰民及影响施工正常进行的有关问题;

(4) 平整施工现场;

(5) 修好通行道路、接通电源水源、挖好排水沟渠以及水上作业用船等。

6. 违约责任

(1) 承担违约责任的条件。

(2) 违约金的计算方法等。

7. 合同争议的处理

明确合同争议的最终解决方式、约定仲裁委员会的名称。

三、建设工程设计合同的订立

依据示范文本订立建设工程设计合同时,双方通过协商,应根据工程项目的特点,在相应条款内明确以下方面的具体内容。

1. 发包人应提供的文件和资料

(1) 设计依据的文件和资料,应包括如下各项:

① 经批准的项目可行性研究报告或项目建议书;

② 城市规划许可文件;

③ 工程勘察资料等。

发包人应向设计人提交的有关资料和文件在合同内需约定资料和文件的名称、份数以及提交的时间和有关事宜。

(2) 项目设计要求,应包括如下各项:

① 工程的范围和规模；

② 限额设计的要求；

③ 设计依据的标准；

④ 法律、法规规定应满足的其他条件。

2. 委托任务的工作范围

(1) 设计范围。合同内应明确建设规模，详细列出工程分项的名称、层数和建筑面积。

(2) 建筑物的合理使用年限设计要求。

(3) 委托的设计阶段和内容。可以包括方案设计、初步设计和施工图设计的全过程，也可以是其中的某几个阶段。

(4) 设计深度要求。设计标准可以高于国家规范的强制性规定，发包人不得要求设计人违反国家有关标准进行设计。方案设计文件应当满足编制初步设计文件和控制概算的需要；初步设计文件应当满足编制施工招标文件、主要设备材料订货和编制施工图设计文件的需要；施工图设计文件应当满足设备材料采购、非标准设备制作和施工的需要，并注明建设工程合理使用年限。具体内容要根据项目的特点在合同内约定。

(5) 设计人配合施工工作的要求，包括向发包人和施工承包人进行设计交底；处理有关设计问题；参加重要隐蔽工程部位验收和竣工验收等事项。

四、勘察、设计合同发包人的义务和违约责任

1. 勘察、设计合同发包人的主要义务

在建设工程中，勘察、设计合同发包人的主要义务：第一，向勘察人、设计人提供开展工作所需的基础资料和技术要求，并对提供的时间、进度和资料的可靠性负责；第二，为勘察人、设计人提供必要的工作和生活条件；第三，按照合同规定向勘察人、设计人支付勘察、设计费；第四，维护勘察人、设计人的工作成果，不得擅自修改，不得转让给第三人重复使用。

2. 勘察、设计合同发包人应承担的违约责任

《中华人民共和国合同法》针对勘察、设计合同发包人的违约行为提出了三种具体方式，即发包人变更计划、发包人提供的资料不准确、发包人未按照期限提供必需的勘察和设计工作条件。这三种违约行为都将导致勘察人、设计人支出额外的工作量，从而造成勘察、设计费用的不合理增加。为此发包人应当承担不履行、不适当履行或迟延履行违约责任，按照勘察人、设计人实际消耗的工作量增付费用。《中华人民共和国合同法》第285条规定，因发包人变更计划，提供的资料不准确，或者未按照期限提供必需的勘察、设计工作条件而造成勘察、设计的返工、停工或者修改设计，发包人应当按照勘察人、设计人实际消耗的工作量增付费用。在这里发包人通过赔偿损失的方式承担违约责任。

如果发包人未按合同规定的方式、标准和期限向勘察人、设计人支付勘察、设计费，发包人应当承担不履行或迟延履行违约责任，适用《中华人民共和国合同法》第109条的规定：当事人一方未支付价款或者报酬的，对方可以要求其支付价款或者报酬。发包人迟延支付勘察、设计费的，除应支付勘察、设计费外，还应承担其他的违约责任，如支付违约金、赔偿逾期利息等。由于发包人擅自修改勘察设计成果而引起的工程质量问题，发包人应当承担责任；发包人擅自将勘察设计成果转移给第三人使用，发包人应当赔偿相应的损失。建设部、国家工商行政管理局颁布的《建设工程设计合同》规定，甲方应保护乙方的设计版权，未经乙方同

意，甲方对乙方交付的设计文件不得复制或向第三方转让或用于本合同外的项目，如发生以上情况，乙方有权索赔。

五、勘察、设计合同承包人的义务和违约责任

1. 勘察、设计合同承包人的主要义务

在建设工程中，勘察、设计合同承包人的主要义务：第一，按照勘察、设计合同规定的进度和质量要求向发包人提交勘察、设计成果；第二，配合施工，进行技术交底，解决施工过程中有关设计的问题，负责设计修改，参加工程竣工验收。

2. 勘察、设计合同承包人应承担的违约责任

勘察、设计的质量是决定建设工程质量的基础。如果勘察、设计的质量存在缺陷，整个建设工程的质量也就失去了保障。勘察、设计工作必须符合法律法规的有关规定，符合建设工程质量、安全标准，符合勘察、设计技术规范，符合勘察、设计合同的要求。如果勘察人、设计人提交的勘察、设计文件不符合质量要求，将承担瑕疵履行违约责任；如果勘察人、设计人不按合同约定的期限提交勘察、设计文件，将承担迟延履行违约责任。《中华人民共和国合同法》第 280 条规定：勘察、设计的质量不符合要求或者未按照期限提交勘察、设计文件拖延工期，造成发包人损失的，勘察人、设计人应当继续完善勘察、设计，减收或者免收勘察、设计费并赔偿损失。在这里勘察人、设计人通过继续履行和赔偿损失的方式承担违约责任。

六、合同示范文本(简介)

（1）建设工程勘察合同示范文本按照委托勘察任务的不同分为两个版本，见表 8-1。

表 8-1 按照委托勘察任务划分的建设工程勘察合同示范文本

	建设工程勘察合同(一) [GF—2000—0203]	建设工程勘察合同(二) [GF—2000—0204]
适用范围	适用于为设计提供勘察工作的委托任务，包括岩土工程勘察、水文地质勘察(含凿井)、工程测量、工程物探等勘察	该范本的委托工作内容仅涉及岩土工程，包括取得岩土工程的勘察资料，对项目的岩土工程进行设计、治理和监测工作。
合同条款主要内容	(1) 工程概况； (2) 发包人应提供的资料； (3) 勘察成果的提交； (4) 勘察费用的支付； (5) 发包人、勘察人责任； (6) 违约责任； (7) 未尽事宜的约定； (8) 其他约定事项； (9) 合同争议的解决； (10) 合同生效	除了上述勘察合同应具备的条款外，还包括： (1) 变更及工程费的调整； (2) 材料设备的供应； (3) 报告、文件和治理的工程等的检查和验收等

（2）建设工程设计合同示范文本按照适用工程的种类的不同分为两个版本，见表 8-2。

表 8-2　按适用工程种类划分的建设工程设计合同示范文本

	建设工程设计合同(一) [GF—2000—0209]	建设工程设计合同(二) [GF—2000—0210]
适用范围	适用于民用建设工程设计的合同	适用于委托专业工程的设计
合同条款主要内容	(1) 订立合同依据的文件； (2) 委托设计任务的范围和内容； (3) 发包人应提供的有关资料和文件； (4) 设计人应交付的资料和文件； (5) 设计费的支付； (6) 双方责任； (7) 违约责任； (8) 其他	除了上述设计合同应包括的条款内容外，还增加有： (1) 设计依据； (2) 合同文件的组成和优先次序； (3) 项目的投资要求、设计阶段和设计内容； (4) 保密等方面的条款约定

第五节　建设工程物资采购合同

一、建设工程物资采购合同的概念和特征

1. 建设工程物资采购合同的概念

建设工程物资采购合同，是指具有平等民事主体的法人进行建设物资买卖，明确相互权利义务关系的协议。依照协议，卖方将建设物资交付给买方，买方接受该项建设物资并支付价款。

2. 建设工程物资采购合同的特征

建设工程物资采购合同属于购销合同，具有购销合同的一般特点，又具有独立的特征。

(1) 当事人双方订立的物资采购合同，是以转移财产所有权为目的。

(2) 采购人取得合同约定的建筑材料和设备，必须支付相应的价款。

(3) 物资采购合同是双务、有偿合同。双方互负一定义务，供货人应当保质、保量、按期交付合同订购的物资、设备，采购人应当按合同约定的条件接收货物并及时支付货款。

(4) 买卖合同是诺成合同。除了法律有特殊规定的情况外，当事人在合同上签字盖章合同即成立，并不以实物的交付为合同成立的条件。

二、建设工程物资采购合同的分类

(1) 根据我国目前建设工程物资采购情况，可将建设工程物资采购合同分为材料采购合同和设备采购合同两种。

(2) 根据建设工程物资采购是国内卖方还是国外卖方的不同，可将建设工程物资采购合同分为国内采购合同和国际采购合同两种。

(3) 根据建设工程物资采购合同的订立是否纳入国家计划为标准，可将建设工程物资采购合同划分为计划供应合同和市场采购合同两种。

三、双方的违约责任

1. 供货方的违约责任

(1) 未能按合同约定交付货物,主要包括不能供货和不能按期供货两种情况。由于这两种错误行为给对方造成的损失不同,承担违约责任的形式也不完全一样。如果因供货方的原因导致不能全部或者部分交货,应按合同约定的违约金比例乘以不能交货部分货款计算违约金。若违约金不足以偿还采购方所受到的实际损失时,可以修改违约金的计算方法,使实际受到的损害能够得到合理的补偿。

供货方不能按期交货的行为,又可以进一步分为逾期交货和提前交货两种情况。逾期交货的,不论由供货方将货物送达指定地点交接,还是采购方自购,均要按合同约定支付逾期交货部分的违约金。对约定由采购方自提货物而不能按期交付时,若发生采购方的其他额外损失,这笔实际开支的费用也应由供货方承担。发生逾期交货事件后,供货方还应在发货前与采购方就发货的有关事宜进行协商。采购方仍需要时,可继续发货,将合同规定的数额补齐,并承担逾期交货责任;如果采购方认为已不再需要,有权在接到发货协商通知后的15 天内,通知供货方办理解除合同手续,但逾期不予答复视为同意供货方继续发货。对提前交付货物,属于约定由采购方自提货物的合同,采购方接到对方发出的提前提货通知后,可以根据自己的实际情况拒绝提前提货;对于供货方提前发运或交付的货物,采购方仍可按合同规定的时间付款,而且对多交货部分,以及品种、型号、规格、质量等不符合合同规定的产品,在代为保管期内实际支出的保管、保养等费用由供货方承担。代为保管期内,非因采购方保管不善原因而导致的损失,仍由供货方负责。

(2) 若交货数量与合同不符,存在多交或者少交的情况。交付的数量多于合同规定,采购方不同意接受时,可在承付期内拒付多交部分的贷款和运杂费;当交付的数量少于合同规定时,采购方凭有关的合法证明在承付期内可以拒付少交部分的贷款,还应在到货后的 10 天内将详情和处理意见通知对方。供货方接到通知后应在 10 天内答复,否则视为同意对方的处理意见。

(3) 产品质量缺陷问题的处理。交付货物的品种、型号、规格、质量不符合合同规定,如果采购方同意使用,应当按质论价;当采购方不同意使用时,由供货方负责包换或包修,不能修理或调换的产品,按供货方不能交货对待。

(4) 供货方的运输责任。此种责任主要涉及包装责任和发运责任两个方面。一方面,合理的包装是安全运输的保障,供货方应按合同约定的标准对产品进行包装。凡因包装不符合规定而造成货物在运输过程中损坏或灭失,均由供货方负责赔偿。另一方面,供货方如果未将货物发运到合同规定的到货地点或接货人时,除应负责合同规定的费用外,还应承担对方因此多支付的一切实际费用和逾期交货的违约金。供货方应按合同约定的路线和运输工具发运货物,如果未经对方同意私自变更运输工具或线路,要承担由此增加的费用。

2. 采购方的违约责任

(1) 不按合同约定接受货物。

合同签订以后或履行过程中,采购方要求中途退货,应向供货方支付按退货部分货款总额计算的违约金。对于实行供货方送货或代运的物资,采购方违反合同规定拒绝接货,要承担由此造成的货物损失和运输部门的罚款。约定为自提的产品,采购方不能按期提货,除需支付按逾期提货部分货款总值计算延期付款的违约金之外,还应承担逾期提货时间内供货方实际发生的代为保管、保养费用。逾期提货,可能是未按合同约定的日期提货,也可能是已同意供货方逾期交付货物,而接到提货通知后未在合同规定的时限内去提货两种情况。

(2) 逾期付款。

采购方逾期付款,如果合同约定了逾期付款违约金或者该违约金的计算方法,应当按照合同约定执行。如果合同没有约定逾期付款违约金或者该违约金的计算方法,供货方以采购方违约为由主张赔偿逾期付款损失的,应当按照中国人民银行同期同类人民币贷款基准利率为基础,参照逾期罚息利率标准计算。

(3) 货物交接地点错误的责任。

不论是由于采购方在合同内错填到货地点或接货人,还是未在合同约定的时限内及时将变更的到货地点或接货人通知对方,导致供货方在送货或代运过程中不能顺利交接货物,所产生的后果均由采购方承担。责任范围包括自行运到所需地点或承担供货方及运输部门按采购方要求改变交货地点的一切额外支出。

四、建设工程物资采购合同的主要内容

工程建设中的物资包括建筑材料(含构配件)和设备。材料和设备的供应一般要经过订货、生产(加工)、运输、存储、使用(安装)等各个环节。建设工程物资采购合同分材料采购合同和设备采购合同,合同当事人为供货方和采购方。供货方一般为供应单位和设备的生产厂家,采购方为建设单位(业主)、项目总承包单位或施工单位。供货方应对其生产或供应的产品质量负责,而采购方则应根据合同的规定进行验收。

1. 材料采购合同的主要内容

(1) 标的。

主要包括购销物资的名称(注明牌号、商标)、品种、型号、规格、等级花色、技术标准或质量要求等。约定质量标准的一般原则如下:

① 按照颁布的国家标准执行;

② 没有国家标准而有部颁标准的则按照部颁标准执行;

③ 没有国家标准和部颁标准的,可按照企业标准执行。

合同内必须写明执行的质量标准代号、编号和标准名称,明确各种材料的技术要求、试验项目、试验频率等。

(2) 数量。

合同中应该明确所采用的计量方法,并明确计量单位。

(3) 包装。

包括包装的标准、包装物的供应和回收。包装物的回收主要采用两种形式:押金回收及折价回收。

(4) 支付与运输方式。

支付与运输方式为采购方到约定地点提货或供货方将货物送达指定地点。

(5) 验收。

合同应明确货物的验收依据。验收方式包括驻厂验收、提运验收、接运验收及入库验收。

(6) 交货期限。

交货日期的确定方式如下:

①供货方负责送货的，以采购方收货邮戳日期为准；

②采购方提货的，以供货方按合同规定通知的提货日期为准；

③委托运输部门或单位运输、送货或带运的，以供货方发运产品室承运单位签发的日期为准。

(7) 价格。

(8) 结算。

付款方式包括验单付款和验货付款，结算方式包括现金支付和转账支付。

(9)违约责任。

2. 设备采购合同的主要内容

设备采购合同的条款可参照材料采购合同的一般条款，还要注意以下几个方面。

(1) 设备价格与支付。

设备采购合同提出采用固定总价合同，合同的支付方式一般分如下三次：

①设备制造前，支付设备价格的10%作为预付款；

②供货方按照合同要求送达交货地点，采购方应支付设备货款的80%；

③剩余的10%作为设备保证金，待期满，采购方签发最终验收证书后支付。

(2) 设备数量：应列出详细清单。

(3) 技术标准。

(4) 现场服务。

(5) 验收和保修。

【能力训练】

1. 下列行为中不符合暂停施工规定的是(　　)。

A. 工程师在确有必要时，应以书面形式下达停工指令

B. 工程师应在提出暂停施工要求后48小时内提出书面处理意见

C. 承包人实施工程师处理意见，提出复工要求后可复工

D. 工程师应在承包人提出复工要求后48小时内给予答复

2. 按照施工合同的规定，(　　)属于发包人的主要工作。

A. 提供统计报表

B. 保证施工噪声符合环保规定

C. 开通专用条款约定的施工场地内的交通要道

D. 做好施工现场地下管线的保护

3. 以下文件均构成施工合同文件的组成部分，但从文件的解释顺序来看，(　　)是错误的。

A. 合同协议书、中标通知书　　　　B. 投标书、工程量清单

C. 施工合同通用条件、专用条件　　D. 标准及有关技术文件、图纸

4. 依据委托监理合同的规定，属于委托人应履行的义务包括(　　)。

A. 开展监理业务前向监理人支付预付款

B. 负责工程建设所有外部关系的协调，为监理工作创造外部条件

C. 免费向监理人提供开展监理工作所需要的工程资料

D. 与监理人协商一致，选定项目的勘察设计单位

E. 将授予监理人的监理权利在与第三方签订的合同中予以明确

5. 监理单位需要调换监理机构的总监理工程师人选时(　　)。

A. 通知发包人后即可调换

B. 无须通知发包人可以自行调换

C. 取得发包人书面同意后才能调换

D. 合同签订后不允许调换

6. 监理单位出现无正当理由而又未履行监理义务时,按照监理合同规定,发包人可(　　)。

A. 发出终止合同通知,监理合同即行停止

B. 发出未履行义务通知后在第21天单方终止合同

C. 发出未履行义务通知后21天内未能得到满意答复,在第一个通知发出后的42天内发出终止合同通知,监理合同即行停止

D. 发出未履行义务通知,21天内未能得到满意答复,可在第一个通知发出后35天内发出终止合同通知,监理合同即行停止

7. 工程建设过程中需要与当地政府有关部门的协调工作,应由(　　)办理。

A. 委托人　　B. 总监理工程师

C. 承包人　　D. 监理人

8. 建设工程设计合同履行时,(　　)是发包人的责任。

A. 提供有关设计的技术资料

B. 修改预算

C. 向有关部门办理各设计阶段设计文件的审批工作

D. 确定设计深度与范围

9. 设计人的设计工作进展不到委托设计任务的一半时,发包人由于项目建设资金的筹措发生问题而决定停建项目,单方发出解除合同的通知。设计人应(　　)。

A. 没收全部定金补偿损失

B. 要求发包人支付双倍的定金

C. 要求发包人补偿实际发生的损失

D. 要求发包人付给约定设计费用的50%

10. 依据设计合同规定,办理各设计阶段设计文件的审批工作应由(　　)负责。

A. 发包人　　B. 承包人

C. 监理人　　D. 承包人的委托人

11. 关于勘察、设计合同的定金说法,不正确的是(　　)。

A. 合同生效后,委托人应向承包人付出定金

B. 勘察、设计合同履行后,定金抵作勘察设计费

C. 设计任务的定金为估算设计费的30%

D. 委托人不履行合同,无权要求返还定金;承包人不履行,应当双倍返还定金

12. 某品牌水泥采购合同,进行交货检验清点数量时,发现交货数量少于订购的数量,但少交的数额没有超过合同约定的合理增减限度,采购方应(　　)。

A. 按订购数量支付

B. 按实际交货数量支付

C. 待供货补足数量后再按订购数量支付

D. 按订购数量支付但扣除少交数量依据合同约定计算的违约金

13. 材料采购合同在履行过程中，供货方提前1个月通过铁路运输部门将订购物资运抵项目所在地的车站，且交付数量多于合同约定的尾差，则（　　）。

A. 采购方不能拒绝提货，多交货的保管费用应由采购方承担

B. 采购方不能拒绝提货，多交货的保管费用应由供货方承担

C. 采购方可以拒绝提货，多交货的保管费用应由采购方承担

D. 采购方可以拒绝提货，多交货的保管费用应由供货方承担

14. 根据材料采购合同的规定，材料在运输过程中发生的问题，由（　　）负责。

A. 运输部门　　B. 采购方

C. 供货方　　D. 合同约定的责任方

15. 在接到采购的书面异议后，供货方在合同商定的时间内未进行处理，则（　　）。

A. 供货方按照采购方的处理意见处理

B. 采购方按照合同约定的程序处理

C. 采购方自行处理，责任由供货方承担

D. 供货方自行处理

16. 利用所学知识分析下面案例。

【背景】某工程，建设单位委托监理单位承担施工阶段的监理任务，总承包单位按照施工合同约定选择了设备安装分包单位。在合同履行过程中发生如下事件。

事件1：工程开工前，总承包单位在编制施工组织设计时任务修改部分施工图设计可以使施工更方便、质量和安全更易保证，遂向项目经理机构提出了设计变更的要求。

事件2：专业监理工程师检查主体结构施工时，发现总承包单位未向项目监理机构报审危险性较大的预制构件起重吊装专项方案的情况下已自行施工，且现场没有管理人员。于是，总监理工程师下达了《监理工程师通知单》。

事件3：专业监理工程师在现场巡视时，发现设备安装分包单位违章操作，有可能导致发生重大质量事故。总结理工程师口头要求承包单位暂停分包单位施工，但总承包单位未予执行。总监理工程师随即向总承包单位下达了《工程暂停令》，总承包单位在向设备安装分包单位转发《工程暂停令》前，发生了设备安装质量事故。

问题：

1. 针对事件1中总承包单位提出的设计变更要求，写出项目监理机构的处理程序。

2. 指出事件2中总监理工程师的做法是否妥当？说明理由。

3. 事件3中总监理工程师是否可以口头要求暂停施工？为什么？

4. 就事件3中所发生的质量事故，指出建设单位、监理单位、总承包单位和设备安装分包单位各自应承担的责任，说明理由。

第九章　工程索赔管理

【知识目标】

1. 掌握索赔的概念、特征与分类。

2. 掌握工期索赔与费用索赔的计算方法。

3. 掌握索赔程序、索赔值的计算、索赔与反索赔技巧和策略的运用能力。

4. 熟悉索赔的处理解决方法。

【技能目标】

1. 处理索赔事件的能力。

2. 编制索赔报告的能力。

3. 与索赔相关单位沟通、协调的能力。

【引导案例】

某房屋建筑工程项目，建设单位与施工单位按照《建设工程施工合同(示范文本)》签订了施工承包合同。合同中规定:设备由建设单位采购，施工单位安装；由于建设单位原因导致施工单位人员窝工的，按18元/工日补偿；由于建设单位原因导致施工单位设备闲置的，补偿标准:大型起重机为台班单价(1060元)的60%，5 t自卸汽车为台班单价(318元)的40%，58 t自卸汽车为台班单价(458元)的50%；施工过程中发生的设计变更，其价款按建标[2003]206号文件的规定，以工料单价法计价程序计价(以直接费为计算基础)，间接费费率为10%，利润率为5%，税率为3.41%。该项目在施工过程中，施工单位在土方工程填筑时，发现取土区的土壤含水量过大，必须经过晾晒后才能填筑，增加费用30000元，工期延误10天；基坑开挖深度为3 m，施工组织设计中考虑的放坡系数为0.3(已经由监理工程师批准)，施工单位为避免坑壁塌方，开挖时加大了放坡系数，使土方开挖量增加，导致费用超支10000元，工期延误3天；施工单位在主体钢结构吊装安装阶段发现，钢筋混凝土结构上缺少相应的预埋件，经查实是由于土建施工图纸遗漏该预埋件的错误所致，返工处理后，增加费用20000元，工期延误8天；建设单位采购的设备没有按计划时间到场，施工受到影响，施工单位一台大型起重机、两台自卸汽车(载重5 t、8 t各一台)闲置5天，工人窝工86工日，工期延误5天；某分项工程由于建设单位提出工程使用功能的调整，需进行设计变更，设计变更后，经确认直接工程费增加18000元，措施费增加2000元。

上述事件发生后，施工单位及时向建设单位造价工程师提出索赔要求。造价工程师在仔细分析与计算后批准的索赔金额为50396.71元，工期延长13天。那么，造价工程师理赔的依据是什么呢？索赔值是如何计算的呢？

第一节　索赔概述

一、索赔与反索赔的概念

工程索赔通常是指在施工合同的履行过程中，合同当事人一方由于非自身原因而受到实际损失或权利损害时，通过合法程序向对方提出经济和(或)时间补偿的要求。在我国新颁布的《建设工程工程量清单计价规范》(GB 50500—2013)术语部分中，施工索赔定义如下："在工程合同履行过程中，合同当事人一方因非己方的原因而遭受损失，按照合同约定或法规规定应由对方承担责任，从而向对方提出补偿的要求。"

可见，施工索赔允许承包商获得不是由于承包商的原因造成的损失补偿，也允许业主获得由于承包商的原因而造成的损失补偿。索赔是维护施工合同签约者合法利益的一项根本性管理措施。它与合同条件中双方的合同责任一样，构成严密的合同制约关系。承包商可以向业主提出索赔，业主也可以向承包商要求索赔。

在工程施工索赔的实践中，常用到索赔和反索赔这两个概念。反索赔是对索赔的反诉、反制或反抗，索赔与反索赔并存，有索赔就会有反索赔，但由于甲乙双方的索赔量、索赔的难易程度等差异较大，目前，大多数教材中是按索赔的对象来界定索赔与反索赔的。

(1) 承包商向业主提出的补偿要求称为索赔。根据 1999 版 FIDIC《土木工程施工合同条件》第 20.1 款，承包商索赔就是承包商依据合同条款和有关合同文件的规定，向业主要求工期延长和追加付款的一种权利主张。

(2) 业主对承包商提出的补偿要求称为反索赔。在阿德汉(J. J. Adhan)所著的《施工索赔》一书中论述业主的反索赔时指出："对承包商提出的损失索赔要求，业主采取的立场有两种可能的处理途径。一是就(承包商)施工质量存在的问题和拖延工期，可以对承包商提出反要求，即向承包商提出的反索赔。此项反索赔就是要求承包商承担修理工程缺陷的费用或要求承包商赔付拖延工期而造成的经济损失。二是对承包商提出的损失索赔要求进行争辩，即按照双方认可的生产率、会计原则和索赔计算方法等事项，对索赔要求进行分析审核，以便确定一个比较合理的和可以接受的款额。"由此可见，业主对承包商的反索赔包括两个方面：一方面是对承包商不履行合同或履行合同有缺陷，以及应承担的风险责任，例如某部分工程质量达不到施工技术规程的要求，或拖期建成，独立地提出损失补偿要求；另一方面是对承包商提出的索赔要求进行分析、评审和修正，否定不合理的要求，接受其合理的要求。

二、索赔事件及其发生率

(一) 索赔事件

索赔事件又称干扰事件，是指使实际情况与合同规定不符合，最终引起工期和费用变化的事件。

1. 承包商索赔事件

在工程实践中，承包商可以提出索赔的事件通常有如下几种。

(1) 业主未按合同规定的时间和数量交付设计图纸和资料，未按时交付合格的施工现场及行驶道路、接通水电等，造成工程拖延和费用增加。

(2) 工程实际地质条件与合同描述不一致。

(3) 业主或工程师变更原合同规定的施工顺序，打乱了工程施工计划。

(4) 设计变更、设计错误或业主、工程师错误的指令或提供错误的数据等造成工程修改、返工、停工或窝工。

(5) 工程数量变更，使实际工程量与原定工程量不同。

(6) 业主指令提高设计、施工、材料的质量标准。

(7) 业主或工程师指令增加额外工程。

(8) 业主指令工程加速。

(9)不可抗力因素。

(10) 业主未及时支付工程款。

(11) 合同缺陷,例如条款不全、错误或前后矛盾,双方就合同理解产生争议。

(12) 物价上涨,造成材料价格、工人工资上涨。

(13) 国家政策、法令修改,例如增加或提高新的税费、颁布新的外汇管理条例等。

(14) 货币贬值,使承包商蒙受较大的汇率损失。

承包商能否将上述事件作为索赔事件来进行有效的索赔,还要看具体的工程和合同背景、合同条件,不可一概而论。

2. 业主索赔事件

在工程实践中,业主可以提出索赔事件通常有如下几种。

(1) 承包商所施工工程质量有缺陷。

(2) 承包商的不适当行为而扩大的损失。

(3) 承包商原因造成工期延误。

(4) 承包商不正当地放弃工程。

(5) 合同规定的承包商应承担的风险事件。

(二) 索赔事件发生率

近年来,由于建筑市场竞争激烈,索赔事件无论在数量或金额上都呈不断递增的趋势,引起业主、承包商及有关各方越来越多的关注。国内目前尚未有专门的机构对索赔事件进行系统调查统计,美国某机构曾对政府管理的各项工程进行了调查,其结果可作为参考。

1. 索赔次数和索赔成功率

被调查的22项工程中,共发生施工索赔达427次,平均每项工程索赔约20次,其中378次为单项索赔,49次为综合索赔。单项索赔中有17次、综合索赔中有12次,皆因索赔证据不足而被对方撤销,撤销率占6.8%,即索赔成功率为93.2%,单项索赔成功率为95.5%,综合索赔成功率为75.5%。

2. 索赔与工期延长要求

在313次增量索赔中,有80次索赔同时要求延长工期,要求延期的索赔次数占增量索赔总数的25.6%,每项索赔平均延长20天。

3. 索赔的比例分布

索赔的比例分布具体如下。

(1) 设计修改错误及完善占增索赔的46%,判给补偿费占40%。

(2) 工程更改可分随意性工程更改和强制性工程更改。前者是指业主因最初工艺标准设计范围规定不一致或要求增减工作量所做的变更,后者是指因法规或规定变化所做的工程规模的变更。两种变更的索赔次数在增量索赔中占26%,判给赔偿费占28%。

(3) 现场条件变化,指现场施工条件与合同约定不符,例如地质情况复杂与地质勘探资料差异较大等。这类索赔次数占15%,判给赔偿费占13%。

(4) 自然气候,这类索赔基本上要求延长合同工期,因气候所获准的延期占全部延期的60%。

(5) 其他,包括终止合同和协议停工等较少发生的索赔占2%,判给赔偿费占19%。

4. 调查结论

根据调查结果可得出如下结论。

(1) 工程规模越大,施工索赔的机会和次数就越多。其中大于5000万美元的工程共发生索赔次数151次,占总次数的48%,获得赔偿费达391.7万美元,占总赔偿费的64%。

(2) 中标的标价低于次低标价的幅度越大,索赔发生率就越高。低于次低标价10%以内中标的工程,其索赔发生次数为34次,占索赔总次数的13%,获得赔偿费83.1万美元,占赔偿总额的15%;而低于次低标价10%以上中标的工程,共发生索赔231次,占索赔总次数的87%,获得赔偿费481.2万美元,占赔偿总额的85%。

三、索赔的条件

《建设工程工程量清单计价规范》(GB 50500—2013)的9.13.1条款规定,合同一方向另一方提出索赔时,应有正当的索赔理由和有效证据,并应符合合同的相关约定。本条款规定了索赔的条件,即正当的索赔理由,有效的索赔证据,在合同约定的时间内提出。

索赔的目的在于保护索赔主体的经济利益。在合同履行期间,凡是由于非自身的过错而遭受了损失的,都可以向对方提出索赔。索赔成立的要件:一是己方遭受了实际损失,二是造成损失的原因不在己方。索赔能否成功,关键在于索赔的理由是否充分,依据是否可靠,是否客观、合理、合法地反映了索赔事件,其证据要真实、全面,并在规定时限内及时提交,具有法律证明效力,符合特定条件,并以书面文字或文件为依据。

(1) 索赔必须符合所签订的建设工程合同的有关条款和相关法律法规。因为依法签订的建设工程施工合同具有法律效力,所以它是鉴定索赔能否成立的主要依据之一。

(2) 索赔所反映的问题,必须客观实际,经得起双方的调查和质证。

(3) 索赔要有具体的事实依据,如索赔事件发生的时间、地点、原因、涉及人员,双方签字的原始记录、来往函件以及计算结果等。

(4) 索赔证据必须具备真实性、全面性。

(5) 索赔要在合同规定的时间内提出。

简而言之,依据可靠、证据充分、主张合理、时机得当是成功索赔的条件。

四、索赔的分类

索赔的种类多、范围广,不可能用某一种方法就将索赔的种类完全涵盖。因此本小节仅列举按索赔主体分类、按索赔事件分类、按索赔目的分类、按合同依据分类及按索赔的处理方式分类五种分类方法,以期读者对建设工程合同索赔的种类有一个直观的了解。

1. 按照索赔主体分类

(1) 承包方与发包方之间的索赔。

工程建设过程中,大多数的索赔发生于承包方与发包方之间,并且根据本章前文所述,在实践中,承包方向发包方提出的索赔更具代表性,通常是承包方在工程的工期、质量、价款、工程量等方面发生了变更并产生了争议的情况下向发包方提出索赔。

(2) 分包方与承包方之间的索赔。

这一类型的索赔和第一类承包方与发包方之间的索赔相似,从地位上讲,此时承包方的地位就相当于第一类索赔中的发包方,而分包方的地位就相当于第一类中的承包方。这类索赔发生在施工过程之中,因此一般为施工索赔。

(3) 承包方与供应方之间的索赔。

这类索赔是由与工程建设有关的买卖合同争议引发的。工程建设过程中，如果合同约定由承包方进行材料和设备的采购，则因货物的质量、数量、运输、交付等环节存在瑕疵给承包方带来损失时，承包方可以向货物供应方进行索赔。

(4) 承包方与保险公司的索赔。

此类索赔多系承包方受到灾害、事故或其他损害或损失，按保险单向其投保的保险公司索赔。

以上四种索赔中，前两种索赔发生在施工过程中，有时合称为施工索赔；后两种索赔发生在物资采购、运输及工程保险等过程中，有时合称为商务索赔。

2. 按照索赔事件分类

按照索赔事件分类，可以将索赔分为以下四种。

(1) 一方违约引起的索赔。

在一份合同的履行过程中，不可避免地会有违约情形发生，尤其是建设工程合同，由于其复杂、难度高，因此在实际履行过程中很容易出现一方违约的情况，可能是发包方违约，也可能是承包方违约。就发包方而言，可能由于未及时为承包方提供合同约定的施工条件，未按照合同约定的时间与数额付款等违约；就承包方而言，也可能由于未在合同约定的期限内完成施工任务等违约。

(2) 工程变更引起的索赔。

由于工程建设存在诸多不可预见因素，所以在工程建设过程中经常会发生工程变更，例如工程设计与现场情况不相匹配，或者由于其他原因导致工期必须提前或延后，再或者需要增加或减少工程量等情况。这种情况下必须形成书面的合同变更或工程签证，而这些也成为承包方向发包方进行索赔的关键证据。

(3) 合同条款引起的索赔。

合同条款可能在两种情况下引发争议，进而引起索赔：①条款本身在客观上存在错误；②承包方与发包方双方在主观上对合同条款存在理解争议。从客观角度讲，如果合同存在条款不全、条款前后矛盾、关键性文字错误等明显问题，承包方存在据此提出索赔主张的可能性。如果是由于条款存在理解争议，承包方根据自己主观理解施工时造成损失或损害，亦可向发包方主张索赔。但相比较而言，前者得到发包方认可的可能性更大一些。

(4) 不可抗力引起的索赔。

所谓不可抗力，是指不能预见、不能避免并且不能克服的客急情况。例如，在工程建设过程中发生地震、海啸、战争等情况，造成承包方的工期损失，承包方可据此不可抗力事由向发包方主张索赔。

3. 按照索赔目的分类

(1) 针对费用的索赔。

这类索赔主要是指承包方由于非自身原因受到经济损失时，向发包方提出的经济补偿要求，包括费用的补偿和合同价款的补偿等方面的内容。费用的索赔有时是单独提出的，有时也可以和工期索赔结合在一起提出。例如，由于发包方的原因，使得承包方无法正常施工，则导致工期延长的同时也必然导致承包方人工费、机械费和管理费等费用的增加。此时，对于承包方来说，既可以只提出费用的索赔，也可以将费用索赔和工期索赔一并提出。

（2）针对工期的索赔。

理论上讲，对工期索赔可以有广义和狭义两种理解。狭义的工期索赔仅指工期的延长和竣工日期的推迟。但是，在实际工程的建设过程中，工期的延误往往伴随着经济方面的损失，承包方提出工期索赔时，通常也会同时提出经济补偿的要求，也即费用的索赔。因此，从广义上讲，工期索赔包含了费用索赔。相对来说，狭义的工期索赔如果证据充足，更容易得到发包方或驻现场工程师的认可。

4. 按照合同依据分类

（1）有合同依据的索赔。

有合同依据的索赔，是指受损方依据合同明确的约定进行的索赔。

（2）无合同依据的索赔。

无合同依据的索赔，是指受损方的索赔要求在建设工程合同中没有明确的约定，但基于合同约定的原则、目的，根据法律、法规、行业惯例进行的索赔。

5. 按照索赔的处理方法分类

（1）单项索赔。

单项索赔是针对某一干扰事件提出的，在影响工程建设顺利进行的干扰事件发生时或发生后由合同管理人员立即处理，并在合同约定的索赔有效期内向发包方或监理工程师提交索赔要求和报告的索赔处理方式。单项索赔通常原因单一，责任单一，分析起来相对容易，由于涉及的金额一般较小，双方容易达成协议，处理起来也比较简单，因此合同双方应尽可能地用此种方式来处理索赔。

（2）综合索赔。

综合索赔又称一揽子索赔，一般在工程竣工前和工程移交前，一方将工程实施过程中因各种原因未能及时解决的单项索赔集中起来进行综合考虑，提出一份综合索赔报告，由合同双方在工程交付前后进行最终谈判，以一揽子方案解决索赔问题。由于一揽子索赔中许多干扰事件交织在一起，影响因素比较复杂而且相互交叉，责任分析和索赔值计算比较复杂，索赔涉及的金额较大，双方往往不愿或不容易作出让步，索赔的谈判和处理相对困难。因此综合索赔的成功率比单项索赔要低得多。

五、索赔管理的任务

1. 工程师的索赔管理任务

索赔管理是工程师进行工程项目管理的主要任务之一，其索赔管理任务应包括如下几种。

（1）预测和分析导致索赔的原因和可能性。

工程师在工作中应预测和分析导致索赔的原因和可能性，及早堵塞漏洞。工程师在起草文件、下达指令、作出决定、答复请示时应注意到完备性和严密性；颁发图纸、作出计划和实施方案时应考虑其正确性和周密性。

（2）通过有效的合同管理减少索赔事件发生。

工程师应对合同实施进行有力的控制，这是他的主要工作。通过对合同的监督和跟踪，不仅可以及早发现干扰事件，也可以及早采取措施降低干扰事件的影响，减少双方损失，还可以及早了解情况，为合理地解决索赔提供条件。在施工中，工程师作为双方的纽带，应做好协调、缓冲工作，为双方建立一个良好的合作气氛。通常合同实施越顺利，双方合作得越好，索赔事件越少，越易于解决。

（3）公平合理地处理和解决索赔。

合理解决发包人和承包人之间的索赔纠纷，使双方对解决结果满意，有利于继续保持友好的合作关系，保证项目顺利实施。

2. 承包商的索赔管理任务

（1）预测、寻找和发现索赔机会。在招标文件分析、合同谈判过程中，承包商应对工程实施可能的干扰事件有充分的考虑和防范，预测索赔的可能性，在合同实施过程中，通过对实施状况的跟踪、分析和诊断，寻找和发现索赔机会。

（2）收集索赔的证据、调查和分析干扰事件的影响。

（3）提出索赔意向。

（4）计算索赔值，起草索赔报告和递交索赔报告。

（5）索赔谈判。

六、索赔管理和项目管理其他职能的关系

1. 索赔管理与合同管理的关系

合同管理是项目管理的一项主要职能。合同是索赔的依据。承包商只有通过完善的合同管理，才能发现索赔机会和提高索赔成功率，而整个索赔处理过程又是执行合同的过程。

2. 索赔管理与施工计划管理的关系

索赔管理是施工计划管理的动力。施工计划管理一般是指项目实施方案、进度安排、施工顺序和所需劳动力、机械、材料的使用安排。在施工过程中，通过实际实施情况与原计划进行比较，一旦发生偏离就要分析其原因和责任，如果这种偏离使合同的一方受到损失，损失方就会向责任方提出索赔。因此，加强施工计划管理，可及早发现索赔机会，避免经济损失。

3. 索赔管理与工程成本管理的关系

在合同实施过程中，承包商可以通过对工程成本的控制，发现实际成本与计划成本的差异，如果实际工程成本增加不是承包商自身的原因造成的，就可以通过索赔及时挽回工程成本损失，即工程成本管理是搞好索赔管理的基础。

4. 索赔管理与文档管理的关系

索赔必须要求有充分证据，证据是索赔报告的重要组成部分，证据不足的情况下，要取得索赔成功是相当困难的。如果文档管理混乱、资料不及时整理和保存，就会给索赔证据的提供带来很大困难。

第二节　索赔值的计算

一、费用索赔计算

1. 费用索赔的组成

索赔费用的主要组成部分与工程造价的构成类似，包括直接费、管理费、利润、额外担保与保险费用、融资成本。

（1）直接费。直接费主要包括人工费、材料费、机械设备费及正常损耗费等。

① 人工费。人工费的索赔主要包括额外劳动力雇佣、劳动效益降低、由于发包方违约造成人员闲置、额外工作引起加班劳动、人员人身保险和各种社会保险支出等。

② 材料费。材料费的索赔主要包括材料涨价费用、额外新增材料运输费用、额外新增材料使用费、材料破损消耗估价费用、材料的超期储存费用等。

③ 机械设备费。机械设备费的索赔主要包括新增机械设备费用、已有机械设备使用时间延长费用、新增租赁设备费用、由于一方违约使机械设备闲置的费用、机械设备保险费用、机械设备折旧和修理费分摊等。

④ 正常损耗费。正常损耗费的索赔主要包括额外低值易耗品使用费、小型工具费、仓库保管成本费等。

(2) 管理费。管理费的索赔主要包括总部管理费和现场管理费。

(3) 利润。在非己方原因导致合同延期,合同全部完成之前的合同解除,以及合同变更等情况下的索赔可能包括利润的索赔。

(4) 额外担保与保险费用。例如,由于发包方违约等非承包方原因造成的合同工期延长,则承包方就必须相应延长履约担保的有效期,或由于工程量变更较大而追加担保金额,保险期延长也使保险费用增加等,承包方有权从发包方那里得到这部分额外担保和保险费用的补偿。

(5) 融资成本。例如,对于发包方违约造成的承包方的融资成本损失,承包方应有权得到相应的经济补偿。

引起索赔事件的原因和费用都是多方面和复杂的,在具体进行一项索赔事件的费用计算时,应该具体问题具体分析,并分项列出详细的费用开支和损失证明及单据,交由监理工程师审核和批准。

2. 费用索赔的计算方法

(1) 总费用法。

总费用法是一种较简单的计算方法,是把固定总价合同转化为成本加酬金合同,即以受损方的额外成本为基础,加上管理费和利息等附加费作为索赔值。一般认为在具备以下条件时采用总费用法是合理的:①已开支的实际总费用经过审核,认为是比较合理的;②受损方的原始报价是比较合理的;③费用的增加是由于对方原因造成的,其中没有受损方管理不善的责任;④由于该项索赔事件的性质以及现场记录的不足,难以采用更精确的计算方法。

(2) 分项法。

分项法是按每个或每类干扰事件引起费用项目损失分别计算索赔值的方法,包括人工费索赔、材料费索赔、施工机械费索赔、现场管理费索赔、总部管理费索赔和融资成本、利润与机会利润损失的索赔。

二、工期索赔计算

1. 工期索赔的情形

工期索赔按延误责任可分为无过错延误和过错延误两种。

(1) 无过错延误。无过错延误是由发包方的责任和客观原因造成的延误,并非承包方的过错,它是无法合理预见和防范的延误,是可以原谅的,虽然不一定能得到经济补偿,但承包方有权获准延长合同工期。

(2) 过错延误。过错延误是指因可以预见的条件或在承包方控制范围之内的情况,或由承包方自己的问题与过错而引起的延误。承包方不仅得不到工期延长，也得不到费用补偿，还要赔偿发包方由此而造成的损失。

2. 工期索赔的计算方法

工期索赔的计算主要有网络图分析法和比例计算法两种。

(1) 网络图分析法。网络图分析法是通过分析延误发生前后的网络计划，对比两种工期的计算结果，计算索赔值，也就是利用网络图进度计划，分析其关键线路。如果延误的工作为关键工作，则延误的时间为索赔的工期；如果延误的工作为非关键工作，当该工作由于延误超过时差限制而成为关键工作时，则可以索赔的时间为延误时间与时差的差值；若该工作延误后仍为非关键工作，则不存在工期索赔问题；若该工作延误时间超过总时差时，可索赔延误时间与时差的差值。

(2) 比例计算法。比例计算法是用工程的费用比例来确定工期应占的比例，往往用于工程量增加的情况。工期索赔值的计算公式如下：

$$\frac{\text{额外增加工程量价值}}{\text{原合同总价}}\times\text{原合同总工期}$$

比例计算法简单方便，但有时不符合实际情况，不适用于变更施工顺序、加速施工、删减工程量等事件的索赔，适用范围比较狭窄。

三、案例研究与练习

某大型商业中心大楼的建设工程按照 FIDIC 合同模式进行招标和施工管理。中标合同价为 18 329 500 元人民币，工期 18 个月。工程内容包括场地平整、大楼土建施工、停车场、餐饮厅等。

1. 承包方遇到的问题及索赔要求

在发包方下达开工指令后，承包方按期开始施工。但在施工过程中，首先遇到如下问题。

(1) 工程地基条件比发包方提供的地质勘探报告中提到的差。

(2) 施工条件受交通的干扰甚大。

(3) 设计多次修改，监理工程师下达工程变更指令，导致工程量增加和工期拖延。

为此，承包方先后提出 6 次工期索赔，累计要求延期 395 天；此外，还提出了相关的费用索赔，申明将报送详细索赔款额计算书。

2. 发包方的答复

对于承包方的索赔要求，发包方和监理工程师的答复如下：

(1) 根据合同条件和实际调查结果，同意工期适当延长，批准累计延期 128 天；

(2) 发包方不承担合同价款以外的任何附加开支。

承包方对发包方的上述答复极不满意，并提出了书面申辩，提出累计工期延长 128 天是不合理的，不符合实际的施工条件和合同条款。承包方的 6 次工期索赔报告，包括了实际存在并符合合同的诸多理由，要求监理工程师和发包方对工期延长天数再次予以核查批准。

从施工的第二年开始，根据发包方的反复要求，承包方采取了加速施工措施，以便商业中心大楼早日建成。这些加速施工的措施，监理工程师是同意的，例如由一班作业改为两班作业，节假日加班施工，增加了一些施工设备等。就此，承包方向发包方提出加速施工的费用赔偿要求。

3. 监理工程师和发包方对承包方的索赔要求的最终答复

监理工程师和发包方对承包方的反驳函件进行了多次研究，在工程快结束时作出如下答复。

（1）最终批准工期延长176天。

（2）如果发生计划外附加开支，同意支付直接费和管理费，待索赔报告正式送出后核定。这最终批准的工期延长天数就是工程建成时实际发生的拖期天数。工期原定为18个月（547个日历天数），而实际竣工工期为723天，即实际延期176天。发包方在这里承认了工程拖期的合理性，免除了承包方承担误期损害赔偿费的责任，虽然不再多给承包方更多的延期天数，承包方也感到满意。同时发包方允诺支付由此而产生的附加费用（直接费和管理费），说明发包方已基本认可承包方的索赔要求。

4. 承包方的费用索赔要求

在工程即将竣工时，承包方送来了索赔报告书，其索赔费用的组成如下：

- 加速施工期间的生产效率降低损失费659 191元；
- 加速并延长施工期的管理费121 350元；
- 人工费调价增支23 485元；
- 材料费调价增支59 850元；
- 设备租赁费65 780元；
- 分包装修增支187 550元；
- 增加投资贷款利息152 380元；
- 履约保函延期增支52 830元；

以上共计1 322 416元。

- 利润(8.5%)为112 405元；

索赔款合计1 434 821元。

对于上述索赔额，承包方在索赔报告书中逐项地进行了分析计算，主要内容如下：

（1）劳动生产率降低引起的附加开支。承包方根据自己的施工记录，证明在发包方正式通知采取加速措施以前，其工人的劳动生产率可以达到投标文件所列的生产效率。但当采取加速措施以后，由于进行两班作业，夜班工作效率下降；由于改变了某些部位的施工顺序，工效亦降低。在开始加速施工直到建成工程项目，承包方的施工记录总用技工20 237个工日，普工38 623个工日。但根据投标书中的工日定额，完成同样的工作所需技工为10 820个工日，普工21 760个工日。这样，多用的工日是由于加速施工形成的生产率降低，增加了承包方的开支，劳动生产效率降低引起的附加开支见表9-1。

表9-1 劳动生产效率降低引起的附加开支表

	技　工	普　工
实际用工日(A)	20 237	38 623
按合同文件用工日(B)	10 820	21 760
多用工日(C=A-B)	9 417	16 863
每工日平均工资元/工日(D)	31.5	21.5
增支工资款/元(E=C×D)	296 636	362 555
共计增支工资/元	659 191	

（2）延期施工管理费增支。根据投标书及中标协议书约定，在中标合同价 18 329 500 元中包含施工现场管理费及总部管理费 1 270 134 元。按原定工期 18 个月（547 个日历天数）计，每日平均管理费为 2 322 元。在原定工期 547 天的前提下，发包方批准承包方采取加速措施，并准予延长工期 l76 天，以完成全部工程。在延长施工的 176 天内，承包方应得管理费款额为（2 332×176）元＝408 672 元。

但是，在工期延长期间，承包方实施发包方的工程变更指令，所完成的工程款中已包含了管理费 287 322 元（可以按比例反算工程变更增加工程费为 414 万元人民币，相当于正常 4 个月工作量），为了避免管理费的重复计算，承包方应得的管理费为（408 672－287 322）元＝121 350 元。

（3）人工费调价增支。根据人工费增长的统计，在后半年施工期间工人工资增长 3.2％，按规定进行人工费调整，故应调增人工费。本工程实际施工期为两年，其中包括原定工期 18 个月（547 天），以及批准工期延长 176 天。在两年的施工过程中，第一年是按合同正常施工，第二年是加速工期。在加速施工的 年里，按规定在其后半年进行人工费调整（增加 3.2％），故应对加速施工期（1 年）的人工费的 50％进行调增，即

技工： ［（20 237×31.5）/2×3.2％］元 ＝ 10 199 元

普工： ［（38 623×21.5）/2×3.2％］元 ＝ 13 286 元

共调增 23 485 元。

（4）材料费调价增支。根据材料价格上调的幅度，对施工期第二年内采购的三材（钢材、木材、水泥）及其他建筑材料进行调价，上调 5.5％。统计计算结果得知，第二年度内使用的材料总价为 1 088 182 元，故应调增材料费：1 088 182 元×5.5％＝59 850 元。

（5）租赁费增支。机械租赁费 65 780 元，是按租赁单据上款额列出。

（6）分包商装修工作增支。根据装修分包商的索赔报告，其人工费、材料费、管理费以及合同规定的利润索赔总计为 187 550 元。分包商的索赔费如数列入总承包方的索赔款总额内，在发包方核准并付款后悉数付给分包商。

（7）增加投资贷款利息。由于采取加速施工措施，并延期施工工期，承包方不得不增加其资金投入。这部分增加的投资，无论是承包方从银行贷款，或是由其总部拨款，都应从发包方处取得利息的补偿，其利率按当时的银行贷款利率计算，计息为一年，即

1 792 700 元×8.5％＝152 380 元（1 792 700 元为总贷款额）

（8）履约保函延期开支。根据银行担保协议书规定的利率及延期天数计算，为 52 830元。

（9）利润。按加速施工期间及延期施工期内，承包方的直接费、间接费等项附加开支的总值，乘以合同中原定的利润率（8.5％）计算，即 1 322 416 元×8.5％＝112 405 元。

以上 9 项，总计索赔款额为 1434 821 元，相当于原合同价的 7.8％，这就是由于加速施工及工期延长所增加的建设费用。

5. 索赔处理分析

本工程项目的索赔包括工期拖延和加速施工索赔，在索赔的提出和处理上有一定的代表性。虽然该索赔经过工程师和发包方的讨论，顺利通过核准，并取得了拨款，但在处理该项索赔要求（即反驳索赔报告时）尚有如下问题值得注意。

（1）承包方索赔报告没有细分各干扰事件的分析和计算。承包方是按照综合索赔方式提出的索赔报告，而且没有细分各干扰事件的分析和计算。工程师反索赔应要求承包方将

各干扰事件的工期索赔、工期拖延引起的各项费用索赔、加速施工所产生的各项费用索赔分开来分析和计算，否则容易出现计算错误。在本索赔中发包方基本上赔偿了承包方的全部损失，而且许多计算明显不合理。

(2) 工期索赔的处理。对承包方提出的6次工期索赔，工程师进行了详细分析，具体如下。

① 发包方责任造成的，例如地质条件与勘查报告不一致、设计修改、图纸拖延等，则工期和费用都应补偿。

② 其他原因造成的，例如恶劣的气候条件，工期可以顺延，但费用不予补偿。

③ 承包方责任以及应由承包方承担的风险，例如正常的阴雨天气、承包方施工组织失误、拖延开工等。

④ 对承包方提出的交通干扰所引起的工期索赔，如果在投标后由于交通法规变化，或当地新的交通管理规章颁布，则属于一个有经验的承包方不能预见的情况，应不属于承包方的责任；如果当地交通状况一直如此，规章没有变化，则应属于承包方交通环境调查的责任。

上述几类索赔原因在工程中都会存在，这种分析在本工程中对工期、费用索赔的反驳，对确定加速所赶回工期数量(按本工程的索赔报告无法确定)以及加速费用计算极为重要。由于这个关键问题未说明，所以在本工程中对费用索赔的计算很难达到科学和合理的地步。

(3) 劳动生产率降低的计算。发包方赔偿了承包方在施工现场的所有实际人工费损失，这只有在承包方没有任何责任，以及没发生合同约定的任何承包方风险状况下才成立，如果存在气候原因和承包方应承担的风险原因造成工期拖延，则相应的人工工日应在总额中扣除，而且还应注意如下问题。

① 工程师应分析承包方报价中劳动效率(即合同文件用工量)的科学性。承包方在投标文件中可能有投标策略。如果投标文件用工量较少(即在保持总人工费不变的情况下，减少用工量，提高劳动力单价)，则按这种方法计算会造成发包方损失。在上述情况下，则可利用定额规定的劳动效率，或参考本项目其他承包方的标书所载明劳动效率，以减少发包方的损失。

② 合同文件用工应包括的工程变更(约414万元人民币工程量)中，已经在工程价款中支付给承包方的人工费，应该扣除这部分人工费。

③ 实际用工中应扣除发包方点工计酬，承包方责任和风险造成的窝工损失(如阴雨天气)。

④ 从总体上看，第二年加速施工，实际用工比合同用工增加了近1倍，承包方报出的数量太大，这个数值是本索赔报告中最大的一项，应作重点分析。

(4) 工期拖延相关的施工管理费计算。对拖延176天的管理费，这种计算使用了Hudson公式，不太合理，应按报价分摊到每天的管理费，并适当折减。同时还要作报价分析，如果开办费独立立项，则这个折扣可大一点。但又应考虑到由于加速施工增加了劳动力和设备的投入，在一定程度上又会加大施工管理费的开支。

(5) 人工费和材料费上涨的调整。

① 由于本工程合同允许价格调整，则此调整最好放在工程款结算中调整较为适宜，如果工程合同不允许价格调整，即固定价格合同，则由于工期拖延和物价上涨的费用索赔在工期拖延相关费用索赔中提出较好。

② 如果建筑材料价格上涨5.5%是基准期到第二年年底的上涨幅度，或年初上涨幅度

（对固定价格合同），则由于在工程中材料是被均衡使用的，所以按公式只能计算一半，即

$$1\ 088\ 182\text{元}\times 5.5\%\times 0.5=29\ 925\text{元}$$

（6）贷款利息的计算。这种计算利息的公式是假设在第二年年初就投入了全部资金的情况，显然不太符合实际。利息的计算一般是以承包方工程的负现金流量作为计算依据。如果按照承包方在本工程中提出的公式计算，通常也只能算一半。

（7）利润的计算。

① 由于图纸拖延、交通干扰等造成的拖延所引起的费用索赔一般不能计算利润。

② 人工费和材料费的调价也不能计算利润。一般情况下本工程不能索赔利润。

第三节　索赔的处理和解决

一、索赔的依据和证据

1. 索赔的依据

（1）法律法规。

① 法律，如《中华人民共和国合同法》《中华人民共和国建筑法》《中华人民共和国招标投标法》等。

② 行政法规，如《建设工程质量管理条例》等。

③ 司法解释，如最高人民法院《关于审理建设工程施工合同纠纷案件适用法律问题的解释》等。

④ 部门规章，如《建设工程价款结算办法》等。

⑤ 地方法规，如《×××省（市）建筑市场管理办法》《×××省（市）建设工程结算管理办法》等。

（2）合同。

建设工程合同是建设工程的发包方为完成工程，与承包方签订的关于承包方按照发包方的要求完成工作，交付建设工程，并由发包方支付价款的合同。因此，建设工程合同一旦签订，就代表双方愿意接受合同的约束，严格按照合同约定行使权利、履行义务及承担责任。而出于对风险的预估，合同中往往会有关于索赔责任的约定，因此，一方可以依据合同中明确约定的索赔条款要求对方承担责任。另外，有时虽然合同中可能没有明确约定索赔条款，但是从合同的引申含义和合同相关的法律法规可以找到索赔的依据，即默示条款。

（3）工程建设惯例。

交易习惯是指平等民事主体在民事往来中反复使用、长期形成的行为规则，这种规则约定俗成，虽无国家强制执行力，但交易双方自觉地遵守，在当事人之间产生权利和义务关系。《中华人民共和国合同法》第 61 条规定："合同生效后，当事人就质量、价款或者报酬、履行地点等内容没有约定或约定不明确的，可以协议补充；不能达成补充协议的，按照合同有关条款或者交易习惯确定。"由此可见，交易习惯是合同履行过程中有重要的补漏功能，另外也有学者认为交易习惯具有合同模式条款的功能，即"根据当事人的行为，根据合同其他明示条款或习惯，不言自明，理应存在于合同，而当事人在合同中没有写明的条款。"在当事人的长期交易中，由于共同遵循某种习惯或者形成了固定的交易惯例，在订立合同时，为了节省谈判时间和交易成本，提高效率，当事人一般不在合同中列出这些内容，但作为默示条款，仍支

配着当事人的行为。因此，工程建设惯例也可作为索赔的依据。

2. 索赔证据

索赔证据是当事人用来支持其索赔成立或与索赔有关的证明文件和资料。索赔证据作为索赔报告的组成部分，在很大程度上关系到索赔的成功与否。证据不全、不足或没有证据，索赔是不可能获得成功的。索赔证据既要真实、全面、及时，又要具有法律证明效力。

对于索赔证据的收集，应在施工过程中就始终做好数据积累工作，建立完善的数据记录和科学管理制度，认真系统地积累和管理建设工程合同文件、质量、进度及财务收支等方面的数据，有意识地为索赔报告积累必要的证据材料。

在工程项目实施过程中，常见的索赔证据主要有如下几项：

(1) 各种工程合同文件；

(2) 施工日志；

(3) 工程照片及声像数据；

(4) 来往信件、电话记录；

(5) 会议纪要；

(6) 气象报告和资料；

(7) 工程进度计划；

(8) 投标前发包方提供的参考数据和现场数据；

(9) 工程备忘录及各种签证；

(10) 工程结算数据和有关财务报告；

(11) 各种检查验收报告和技术鉴定报告；

(12) 其他，包括分包合同、订货单、采购单、工资单，官方的物价指数等。

二、索赔的程序

《建设工程工程量清单计价规范》(GB 50500—2013)9.13.2条款规定，根据合同约定，承包人认为非承包人原因发生的事件造成了承包人的损失，应按以下程序向发包人提出索赔：

(1) 承包人应在索赔事件发生后28天内，向发包人提交索赔意向通知书，说明发生索赔事项的事由；承包人逾期提交索赔意向通知书的，丧失索赔的权利；

(2) 承包人应在发出索赔意向通知书后28天内，向发包人正式提交索赔通知书；索赔通知书应详细说明索赔的理由和要求，并附必要的记录和证明材料；

(3) 索赔事件具有连续影响的，承包人应继续提交延续索赔通知，说明连续影响的实际情况和记录；

(4) 在索赔事件影响结束后的28天内，承包人向发包人提交最终索赔通知书，说明最终索赔要求，并附必要的记录和证明材料。

《建设工程工程量清单计价规范》(GB 50500—2013)9.13.3条款规定，承包人索赔应按下列程序处理：

(1) 发包人收到承包人的索赔通知书后，应及时查验承包人的记录和证明材料；

(2) 发包人应在收到索赔通知书或有关索赔的进一步证明材料后的28天内，将索赔处理结果答复承包人，如果发包人逾期未作出答复，视为承包人索赔要求已经过发包人认可；

(3) 承包人接受索赔处理结果的，索赔款项应作为增加合同价款，在当期进度款中进行支付；承包人不接受索赔处理结果的，按合同约定的争议解决方式办理。

《建设工程工程量清单计价规范》(GB 50500—2013)9.13.4 条款规定，承包商要求索赔时，可以选择以下一项或几项方式获得赔偿：

(1) 延长工期；

(2) 要求发包人支付实际发生的额外费用；

(3) 要求发包人支付合理的预期利润；

(4) 要求发包人按合同的约定支付违约金。

若承包人的费用索赔和工期索赔要求相关联时，发包人在作出费用索赔的批准决定时，应结合工程延期，综合作出费用索赔和工期延期的决定。

发承包双方在按合同约定办理了竣工结算后，应被认为承包人已无权再提出竣工结算前所发生的任何索赔。承包人在提交的最终结清申请中，只限于提出竣工结算后的索赔，提出索赔的期限自发承包双方最终结清时终止。

根据合同约定，发包人认为由于承包人的原因造成发包人的损失，应参照承包人索赔的程序进行索赔。

《建设工程工程量清单计价规范》(GB 50500—2013)9.13.8 条款规定，发包人要求索赔时，可以选择以下一项或几项方式获得赔偿：

(1) 延长质量缺陷修复期限；

(2) 要求承包人支付实际发生的额外费用；

(3) 要求承包人按合同的约定支付违约金。

承包人应付给发包人的索赔金额可以从拟支付给承包人的合同价款中扣除，或由承包人以其他方式支付给发包人。

三、索赔争议的鉴定

根据《建设工程造价鉴定规范》(GB/T 51262—2017)，索赔分承包人的索赔与发包人的索赔。

1. 承包人的索赔

根据合同约定，承包人认为有权得到追加付款和(或)延长工期的，应按以下程序向发包人提出索赔：①承包人应在知道或应当知道索赔事件发生后 28 天内，向监理人递交索赔意向通知书，并说明发生索赔事件的事由；承包人未在前述 28 天内发出索赔意向通知书的，丧失要求追加付款和(或)延长工期的权利；②承包人应在发出索赔意向通知书后 28 天内，向监理人正式递交索赔报告；索赔报告应详细说明索赔理由以及要求追加的付款金额和(或)延长的工期，并附必要的记录和证明材料；③索赔事件具有持续影响的，承包人应按合理时间间隔继续递交延续索赔通知，说明持续影响的实际情况和记录，列出累计的追加付款金额和(或)工期延长天数；④在索赔事件影响结束后 28 天内，承包人应向监理人递交最终索赔报告，说明最终要求索赔的追加付款金额和(或)延长的工期，并附必要的记录和证明材料。

2. 发包人的索赔

根据合同约定，发包人认为有权得到赔付金额和(或)延长缺陷责任期的，监理人应向承包人发出通知并附有详细的证明。发包人应在知道或应当知道索赔事件发生后 28 天内通过监理人向承包人提出索赔意向通知书，发包人未在前述 28 天内发出索赔意向通知书的，丧失要求赔付金额和(或)延长缺陷责任期的权利。发包人应在发出索赔意向通知书后 28

天内，通过监理人向承包人正式递交索赔报告。

结合《建设工程施工合同(示范文本)》(GF—2017—0201)相关内容，鉴定要求如下。当事人一方提出索赔，因对方当事人不答复发生争议的，鉴定人应按以下规定进行鉴定：当事人一方在合同约定的期限后提出索赔的，鉴定人应以超过索赔时效做出否定性鉴定；当事人一方在合同约定的期限内提出索赔，对方当事人未在合同约定的期限内答复的，鉴定人应对此索赔作出肯定性鉴定。

四、索赔小组与索赔报告

1. 索赔小组

索赔是一项复杂、细致而艰巨的工作。组建一个知识全面、索赔经验丰富、稳定的索赔机构从事索赔工作，是索赔成功的重要条件。在一般情况下，应根据工程规模及复杂程度、工期长短、技术难度、合同的严密性程度以及发包方的管理能力等因素组建索赔小组。

索赔小组的人员要相对稳定，各负其责，积极配合，齐心协力完成好索赔管理工作。对于大型的工程，索赔小组应由项目经理、合同法律专家、工程经济专家、技术专家和施工工程师等组成。工程规模小、工期短、技术难度不高、合同较严密的工程，可以由有经验的造价工程师或合同管理人员承担索赔工作。

2. 索赔报告

索赔报告是索赔方向对方提出索赔的书面文件，它全面反映了索赔方对一个或若干个索赔事件的所有要求和主张，对方当事人也是通过对索赔报告的审核、分析和评价，作出认可、要求修改、反驳甚至拒绝的回答。索赔报告也是双方进行索赔谈判或调解、仲战、诉讼的依据，因此，索赔报告的表达与内容对索赔的解决有重大影响，索赔方必须认真编写索赔报告。

在工程建设过程中，一旦出现索赔事件，索赔方应该按照索赔报告的构成内容，及时地向对方提交索赔报告。单项索赔报告的一般格式如下。

(1) 题目。

索赔报告的标题应该能够简要、准确地概括索赔的中心内容，如“关于××事件的索赔”。

(2) 事件。

详细描述事件过程，主要包括索赔事件发生的工程部位、时间、原因、经过，影响的范围，索赔方当时采取的防止事件扩大的措施，事件持续时间，索赔方已经向对方或工程师报告的次数及日期，最终影响结束的时间，事件处置过程中的有关主要人员办理的有关事项，包括双方信件交往、会谈，并指出对方如何违约、证据的编号等。

(3) 理由。

理由是指索赔的依据，主要是法律依据和合同条款的约定。合理引用法律和合同的有关规定，建立事实与损失之间的因果关系，说明索赔的合理、合法性。

(4) 结论。

结论应指出事件造成的损失或损害的大小，主要包括要求补偿的金额及工期，这部分只需列举各项明细数字及汇总数据即可。

(5) 详细计算书(包括损失估价和延期计算两部分)。

为了证实索赔金额和工期的真实性，必须指明计算依据及计算数据的合理性，包括损失费用、工期延长的计算基础、计算方法、计算公式及详细的计算过程及计算结果。

(6) 附件。

附件包括索赔报告中所列举的事实、理由、影响等各种附编号的证据、图表。

编写索赔报告需要实际工作经验。索赔报告如果起草不当，会失去索赔方的有利地位和条件，使正当的索赔要求得不到合理解决。对于重大索赔或一揽子索赔，最好能在律师或索赔专家的指导下进行。编写索赔报告要满足符合实际、说服力强、计算准确和简明扼要等基本要求。

第四节　索赔与反索赔策略

一、索赔的策略

索赔策略是承包方工程经营策略和索赔向导的重要环节，包括承包方的基本方针和索赔目标的制订、分析实现目标的优劣条件、索赔对承包方利益和发展的影响、索赔处理技巧等。索赔需要总体谋略，总体谋略是索赔成功的关键。一般来讲，要做好索赔总体谋略，承包方必须全面把握以下几个方面的问题。

1. 确定索赔目标

施工索赔目标是指承包方对施工索赔的基本要求。可对要达到的目标进行分解，按难易程度进行排列，分析它们实现的可能性，从而确定最低和最高目标。也可分析实现目标的风险，例如，能否抓住施工索赔机会，保证在施工索赔有效期内提出施工索赔；能否按期完成合同约定的工程量，执行发包方加速施工指令；能否保证工程质量，按期交付，工程中出现失误后的处理办法等。

2. 对发包方进行分析

分析发包方的兴趣和利益所在，要让施工索赔在友好和谐的气氛中进行，处理好单项施工索赔和总施工索赔的关系，对于理由充分且重要的单项施工索赔应力争尽早解决；对于发包方坚持拖后解决的施工索赔，要按发包方的意见认真积累有关资料，为最终施工索赔做准备。根据对方的利益所在，就双方感兴趣的地方，承包方在不过多损害自己利益的情况下可适当让步，打破僵局，在对方愿意接受施工索赔的情况下，不要得理不让人，否则反而达不到施工索赔的目的。

对发包方的社会心理、价值观念、传统文化、生活习惯，甚至包括发包方本人的兴趣、爱好的了解和尊重，对索赔的处理和解决有极大的影响，有时直接关系到索赔甚至整个项目的成败，现在西方发达国家的承包方在工程投标、洽谈、施工、索赔中特别注意这些方面的内容。

3. 承包方自身的经营战略分析

承包方的经营战略直接制约着索赔策略和计划。在分析发包方的目标、发包方的情况和工程所在地的情况后，承包方应考虑如下问题：

(1) 有无可能与发包方继续进行新的合作，例如发包方有无新的工程项目？

(2) 承包方是否打算在当地继续扩展业务或扩展业务的前景如何？

(3) 承包方与发包方之间的关系对当地扩展业务有何影响？

这些问题是承包方决定整个索赔要求、解决方法和解决期望的基本点，由此确定承包方对整个索赔的基本方针。

4. 承包方的主要对外关系分析

在合同履行过程中，承包方有多方面的合作关系，如与发包方、监理工程师、设计单位、发包方的其他承包方和供货商、承包方的代理人或担保人、发包方的上级主管部门或政府机关等，承包方对各个方面要进行详细分析，利用这些关系，争取各方面的理解、合作和支持，造成有利于承包方的氛围，从各个方面向发包方施加影响，这往往比直接与发包方谈判更为有效。

5. 对发包方索赔的估计

在工程问题比较复杂、双方都有责任，或工程索赔以一揽子方案解决的情况下，应对对方已提出的或可能提出的索赔值进行分析和估算。在国际承包工程中，常常有这种情况：在承包方提出索赔后，发包方采取反索赔策略和措施，例如找一些借口提出罚款和扣款，在工程验收时挑毛病，提出索赔用以平衡承包方的索赔。这是必须充分估计到的。对发包方已经提出的和可能提出的索赔项目进行分析，列出分析表，并分析发包方这些索赔要求的合理性，即自己反驳的可能性。

6. 承包方的索赔值估计

承包方对自己已经提出的及准备提出的索赔进行分析，分析可能的最大值和最小值以及这些索赔要求的合理性和发包方反驳的可能性。

7. 合同双方索赔要求对比分析

通过分析可以看出双方要求的差距。己方提出索赔，目的是通过索赔得到费用补偿。则两估计值对比后，己方应有盈余。如果己方为反索赔，目的是为了反击对方的索赔要求，不给对方费用，则两估计值对比后应至少平衡。

8. 可能的谈判过程

索赔一般最终在谈判桌上解决。索赔谈判是合同双方面对面的较量，是索赔能否成功的关键。一切索赔计划和策略都要在此付诸实施，接受检验；索赔报告在此交换、推敲、反驳；双方都派最精明强干的专家参加谈判。在这里要考虑：①如何在一个友好和谐的气氛中将对方引人谈判；②谈判将有哪些可能的进程；③如何争取对自己有利的形势，谈判过程中对方有什么行动；④我方应采取哪些对应措施。

一切索赔的计划和策略都是在谈判桌上得以体现并接受检验的，因此，谈判之前要准备充分，对谈判的可能过程要做好事前分析，保持谈判的友好和谐气氛。谈判应从发包方关心的议题入手，从发包方感兴趣的问题谈起，始终保持友好和谐的谈判氛围。谈判过程要重事实、讲证据，既要据理力争、坚持原则，又要适当让步、机动灵活。所谓施工索赔的“艺术”，常常在谈判桌上得以体现。所以，选择和组织精明强干、有丰富施工索赔知识及经验的谈判班子就显得极为重要。

二、索赔技巧

施工索赔的技巧是为施工索赔的策略目标服务的，因此，在确定了施工索赔的策略目标之后，施工索赔技巧就显得格外重要，它是施工索赔策略的具体体现。施工索赔技巧因人、因客观环境条件而异。

1. 及早发现施工索赔机会

一个有经验的承包方，在投标报价时就应考虑将来可能要发生施工索赔的问题，仔细研究招标文件中合同条款和规范，仔细勘查施工现场，对可能发生的索赔事件有敏感性和预见性，探索施工索赔的可能机会。

在报价时要考虑施工索赔的需要，在进行单价分析时，应列入生产效率，把工程成本与投入资源的效率结合起来，这样，在施工过程中论证施工索赔原因时，可引用效率降低作为施工索赔的根据。在施工索赔谈判中，如果没有生产效率降低的数据，则很难说服监理工程师和发包方，施工索赔无取胜可能，反而会被认为生产效率的降低是承包方施工组织不利，没有达到投标时的效率。

要论证效率降低，承包方应做好施工记录，记录好每天使用的设备、工时、材料和人工数量、完成的工程量和施工中遇到的问题。

2. 选准并把握索赔时机进行索赔

索赔时机选择是否恰当，在很大程度上影响着索赔的质量。虽然相关法规都对索赔意向书、索赔报告的提出、上报时间作了明确的规定，然而承包方发现索赔很难在法规要求的时间内得到答复并得到应有的补偿。因此承包方必须选准索赔时机，采取各种灵活的方式敦促发包方履行合同，维护自己的正当权利，并适时向发包方、监理单位提出索赔要求并尽快解决。

一个有索赔经验的承包方，往往把握住索赔机会，使大量的索赔事件在施工过程前1/4～3/4这段时间内基本逐项解决。如果实在不能，也应在工程移交前完成主要索赔的谈判和付款，否则工程移交后，承包方就失去了约束发包方的“武器”，导致发包方“赖账”。承包方要根据发包方的具体情况，具体分析发包方的心态和资金状况，一般以工程作为筹码或以发包方的诚信作赌注，避免索赔时机的丧失。

3. 尽量采用单项索赔，减少综合索赔

单项索赔由于涉及的索赔事件比较简单，责任分析和索赔值的计算不太复杂，金额也不会太大，双方容易达成协议，获得成功。尽量采用单项索赔，随时申报、单项解决、逐月支付，把索赔款的支付纳入按月支付的轨道，同工程进度款的结算支付同步处理。综合索赔的弊端往往由于索赔额大，干扰事件多，索赔报告审阅、评价难度大，谈判难度也大，大多以牺牲承包方利益而终，承包方难以实现预期的索赔目标。

4. 正确处理个性与共性索赔事件

多个承包方施工时，索赔事件要区分个性与共性的问题。这就要求承包方拥有大量的信息，对其他标段的合同及索赔情况有一定的程度的认知和了解。

(1) 个性的问题应集中力量优先解决。共性的索赔事项由于牵连到原则性问题，牵涉面广，涉及的金额大，往往解决的时间滞后，通常需要多个承包方共同努力才能解决。

(2) 充分利用合同条件将共性问题个性化。索赔事件原因一般比较复杂，可选择的突破口很多，可利用的索赔条款往往不止一条，有经验的索赔人员首先要考虑的问题是将共性问题个性化，同时处理方式要争取个性化。

5. 商务条款苛刻时，多从技术方面取得突破

在买方市场条件下，承包方低价夺标，而合同条款特别是商务条款又近乎苛刻，如何在索赔上取得突破，是一个有经验承包方要考虑的首要问题。大多数合同是固定单价合同，如何实现由价到量的转变，根本出路是从技术方面入手，只要合同条件发生变化，就可申请单价变更，例如，固定的石方开挖单价，可以从岩石的分界线、运距、炸药单消耗等方面找突破口。

6. 合理确定索赔金额的大小

索赔金额必须综合考虑多方面的因素，绝不能单纯从某一个方面（如预算）下结论，确定前必须多次召开专门会议汇总、分析各个方面的情况，在合理的范围内确定索赔的最大金额。

在确定某一索赔事件的索赔金额时，首先要考虑承包方的实际损失，同时系统考虑：发包方、监理方的心态；项目概预算的执行情况及可能的调整情况；索赔证据掌握的程度；发包方的资金状况；公共关系情况等因素。

7. 慎重选择索赔值的计算方法

索赔事项对成本和费用影响的定量分析和计算是极为困难和复杂的，目前还没有统一认可的通用计算方法，如停工和窝工损失费用的计算方法还处在探讨阶段。选用不同的计算方法，对索赔值的影响很大，因此，个别项目在合同专用条款中直接规定了索赔值的计算方法。

对于没有明确规定补偿办法的合同，承包方在索赔值计算前，应专门讨论计算方法的选用问题。这需要技巧和实际工作经验，最好向这方面的专家咨询，在重大索赔项目的计算过程中，要按照不同的计算方法，比较计算结果，分析各种计算方法的合理性和发包方接受的可能性大小。这一点在实际操作过程中极为重要。承包方要以合理、有利的原则选取计算方法。

8. 按时提交高质量的索赔报告

在施工索赔业务中，索赔报告书的质量和水平对索赔成败关系密切。一项符合合同要求的索赔，如果索赔报告书写得不好，例如对索赔权论证无力、索赔证据不足、索赔计算有误等，承包方会失去索赔中的有利地位和条件，轻则使索赔大打折扣，重则使索赔失败。

索赔报告的编写，首先要根据合同分清责任，阐述索赔事件的责任方是对方的根据；其次是论述的逻辑性要强，强调索赔事件、工程受到的影响、索赔值三者间的因果关系；索赔计算要详细、准确；索赔报告的内容要齐全，语言简洁，通俗易懂，论理透彻；用词要委婉，避免生硬、刺激性、不友好的语言，考虑周全，避免波及监理、设计单位。对于大型土建工程，索赔报告应就工期和费用索赔分册编写报告报送，不要混为一体。小型工程或比较简单的索赔事项，可编写在同一个报告中。

9. 提交重大索赔报告前必须营造各方认同的气氛

重大索赔事项的解决不仅要取得发包方、监理主要人员的认同，而且要取得与会工作人员的认同，这就需要事先将索赔项目、索赔值与各方负责人进行非正式、单独的意见交换，倾听各方意见，制订下一步的操作方案，例如做好舆论宣传做好公关工作等。直接提交重大索赔报告及要求，发包方难以接受，应水到渠成，循序渐进，逐步进入索赔程序，非正式的会谈效果往往比正式谈判好得多。

10. 组成各方面互补的索赔谈判小组

所谓索赔的“艺术”，往往在谈判桌上得到充分的体现，一次谈判能否成功，与谈判人员的组成关系很大，不能轻视，一般要注意索赔谈判小组人员在能力、业务、知识结构、性格、经历、文化层次上应该互补，构成有机整体。

11. 力争友好协商解决，必要时施加压力

索赔争执一般都应该力争和平、友好协商方式解决，避免尖锐的对抗。谈判中出现对立情绪、以凌厉的攻势压倒对方，或一开始就打算用仲裁或诉讼的形式解决，都是不可取的，工程承包界常说:"好的诉讼不如坏的友好解决。"

索赔策略和技巧必须在积累大量工程案例的经验基础上才能发挥作用,如果承包方从投标阶段开始,到工程建成、施工合同履行完毕,都注意在施工索赔实践总结各种经验教训,那将会在索赔工作中取得更大的成绩。

三、索赔防范

1. 外部环境风险防范

外部环境风险,例如气候条件、经济走向、政治变动、政策法规的调整通常不以施工企业的意志为转移,不管施工企业采用何种措施,都不能避免这些情况的发生。但如果措施得当,风险损失可以得到一定的控制。承包商应积极了解工程所在地天气气候条件,将各季节情况与自己施工计划、工期结合在一起进行分析,并根据客观条件对施工计划、工期进行调整。例如,在江南地区夏季高温期较长,严重影响施工,若工期主要集中在这一时期,则应充分考虑。而在台风较为频繁的时候,应特意关注短期天气预报,提前做好保护措施。对于政策、法规方面的风险,施工企业同样无法避免风险事件的发生。预测预防是主要的应对手段。

2. 招投标风险防范

在招投标过程中,必须在信息获取和报价两方面做足工夫。信息的获取是前提。施工企业必须尽可能了解项目本身情况、业主情况、竞争对手情况、项目所在地情况。其中最重要的是对业主资信的调查了解。业主是工程承包合同的主要当事人,在决定承包工程之前,承包商必须起码了解业主的支付能力和支付信誉,业主拟发包工程的资金来源是否可保证资金的供给,业主能否保证付款的连续性,业主在历史上的支付信誉及对于工程的管理能力,业主同其过去的合作对象的关系及有无过分挑剔行为等,以便作出相应的对策。当业主的资信存在严重问题时,承包商所要考虑的不仅仅是如何应对,而且应考虑是否投这个标。次要的是工程本身情况和竞争对手情况。要结合自身实力、特点分析招标项目是否适合自身,与竞争对手相比优劣势何在,如何扬长避短,合理报价,争取中标。

3. 合同风险防范

兵法中有句话:"以我之不可胜而待敌之可胜。"这句话同样适合作为施工企业在合同风险中的指导思想。加强自身管理,说得再通俗些,即先做好自己的工作,尽量自己不犯错误,不要给对方以可乘之机,这是施工企业在合同风险应对中的积极态度。具体地讲,施工企业应做到以下几方面。

(1) 在合同签订、谈判过程中要尽量争取,不能唯业主之命是从,尽可能避免附加不平等条款的出现。

(2) 由专人对工程合同及合同条件的原文详细阅读研究,熟悉条款,明晰双方的权利和义务,分清责任,以备双方发生纠纷时有据可查,不至于处于被动地位。对有可能出现歧义的条文,与业主进行沟通、确认。对事关重大的条文,要以学习会、研讨会的形式,达成共识。

(3) 执行合同不能凭经验、想当然,要讲法律,讲依据。不要急于做合同规定以外的工作,发现合同规定以外应当做的工作要研究具体情况,如果是涉及合同变更或索赔的要抓住,并及时汇总给经营部门,很有可能是创收的好机会。有些工作人员经常是好心帮业主做了额外的工作,似乎是搞好了同业主的关系,但实际上是放弃了合同的权利。

(4) 文件、函电、会议纪要、合同变更和索赔声明的起草要严格根据合同，以合同条款为依据。有些工作人员经常在起草文件时写到“根据合同的约定”，这样写是不足以为依据的，应该写为“根据合同某条某款的如下约定”并引用原文，只有这样写才能说服业主。

(5) 合理处理好工期、质量和成本关系。质量是承包商对顾客的承诺，是承包商最基本的责任。任何情况下，都不能放弃质量目标，同时要兼顾工期、质量、成本的不同目标，争取最佳的效果。只有自己保质、保量、按期完成项目，圆满履行合同，才能使自己处于有利地位，在合同履约金、保修金的返还中争取更多主动。

4. 施工过程风险防范

(1) 做好图纸会审工作。这是应对设计问题的关键措施，施工前的图纸会审对减少施工中的差错、保证施工的顺利进行有着重要作用。图纸会审中应着重注意以下几方面问题。

① 设计的依据与施工现场条件是否相符，特别是地质条件和水文条件是否相符。

② 设计对施工有无特殊要求，承包商在技术上、工艺设备上有无困难，能否保证安全施工，能否保证工程质量，承包商对材料的特殊要求，核对工艺要求是否能满足。

③ 图纸上尺寸、标高、轴线有无错误；预留孔洞，预埋件大样图有无错误或矛盾等。

(2) 重视安全问题。安全风险是实证研究中的另一个关键因素，降低安全风险的关键是加强安全管理，确保生产安全是减少施工风险的有效措施。重视安全投入，提高安全管理人员素质，促使所有一线人员建立安全意识。

(3) 注意关系协调。搞好协调是应对业主和监理风险的有效手段。只有积极地沟通和交流，才能减少来自这两方的风险，保证工程的顺利进行，在协调中，施工企业既要坚持原则，讲法律法规，讲合同，不能听任对方摆布，又要考虑到各种现实条件，必要时进行让步，切不可死板教条，因小失大，能在协商范围内解决的问题，就不要通过诉讼等较为极端的方式解决，努力和业主与监理两方搞好关系。

四、索赔反驳

承包商在接到业主的索赔报告后，就应该着手进行分析承包商在以下几方面的分析基础上，向业主进行反驳。

1. 合同总体分析

反索赔同样是以合同作为根据。承包商进行合同分析的目的是分析、评价业主索赔要求的理由和依据。在合同中找出对对方不利、对承包商自己有利的合同条文，以构成对对方索赔要求否定的理由。合同总体分析的重点是与对方索赔报告中提出的问题有关的合同条款，主要包括合同的组成及其合同变更情况，合同规定的工程范围和承包商责任，工程变更的补偿条件、范围和方法，对方的合作责任，合同价格的调整条件、范围、方法以及对方应承担的风险，工期调整条件、范围和方法，违约责任，争执的解决方法等。

2. 事态调查

承包商的反索赔仍然基于事实基础之上，以事实为根据。这个事实必须有承包商对合同实施过程跟踪和监督的结果，即以各种实际工程资料作为证据，用以对照索赔报告所描述的事情经过和所附证据。通过调查可以确定干扰事件的起因、事件经过、持续时间、影响范围等真实的详细情况，应收集整理所有与反索赔相关的工程资料。

3. 合同状态分析、可能状态分析、实际状态分析

承包商在事态调查和收集、整理工程资料的基础上进行合同状态、可能状态、实际状态分析。通过三种状态的分析，承包商首先可以全面地评价工程合同、合同实际状况，评价承包商、业主双方合同责任的完成情况。其次，对业主有理由提出索赔的部分进行总概括，分析业主有理由提出索赔的干扰事件有哪些，索赔值是多少，再次对业主的失误和风险范围进行具体指认，这样在谈判中才有攻击点。最后要针对业主的失误作进一步分析，注意寻找向对方索赔的机会，以准备向业主提出索赔，在反索赔中要使用索赔手段。

4. 分析评价业主索赔报告

承包商对索赔报告进行全面分析，可以通过索赔分析评价表进行，在索赔分析评价表中分别列出业主索赔报告中的干扰事件、索赔理由、索赔要求，提出己方的反驳理由、证据、处理意见或对策等，承包商要对索赔分析评价表中的每一项进行逐条分析评价。

5. 向业主递交反索赔报告

承包商反索赔报告主要从业主的索赔程序、索赔理由、索赔计算等方面来反驳业主的索赔。为了避免和减少损失，承包商也可以向业主提出索赔来对抗（平衡）业主的索赔要求。反索赔报告的主要内容包括：合同总体分析简述、合同实施情况简述和评价。这里承包商重点要针对业主索赔报告中的问题和干扰事件叙述事实情况，应包括前述三种状态的分析结果。首先，承包商对双方合同责任完成情况和工程施工情况作评价，评价目的是推卸承包商对对方索赔报告中提出的干扰事件的合同责任，反驳业主索赔要求。按具体的干扰事件，逐条反驳业主的索赔要求，详细叙述承包商自己的反索赔理由和证据，全部或部分否定业主的索赔要求。其次，承包商提出索赔，对经合同分析和三种状态分析得出的业主违约责任，提出己方的索赔要求，通常可以在本反索赔报告中提出索赔，也可另外出具承包商自己的索赔报告。最后，承包商对反索赔作全面总结：对合同总体分析作简要概括；对合同实施情况作简要概括；对业主索赔报告作总评价；对承包商自己提出的索赔作概括；进行索赔和反索赔最终分析结果比较；提出解决意见，同时要附各种证据，即本反索赔报告中所述的事件经过、索赔理由、计算基础、计算过程和计算结果等证明材料。

【能力训练】

【背景】某监理单位承担了某一工程项目的施工监理工作。经过招标，建设单位选择了甲、乙施工单位分别承担 A、B 标段工程的施工，并按照《建设工程施工合同(示范文本)》分别和甲、乙施工单位签订了施工合同。建设单位与乙施工单位在合同中约定，B 标段所需的部分设备由建设单位负责采购，乙施工单位按照正常的程序将 B 标段的安装工程分包给丙施工单位，在施工过程中，发生了如下事件。

事件 1：建设单位在采购 B 标段的锅炉设备时，设备生产厂商提出由自己的施工队伍进行安装更能保证质量，建设单位便与设备生产厂商签订了供货和安装合同，并通知了监理单位和乙施工单位。

事件 2：总监理工程师根据现场反馈信息及质量记录分析，对 A 标段某部位隐蔽工程的质量有怀疑，随即指令甲施工单位暂停施工，并要求剥离检验，甲施工单位称该部位隐蔽工程已经专业监理工程师验收，若剥离检验，监理单位需赔偿由此造成的损失并相应延长工期。

事件 3：专业监理工程师对 B 标段进场的配电设备进行检验时，发现由建设单位采购的某设备不合格，建设单位对该设备进行了更换，从而导致丙施工单位停工。因此，丙施工单位致函监理单位，要求补偿其被迫停工遭受的损失并延长工期。

问题：

1. 在事件1中，建设单位将设备交由厂商安装的做法是否正确？为什么？

2. 在事件1中，若乙施工单位同意由该设备生产厂商的施工队伍安装该设备，监理单位应该如何处理？

3. 在事件2中，总监理工程师的做法是否正确？为什么？试分析剥离检验的可能结果及总监理工程师相应的处理方法。

4. 在事件3中，丙施工单位的索赔要求是否应该向监理单位提出？为什么？对该索赔事件应如何应处理？

第十章　国际工程项目常用合同条件

【知识目标】

1. 掌握各合同的适用范围、条件和各自的特点。
2. 熟悉各合同条件的主要内容和结构。
3. 了解国际工程合同条件的类型。

【技能目标】

1. 能看懂国际工程项目合同。
2. 对照相关条件，能对应处理相关事情。

【引导案例】

麦加轻轨的伤感

麦加轻轨是沙特政府为缓解每年数百万穆斯林在麦加朝觐时造成的巨大交通压力而专门建造的，项目的建成将在阿拉伯世界产生重大影响。2008 年 10 月初，受沙特阿拉伯政府邀请，并经中国政府推荐，中国铁建股份有限公司独家参与沙特阿拉伯麦加轻轨项目设计、采购、施工总承包以及三年运营管理的议标。2009 年 2 月 10 日，在中沙两国首脑的见证下，沙特政府与中国铁建股份有限公司正式签署了中标合同，麦加轻轨是中国和沙特阿拉伯两国首个合作项目，是中国企业在中东地区承包的第一条轻轨铁路，也是中国企业在海外第一次采用总承包模式承接的工程项目。

麦加轻轨项目采用 EPC＋O/M 模式，即设计、采购、施工＋运营管理的模式，合同造价为 17.73 亿美元，正线全长 18.06 公里，建设工期 22 个月，计划于 2010 年 10 月开通运营。经过中国铁通股份有限公司近一年的不懈努力和艰苦奋战，克服了无数苦难与障碍，确保了项目于 2011 年 10 月全面竣工，并于 2011 年 11 月 3 日全面开通运营。

从该项目合同签署到正式运营的 22 个月里，扣除斋月、朝觐等宗教习俗和作息习惯以及高层的影响，项目留给建设者的实际工期仅 16 个月。如今，这条迄今世界上设计运能最大、运营模式最复杂、同类工程建设工期最短的轻轨铁路项目经受住了首次大规模运营的考验，让世界见证了中国建设的力量，也为中国铁路进一步赢取中东市场树立了标杆。

但在工期满足要求的同时，中国铁建公司在合同管理上遇到了前所未有的困难，由于实际工程数量比签约时预计工程数量大幅度增加，再加上业主对该项目的 2010 年运能需求较合同规定大幅提升、业主负责的地下管网和征地拆迁严重滞后、业主为增加新的功能大量指令性变更使部分已完工工程重新调整等因素影响，导致项目工作量和成本投入大幅增加，且由于承包单位未针对项目要求进行询价，采用国内价格估价，没有对业主的概念设计进行深入分析，低估项目工程量，同时由于对于中东市场不够熟悉，低估了项目实施的难度，造成项目巨额亏损(据相关资料显示，项目亏损预计达到 41 亿人民币)，让项目在进度、质量等方面的成功淹没在国内一片批评和质疑声中。

第一节　国际工程合同条件概述

国际工程是指一个工程项目的咨询、设计、融资、采购、施工以及培训等各个阶段的参与者来自不止一个国家和国际组织，并且按照国际上通用的工程项目的管理理念进行管理的工程。从我国的角度看，国际工程包括我国工程单位在海外参与的工程，我国政府、企业在境外投资建设的项目，也包括大量的国内涉外工程，例如利用世界银行等国际金融组织的贷款项目、外国政府投资建设的项目等。由于国际工程的涉外性，因而文化传统、法律环境等不同，难以以某国合同文本确立权利义务关系，所以就出现了国际合同文本。

随着近几十年来国际工程的规模和数量的不断扩大，在国际工程承包领域逐步形成了常用的一些标准合同条件，这些标准合同条件在国际工程市场上大量地被采用，同时各标准合同制订委员会亦根据工程实践的情况不断对这些标准文本进行修改完善，使其更为符合工程实际。同时，许多国家在参照国际性的合同条件标准格式的基础上，结合自己国家的具体情况，制订本国的标准合同条件。

目前国际工程项目常用的合同条件主要如下：国际咨询工程师联合会(FIDIC)编制的系列合同条件；英国土木工程师学会编制的 ICE 合同、NEC 合同；美国建筑师学会的 AIA 系列合同条件；英国皇家建筑师学会的 JCT 合同及亚洲地区使用的各种合同条件。

大部分国际通用的合同条件都由“通用条件”和“专用条件”两部分组成。通用条件是指对策类工程都普遍适用的条款，如 FIDIC 的“施工合同条件”对各类土木工程(包括房屋建筑、工业厂房、公路、桥梁、水利、港口、铁路等)均是通用的。专用条件则是针对某一具体的工程项目，根据项目所在国和地区的法律法规、项目的特点和业主对合同实施的要求，而对通用条件的具体化、修改和补充。专用条件的条款号和通用条件的条款号是一致的，专用条件和通用条件共同构成一个完整的合同条件。

当然，并非所有的国际工程合同条件都是由通用条件和专用条件来构成的，如 ICE 合同条件就没有独立的专用条件，而是用合同条件标准本的第 71 条来表达专用条件的内容。

第二节　FIDIC 合同条件

一、FIDIC 组织简介

FIDIC 是国际咨询工程师联合会的法文缩写，它于 1913 年在英国成立。第二次世界大战结束后，FIDIC 迅速发展起来，至今已有超过 80 个国家和地区成为其会员，会员分为有投票权的会员协会和无投票权的会员协会(包括荣誉会员、附属会员及联系会员)。中国于 1996 年正式加入。FIDIC 的总部设在瑞士洛桑。FIDIC 是全世界上独立的咨询工程师的代表，是最具权威的咨询工程师组织，它推动着全球范围内高质量、高水平的工程咨询服务业的发展。

FIDIC 下设执行委员会、常设委员会、工作组及论坛四个组织机构。执行委员会设主席、副主席及四位执委岗位，主要负责执行和管理 FIDIC 的全部事务，包括组织战略规划、任命常设委员会、工作组的成员及其工作职责等；常设委员会主要包括裁决评审委员会、业务实践委员会、廉洁管理委员会、合同委员会等；工作组设非洲分会工作组和战略审查工作组；论坛下设质量管理论坛和青年咨询工程师论坛。

二、FIDIC 文献介绍

国际咨询工程师联合会(FIDIC)对世界工程咨询业的重大贡献之一，就是为全球从事工程建设领域的技术人员、管理人员提供了一个重要的知识宝库——FIDIC 文献。多年来，FIDIC 对其文献的编制持续不断地投入了巨大的工作量。每一份文件都是在根据各国多年的工程管理实践经验，在汲取有关专家、学者及各方的意见和建议的基础上编制的，并在使用过程中不断地进行补充和修订，不断完善并提高其实际应用价值。可以说，FIDIC 文献是集中了全球工程领域持续进步的管理经验编写而成的。

FIDIC 文献的内容非常广泛，几乎囊括了工程建设领域各类重要问题。FIDIC 编制的各种文件突出的特点是公平、务实、严谨、适用面广和持续改进，编写形式具有多样性，可概括为合同格式、工作指南、程序规定、工作手册等几类。FIDIC 文献内容包括：合同条件、协议范本、质量管理、廉洁管理、项目可持续管理、环境管理、实力建设、咨询服务选择、风险管理、争端解决等许多方面。

FIDIC 文献确立了工程咨询行业的先进的管理理念和科学的管理方法，构成了 FIDIC 完整的知识体系，已被世界上很多国家和地区所采用，并被普遍认为是工程管理领域应遵循的国际惯例。多年来，FIDIC 文献在促进国际工程咨询行业的发展中起着重要的作用，赢得了很高的国际声誉。

三、新版 FIDIC 合同条件概述

为了适应国际工程业和国际经济的不断发展，FIDIC 对其合同条件也一直不断进行修改和调整，以令其更能反映国际工程实践，更具有代表性和普遍意义，更加严谨、完善，更具权威性和可操作性，尤其是近十几年，修改调整的频率明显增大。

1. 新版 FIDIC 合同条件

FIDIC 于 1999 年出版了新的合同标准格式的第 1 版。

(1)《施工合同条件》(Conditions of Contract for Construction)，简称“新红皮书”。该合同条件被推荐用于雇主设计的或由其工程师设计的房屋建筑或土木工程。在这种合同条件形式下，承包商一般都按照雇主提供的设计施工。但工程中的某些土木、机械、电力和建造工程也可能由承包商设计。

(2)《永久设备和设计——建造合同条件》(Conditions of Contract for Plant and Design-Build)，简称“新黄皮书”。该合同条件被推荐用于电力或机械设备的提供，以及房屋建筑或土木工程的设计和实施。在这种合同条件形式下，一般都是由承包商按照雇主的要求设计和提供设备或其他工程(可能包括由土木、机械、电力或建造工程的任何组合形式)。“新黄皮书”与原来的《电气与机械工程标准合同条件格式》相对应，其名称的改变主要在于从名称上直接反映出该合同条件与“新红皮书”的区别，即在“新黄皮书”的条件下，雇主负责编制项目纲要和永久设备性能要求，承包商负责完成永久设备的设计、制造和安装工作，在总价条件下按里程碑方式支付。

(3)《设计采购施工(EPC)/交钥匙工程合同条件》(Conditions of Contract for EPC Turn-key Projects)，简称“银皮书”。这本“银皮书”与 1995 年出版的“橘皮书”有一定的相似性，但也有区别。它主要适于工厂建设之类的开发项目，是包含了项目策划、可行性研究、具体设计、采购、建造、安装、试运行等在内的全过程承包方式。“银皮书”采用固定总价合同，按里程碑方式进行支付，雇主代表负责项目实施全过程的管理，管理方式较为宽松，但对工程质量的竣工检验要求非常严格，承包商“交钥匙”时，提供的必须是一套配套完整、可以运行的设施。

(4)《合同的简短格式》(Short Form of Contract)。该合同条件被推荐用于价值相对较低的房屋建筑或土木工程。根据工程的类型和具体条件的不同,此格式也适用于价值较高的工程,特别是较简单的、重复性的或工期短的工程。在这种合同条件形式下,一般都是由承包商按照雇主或其代表—工程师提供的设计实施工程,但对于部分或完全由承包商设计的土木、机械、电力或建造工程的合同也同样适用。

(5) 多边开发银行统一版《施工合同条件》。FIDIC 与世界银行、亚洲开发银行、非洲开发银行、泛美开发银行等国际金融机构共同协作,对 FIDIC《施工合同条件》(1999 年第 1 版)进行了修改补充,编制了这本用于多边开发银行提供贷款项目的合同条件—多边开发银行统一版《施工合同条件》(2005 版和 2006 版)。这本合同条件,不仅便于多边开发银行及其借款人使用 FIDIC 合同条件,也便于参与多边开发银行贷款项目的其他各方,例如工程咨询机构、承包商等使用。

多边开发银行统一版《施工合同条件》,在通用条件中加入了以往多边开发银行在专用条件中使用的标准措辞,减少了以往在专用条件的增补和修改的数量,提高了用户的工作效率,减少了不确定性和发生争端的可能性。该合同条件与 FIDIC 的其他合同条件的格式一样,包括通用条件、专用条件以及各种担保、保证、保函和争端委员会协议书的标准文本,方便用户的理解和使用。

2. 新版 FIDIC 合同条件的结构

新版 FIDIC 合同条件的内容由两部分构成,第一部分为通用条款,第二部分为专用条款以及一套标准格式。本书主要介绍 FIDIC《施工合同条件》的基本结构。

FIDIC《施工合同条件》的通用条款包括了 20 条 160 款,每条条款下又分有若干子款。在通常情况下,在国际间的项目招标文件中,对于 FIDIC《施工合同条件》中的通用条款是直接采用,不再需要去编制相关的合同条款。例如,我国曾经的二滩水电站项目、京津塘高速公路项目等,都是直接应用了 FIDIC《施工合同条件》中的通用条款,并因此获得了世界银行的认可。

FIDIC《施工合同条件》第二部分专用条款共包括 20 条,在通常情况下,这一专用条款的部分大都由项目的招标委员会根据项目所在国的具体情况,并结合项目自身的特性,对照 FIDIC《施工合同条件》第一部分的通用条款,进行具体的编写。例如,可以将通用条款中不适合具体工程的条款删去,同时换上适合于本项目的具体内容;同时将通用条款中表述得不够具体或是不够细致的地方在专用条款的对应条款中进行补充和完善;若完全采用通用条款的规定,则该条专用条款只列条款号,内容为空。

3. 新版 FIDIC 合同条件的主要特征

FIDIC 1999 新版的系列合同条件具有许多特点,如"新红皮书"在维持原版本基本原则的基础上,对合同结构和内容作了较大修订,主要体现在以下几个方面。

(1)《施工合同条件》与新版的《永久设备与设计——建造合同条件》《设计采购施工(EPC)/交钥匙工程合同条件》统一借鉴了 FIDIC 1995 年出版的"橘皮书"格式,其大部条款标题一致,条款内容上也尽量的保持一致,这样形成了 FIDIC 合同条件的新格式。

(2)"新红皮书"对雇主责任、权利和义务作了更为明确的规定。

(3)"新红皮书"对承包商的职责和义务以及工程师的职权都作了更为严格而明确的规定。

(4)"新红皮书"的条款内容作了较大的改动与补充,条款顺序也重新进行合理调整。

“新红皮书”共定义了58个关键词，并将定义的关键词分为六大类编排，条理清晰，其中30个关键词是“红皮书”没有的；“新红皮书”将过去放在专用条件中的一些内容，如预付款、调价公式、有关劳务工的规定等都写入通用条件，同时在通用条件中加入了不少操作细节。“新红皮书”的通用条款比“红皮书”条目数少，但条款数多，尽可能将相关内容归列在同一主题下，克服了合同履行过程中发生的某一事件往往涉及排列序号不在一起，使得编写合同、履行管理都感到非常烦琐的问题。

(5)“新红皮书”表现了更多的灵活性。例如，“新红皮书”中规定履约保证采用专用条件中规定的格式或雇主批准的其他格式，这样既符合了世界银行的要求，也给了雇主比较大的周转余地。

(6) 索赔争端与仲裁方式及规定方面也作了较多更符合工程实际的改变。

现阶段，FIDIC合同条件得到了国际上的广泛认可和使用，并被世界银行、亚洲开发银行及美国总承包商协会(FIEG)、中美洲建筑工程联合会(FIDIC)等众多的国际组织推荐作为土木工程实行国际招标时通用的合同条款。究其原因，与其所具有的典型特征是密不可分的，具体来说有以下几方面。

(1) 广泛的适应性。通常情况下，各种工程项目都较为复杂，不仅涉及项目所在国的自然条件，而且还涉及施工的技术方法以及严密的组织管理。因此，要在规定的时间和预算内圆满地完成不同类型且较为复杂的项目，必然需要一套适用性较强的规范范本，而FIDIC合同条件恰恰符合了项目管理的这种需求，它以其全面充分的合同条款在最大程度上适应了不同类型的项目、不同的项目管理模式的需要。同时，在各种合同格式的专用条款中还可以根据需要，对局部问题参照其他合同格式作出修改规定，从而显示了较强的适应性。

(2) 规定的合理性。FIDIC合同条件最大限度地集中了国际项目中的招标投标、施工、管理的经验，并且把项目管理的有关内容通过各个文件全面、系统地反映出来，明确规定了有关各方的责、权、利和相关义务，还针对各国法规、税收政策变化和市场价格波动大等特点，规定了按实际变化进行调整，并把不可预见费改为按实际发生的损失支付，公平地在合同各方之间分配风险和责任，合理地平衡有关各方之间的要求和利益，从而充分体现了其规定的合理性。

(3) 执行的严格性。在不同类型的工程项目中，无论是工程前期的招标文件的准备，还是后期的招标、投标、评标、施工和工程监理等各个方面，在最新版本的FIDIC合同条件中都作了严格的规定，任何一方都必须严格执行，不得随意变更。与此同时，合同条件中各项条款也严格制约着合同双方的行为，例如合同中的通用条款就包括了三大相互制约的部分，即法律与商务方面通过条款制约、经济方面通过工作量清单和计量支付制约、技术方面通过设计图纸和文件规范来制约，从而使合同条款的执行变得更加严格。

四、FIDIC《施工合同条件》的主要内容

1. 一般性条款

(1) FIDIC合同文件规定：构成合同的各个文件应被视作互为说明的。为解释之目的，各文件的优先次序如下：

① 合同协议书(如有时)；

② 中标函；

③ 投标函；

④ 专用条件；

⑤ 通用条件；

⑥ 规范；

⑦ 图纸；

⑧ 资料表以及其他构成合同部分的文件。

(2) 合同的各方。FIDIC《施工合同》的各方和当事人包括以下各项。

① 雇主。雇主是指在投标函附录中指定为雇主的当事人或此当事人的合法继承人。合同规定属于雇主方的人员包括：工程师；工程师的助理人员；工程师和雇主的雇员，包括职员和工人；工程师或雇主通知承包商作为雇主人员的任何其他人员。

② 承包商。承包商是指在雇主收到的投标函中指明为承包商的当事人及其合法继承人。承包商的人员包括承包商的代表以及为承包商在现场工作的一切人员。除非合同中已注明承包商的代表的姓名，否则承包商应在开工日期前将其准备任命的代表姓名及详细情况提交工程师，以取得同意。承包商的代表应以其全部时间协助承包商履行合同。如果承包商的代表在工程实施过程中暂离现场，则在工程师的事先同意下可以任命一名合适的替代人员，随后通知工程师。

③ 工程师。工程师是指雇主为合同之目的指定作为工程师工作并在投标函附录中指明的人员。工程师按照合同履行他的职责，同时行使合同中明确规定的或必然隐含的赋予他的权力，但工程师无权修改合同。

如果要求工程师在行使其规定权力之前需获得雇主的批准，则此类要求应在合同专用条件中注明。雇主若需要对工程师的权力进一步加以限制，必须与承包商达成一致。然而，每当工程师行使某种需经雇主批准的权力时，则被认为他已从雇主处得到任何必要的批准。除非合同条件中另有说明，否则：当履行职责或行使合同中明确规定的或必然隐含的权力时，均认为工程师为雇主工作；工程师无权解除任何一方依照合同具有的任何职责、义务或责任；工程师的任何批准、审查、证书、同意、审核、检查、指示、通知、建议、请求、检验或类似行为(包括没有否定)，不能解除承包商依照合同应具有的任何责任，包括对其错误、漏项、误差以及未能遵守合同的责任。

(3) 合同的时间概念。

① 基准日期。基准日期是指递交投标书截止日期前 28 日的日期。中标合同金额是承包商自己确信的充分价格。即使后来的情况表明报价并不充分，承包商也要自担风险，除非该不充分源于基准日后情况的改变(如第 13.7 款所述的法律或司法解释的改变)，或是一个有经验的承包商在基准日前不能预见的物质条件(如第 4.12 款)。

② 开工日期。除非专用条款另有约定，开工日期是指工程师按照有关开工的条款通知承包商开工的日期。

③ 合同工期。合同工期是所签合同内注明的完成全部工程或分部移交工程的时间，加上合同履行过程中因非承包商原因导致的变更和索赔事件发生后，经工程师批准顺延的工期。

④ 施工期。施工期是指从工程师按合同约定发布的“开工令”中指明的应开工之日起，至工程移交证书注明的竣工日止的日历天数。

⑤ 缺陷通知期。缺陷通知期是指根据投标函附录中的规定，从接收证书中注明的工程或区段的竣工日期算起，根据合同通知工程或区段中的缺陷的期限(即国内施工合同文本所

指的工程保修期),设置缺陷通知期的目的是为了考验工程在动态运行下是否达到了合同的要求。

⑥ 合同有效期。有效期自合同签字日起至承包商提交给雇主的“结清单”生效日止,合同对雇主和承包商均具有法律约束力。颁发履约证书只是表示承包商的施工义务终止。合同约定的权利义务并未完全结束,还有管理工作和结算手续等。“结清单”生效是指雇主已按工程师签发的最终支付证书中的金额付款,并退还承包商的履约保函,“结清单”一经生效,承包商在合同内享有的索赔权利也自行终止。

(4) 款项与付款。

① 合同价格。合同价格是指承包商按照合同各条款的约定,完成工程和修补缺陷后,对其完成的合格工程有权获得的全部工程款,包括根据合同所作的调整(指合同结束时的最终合同价格)。

② 费用。费用是指承包商现场内外正当发生的所有开支,包括管理费和类似支出,但不包括利润。

③ 暂定金额。暂定金额是在招标文件中规定的作为雇主的备用金的一笔固定金额。投标人必须在自己的投标报价中加上此笔金额,中标的合同金额包含暂定金额。暂定金额由工程师来决定其使用。暂定金额主要用于:支付工程中尚未以图纸最后确定其具体细节或某一工程部分或施工中可能增加的工程细目,这些细目、附属或零星工程在招标时尚未确定下来;留作不可预见费,或用于支付计日工。

2. 权利与义务条款

权利与义务条款包括承包商、雇主和工程师三者的权利和义务。

(1) 承包商的权利和义务。FIDIC 合同中承包商的权利主要包括:有权得到提前竣工奖金、收款权、索赔权、因工程变更超过合同规定的限值而享有补偿权、暂停施工或延缓工程进展、停工或终止受雇、不承担雇主的风险、反对或拒不接受指定的分包商、特定情况下的合同转让与工程分包、特定情况下有权要求延长工期、特定情况下有权要求补偿损失、有权要求进行合同价格调整、有权要求工程师书面确认口头指示、有权反对雇主随意更换监理工程师。

承包商的义务包括:遵守合同文件规定、保质保量并按时完成工程任务并负责保修期内的各种维修、提交各种要求的担保、遵守各项投标规定、提交工程进度计划、提交现金流量估算、遵守有关法规、为其他承包商提供机会和方便、保证施工人员的安全和健康、向雇主偿付应付款项、承担第二国的风险、为雇主保守机密、按时缴纳税金、按时投保各种强制险、按时参加各种检查和验收。

(2) 雇主的权利义务。雇主的权利包括:有权指定分包商、有权决定工程暂停或复工;在承包商违约时,雇主有权接管工程或没收各种保函或保证金,有权决定在一定的幅度内增减工程量,有权拒绝承包商分包或转让工程(应有充足理由)等。

雇主的义务主要包括:向承包商提供完整、准确、可靠的信息资料和图纸,并对这些资料的准确性负完全的责任;承担由雇主风险所产生的损失或损坏,确保承包商免于承担属于承包商风险以外的一切索赔、诉讼、损害赔偿费、诉讼费、指控费及其他费用;在多家独立的承包商受雇于同一工程或属于分阶段移交的工程情况下,雇主负责办理保险,支付相关款项,为承包商办理各种许可,承担工程竣工移交后的任何调查费用,支付超过一定限度的工程变更所导致的费用增加部分,承担因后继法规所导致的工程费用增加额等。

（3）工程师的权利义务。FIDIC采用的是以工程师为核心的三位一体的项目管理模式，工程师虽然不是工程承包合同的当事人，但他受雇于雇主，为雇主代为管理工程建设和行使合同规定的或合同中必然隐含的权力，主要包括：有权拒绝承包商的代表；有权要求承包商撤走不称职人员；有权决定工程量的增减及相关费用；有权决定增加工程成本或延长工期；有权确定费率；有权下达开工令、停工令、复工令；有权对工程的各个阶段进行检查，包括已掩埋覆盖的隐蔽工程；有权拒绝接收不合格的工程；有权拒绝接受不符合规定标准的材料和设备等。

工程师在行使权利的同时必须承担相对应的义务。这些义务包括公平、公正合理的处理问题，以书面的形式发出指示，对工程进行检查和验收等。

3. 质量控制条款

（1）实施方式。

承包商应以合同中规定的方法，按照公认的良好惯例，以恰当、熟练和谨慎的方式，使用合适的设施以及安全的材料来制造工程设备、生产和制造材料及实施工程。

（2）样本。

承包商应向工程师提交以下材料的样本以及有关资料，以在工程中或为工程使用该材料之前获得同意：

① 制造商的材料标准样本和合同中规定的样本均由承包商自费提供；

② 工程师指示作为变更增加的样本。

（3）检查和检验。雇主的人员在一切合理的时间内可以进行如下检查和检验：

① 应完全能进入现场及进入获得自然材料的所有场所；

② 有权在生产、制造和施工期间对材料和工艺进行审核、检查、测量与检验，并对永久设备的制造进度和材料的生产及制造进度进行审查。

承包商应向雇主的人员提供一切机会执行该任务，包括提供通道、设施、许可及安全装备。但此类活动并不解除承包商的任何义务和责任。

在工程即将覆盖、隐蔽之前，承包商应通知工程师。工程师应随即进行审核、检查、测量或检验，不得无故拖延，或立即通知承包商无需进行上述工作。对于承包商未通知工程师检验而自行隐蔽的任何工程部位，当工程师要求进行剥露或穿孔检查时，无论检验结果是否合格，均由承包商承担全部费用。

承包商应提供所有为有效进行检验所需的装置、协助、文件和其他资料、电、燃料、消耗品、仪器、劳工、材料与适当的、有经验的合格职员。承包商应与工程师商定对任何永久设备、材料和工程其他部分进行规定检验的时间和地点。

工程师可以变更规定检验的位置或细节，或指示承包商进行附加检验。如果此变更或附加检验证明被检验的永久设备、材料或工艺不符合合同规定，则此变更费用由承包商承担，不论合同中是否有其他规定。

工程师应提前至少24小时将其参加检验的意图通知承包商。如果工程师未在商定的时间和地点参加检验，除非工程师另有指示，承包商可着手进行检验，并且此检验应被视为是在工程师在场的情况下进行的。

（4）补救工作。

不论以前是否进行了任何检验或颁发了证书，工程师仍可以指示承包商进行以下工作：

① 将工程师认为不符合合同规定的永久设备或材料从现场移走并进行替换；

② 把不符合合同规定的任何其他工程移走并重建。

承包商应在指示规定的合理时间内执行该指示。如果承包商未能遵守该指示，则雇主有权雇用其他人来实施工作，则承包商应向雇主支付因其未完成工作而导致的费用。

(5) 竣工验收。

承包商应提前 21 天将某一确定日期通知工程师，说明在该日期后将准备好进行竣工检验，若检验通过，则承包商应向工程师提交一份有关此检验结果的证明报告；若检验未能通过，工程师可拒收工程或该区段，并责令承包商修复缺陷，修复缺陷的费用和风险由承包商自负。工程师或承包商可要求进行重新检验。

如果雇主无故延误竣工检验，则承包商可根据合同中有关条款进行索赔；如果承包商无故延误竣工检验，工程师可要求承包商在收到通知后 21 日内进行竣工检验。若承包商未能在 21 日内进行，则雇主可自行进行竣工检验，其风险和费用均由承包商承担。

当整个工程或某区段未能通过竣工检验时，工程师应有如下权力。

① 指示再进行一次重复的竣工检验。

② 如果由于该过失致使雇主基本上无法享用该工程或区段所带来的全部利益，工程师有权拒收整个工程或区段。在此情况下，对整个工程或不能按期投入使用的那部分主要工程终止合同。但不影响任何其他权利，依据合同或其他规定，雇主还应有权收回为整个工程或该部分工程所支付的全部费用以及融资费用，拆除工程、清理现场及将永久设备和材料退还给承包商所支付的费用。

4. 成本控制条款

(1) 中标合同金额的充分性。

承包商应被认为：

① 已完全理解了接受的合同款额的合宜性和充分性。

② 该接受的合同款额是基于第 4.10 款“现场数据”提供的数据、解释、必要资料、检查、审核及其他相关资料。除非合同中另有规定，接受的合同款额应包括承包商在合同中应承担的全部义务(包括根据暂定金额应承担的义务，如有时)以及为恰当地实施和完成工程并修补任何缺陷必需的全部有关事宜。

(2) 雇主的资金安排。

在接到承包商的请求后，雇主应在 28 天内提供合理的证据，表明已做好了资金安排，并将一直坚持实施这种安排，此安排能够使雇主按照合同的规定支付合同价格。如果雇主欲对其资金安排作出任何实质性变更，雇主应向承包商发出通知并提供详细资料。

这一条款确定了承包商对雇主付款能力的核查权。按照 FIDIC《施工合同条件》的规定，承包商自中标函签发之日起，应在合同规定的时间内，按季度向工程师提交其根据合同有权得到全部支付的详细现金流量估算。这种提交现金流量估算的做法使雇主的资金安排具有一定的针对性，但承包商却无法知道雇主在应当支付工程价款时是否拥有足够的资金。为了力求公平地对待雇主和承包商双方，必须使雇主的资金安排更加公开和透明，因此新版的 FIDIC《施工合同条件》增加了“雇主的资金安排”的内容，有了这样的规定，承包商就能根据雇主的资金安排，了解自己能否按时获得工程价款。如果在规定的 28 天内没有收到雇主的资金安排证明，承包商可以减缓施工进度；如果在发出通知后 42 天内仍未收到雇主的合理证明，承包商有暂停工作的权利。

(3) 预付款。

预付款是由雇主在项目启动阶段支付给承包商用于工程启动和动员的无息贷款。预付款总额、支付的次数和时间等在投标书附录中规定，一般为合同额的10%～30%。雇主支付预付款的条件是承包商提交必须履约保函和预付款保函。

预付款从开工后一定期限后开始到工程竣工期前的一定期限，从每月向承包商的支付款中扣回，不计利息。具体的扣回方式有很多种，例如可由开工后累计支付款达到合同总价的某一百分数的下一个月开始扣还，扣还额为每月期中支付证书总额的25%，直到将预付款扣完为止。

(4) 履约担保。

履约保函用于保证承包人合同规定履行合约，FIDIC合同规定承包商应在收到中标函后28日内向雇主提交履约担保，并向工程师送一份副本。履约担保应由雇主批准的国家(或其他司法管辖区)内的实体提供，并采用专用条件所附格式或雇主批准的其他格式。履约保证金一般为合同价的10%。履约保函就是担保承包商根据合同完成施工、竣工，并通过了缺陷责任期内的运行，修补了所有的缺陷。因此保函的有效期应到工程师签发解除缺陷责任证书之日止。发出解除缺陷责任证书之后，雇主就无权对该担保提出任何索赔要求，并应在证书发出的14天内将履约保函退还承包商。

FIDIC《施工合同条件》对雇主在什么条件下可以没收履约保证作出了明确规定：

① 承包商不按规定去延长履约保证的有效期，雇主可没收履约保证全部金额；

② 如果已就雇主向承包商的索赔达成协议或出作决定后42天，承包商不支付此应付的款额；

③ 雇主要求修补缺陷后42天承包商未进行修补。

(5) 期中支付。

承包商应按工程师批准的格式在每个月末向工程师提交一式六份报表，详细说明承包商认为自己有权得到的款额，同时提交各证明文件。该报表应包括下列项目，这些项目应以应付合同价格的各种货币表示，并按下列顺序排列：

① 截至当月末已实施的工程及承包商的文件估算合同的价值；

② 根据第13.7款"法规变化引起的调整"和第13.8款"费用变化引起的调整"，由于立法和费用变化应增加和减扣的任何款额。

③ 作为保留金减扣的任何款额，保留金按投标函附录中标明的保留金百分率乘以上述款额的总额计算得出，减扣直至雇主保留的款额达到投标函附录中规定的保留金限额为止；

④ 为预付款的支付和偿还应增加和减扣的任何款额；

⑤ 为永久设备和材料应增加和减扣的款额；

⑥ 根据合同或其他规定应付的任何其他的增加和减扣的款额；

⑦ 对所有以前的支付证书中证明的款额的扣除。

在收到承包商的报表和证明文件后的28天内，工程师应向雇主签发期中支付证书，列出他认为应支付给承包商的金额，并提交详细证明材料。工程师在收到承包商的报表和证明文件后28天内，应向雇主签发期中支付证书；在工程师收到期中交付报表和证明文件56天内，雇主应向承包商支付；如果未按规定日期支付，承包商有权就未付款额按月计复利收取延期利息作为融资费。这些规定防止了工程师签发期中支付证书的延误，又确定了较高的融资费以防止雇主任意拖延支付。

（6）保留金。

保留金是为了确保在施工阶段，或在缺陷责任期间，由于承包商未能履行合同义务，由雇主（或工程师）指定他人完成应由承包商承担的工作所发生的费用。FIDIC《施工合同条件》规定，保留金的款额为合同总价的5%，从第一次付款证书开始，按期中支付工程款的10%扣留，直到累计扣留达到合同总额的5%止。

保留金的退还一般分两次进行。当颁发整个工程的移交证书时，将一半保留金退还给承包商；当工程的缺陷责任期满时，另一半保留金将由工程师开具证书付给承包商。如果签发的移交证书仅是永久工程的某一区域或部分的移交证书时，则退还的保留金仅是移交部分的保留金，并且也只是一半。如果工程的缺陷责任期满时，承包商仍有未完成的工作，则工程师有权在剩余工程完成之前扣发他认为与需要完成的工程费用相应的保留金余款。

（7）最终支付和结清单。

颁发工程接受证书后56天内承包人提交最终报表，最终报表是指工程接受证书指明的竣工日以前完成的合同价款，包括与工程量清单相应项目结算额、调价、变更、索赔、违约和风险等补偿额等，实际支付了多少，还有多少未支付。最终报表由工程师核定并与发包人和承包人反复协商，在取得一致的情况下，由工程师在28天内发出最终付款证书，发包人在28天内作最终支付。

5. 进度控制条款

（1）开工。

承包商应在开工日期后合理可行的情况下尽快开始实施工程，随后应迅速且毫不拖延地进行施工。

（2）进度计划。

承包商应在接到开工通知后的28天内，向工程师提交详细的进度计划，并应按此进度计划开展工作。进度计划的内容包括如下各项：

① 承包商计划实施工作的次序和各项工作的预期时间；

② 每个指定分包商工作的各个阶段；

③ 合同中规定的检查和检验的次序和时间；

④ 承包商拟采用的方法和各主要阶段的概括性描述，所需的承包商的人员和承包商设备的数量的合理估算及详细说明。

承包商应按照以上的进度计划履行义务，如果在任何时候工程师通知承包商该进度计划（规定范围内）不符合合同规定，或与实际进度及承包商说明的计划不一致，承包商应按本款规定向工程师提交一份修改的进度计划。

（3）进度报告。

在工程施工期间，承包商应每个月向工程师提交月进度报告。此报告应随期中支付报表的申请一起提交。月进度报告的内容主要包括如下各项：

① 进度图表和详细说明；

② 照片；

③ 工程设备制造、加工进度和其他情况；

④ 承包商的人员和设备数量；

⑤ 质量保证文件、材料检验结果；

⑥ 双方索赔通知；

⑦ 安全情况；

⑧ 实际进度与计划进度对比；

⑨ 暂停施工。

工程师可随时指示承包商暂停进行部分或全部工程。暂停期间，承包商应保护、保管以及保障该部分或全部工程免遭任何损蚀、损失或损害。

如果承包商在遵守工程师工程暂停的指示或在复工时遭受了延误和增加了费用，则承包商有权获得工期和费用的补偿，但下述情况除外：

① 暂停施工是由于承包商错误的设计、工艺或材料引起的；

② 由于现场不利气候条件而导致的必要停工；

③ 为了使工程合理施工以及为了整体工程或部分工程安全所必要的停工；

④ 承包商未能按规定采取保护、保管及保障措施，则承包商无权获得为修复上述后果所需的延期和导致的费用。

出现非承包商原因的暂停施工已持续 84 天，而工程师仍未发布复工的指令，承包商可以要求 28 天内允许继续施工。如果仍得不到批准，承包商可以通知工程师要求在认为被停工的工程属于按合同规定被删减的工程，不再承担继续施工义务。若是整个合同工程被暂停，可视为雇主违约终止合同，承包商可以宣布解除合同关系。

(4) 加速施工。

如果工程师认为实际进度过于缓慢以致无法按竣工时间完工，进度已经(或将要)落后于现行进度计划，则有权下达赶工令，承包商应立即采取经工程师同意的必要措施加快施工进度。发生这种情况时，还要根据赶工指令的发布原因，决定承包商的赶工措施是否应该给予补偿。承包商在没有合理理由延长工期的情况下，他不仅无权要求补偿赶工费用，而且在其赶工措施中若包括夜间或当地公认的休息日加班工作时，还应承担工程师因增加附加工作所需补偿的监理费用。

(5) 竣工时间的延长。

如果由于下述任何原因致使承包商竣工在一定程度上遭到或将要遭到延误，承包商有权要求延长竣工时间：

① 工程变更或其他合同中包括的任何一项工程数量上的实质性变化；

② 根据本合同条件的某条款有权获得延长工期的延误原因；

③ 异常不利的气候条件；

④ 由于传染病或其他政府行为导致人员或货物的可获得的不可预见的短缺；

⑤ 由雇主、雇主人员或现场中雇主的其他承包商直接造成的或认为属于其责任的任何延误、干扰或阻碍。

(6) 误期损害赔偿费。

如果承包商未能在竣工时间(包括经批准的延长)内完成合同规定的义务，雇主可向承包商收取误期损害赔偿费，这笔误期损害赔偿费是指投标函附录中注明的金额，即自相应的竣工时间起至接收证书注明的日期止的每日支付。但全部应付款额不应超过投标函附录中规定的误期损失的最高限额(如有时)。

6. 违约惩罚与索赔条款

违约惩罚与索赔是 FIDIC 条款的一项重要内容，也是国际承包工程得以圆满实施的有效手段。FIDIC 条款中的违约条款包括如下两部分。

(1) 雇主对承包商的惩罚措施和承包商对雇主拥有的索赔权。

这部分包括因承包商违约或履约不力雇主可采取相应的惩罚措施,包括没收有关保函或保证金、误期罚款、由雇主接管工程并终止对承包商的雇用。同时对雇主违约也作了严格的规定,按照合同规定,当雇主方不执行合同时,承包商可以分两步采取措施:

① 有权暂停工作:当工程师不按规定开具支付证书,或雇主不提供资金安排证据;

② 雇主不按规定日期支付时,承包商可提前 21 天通知雇主,暂停工作或降低工作速度。承包商并有权索赔由此引起的工期延误、费用和利润损失。

(2) 索赔条款。

索赔条款是根据关于承包商享有的因雇主履约不力或违约,或因意外因素(包括不可抗力情况)蒙受损失(时间和款项)而向雇主要求赔偿或补偿权利的契约性条款,具体包括索赔的前提条件、索赔程序、索赔通知、索赔的依据、索赔的时效和索赔款项的支付等。

合同对工程师给予承包商索赔的答复日期有非常严格的限制:在收到承包商的索赔详细报告(包括索赔依据、索赔工期和金额等)之后 42 天内(或在工程师可能建议但由承包商认可的时间内),工程师应对承包商的索赔表示批准或不批准,不批准时要给予详细的评价,并可能要求进一步的详细报告;同时加入了争端裁决委员会(DAB)的工作步骤。尽管 FIDIC 的合同条件要求工程师在处理合同相关问题时必须是独立、公正公平的,但毕竟工程师是雇主聘用的,工程师在工作过程中很难做到绝对的公平、公正。因此,FIDIC 在吸收相关国家及世界银行解决工程争端经验的基础上,加入了 DAB 的工作程序,即由雇主方和承包商方各提名一位 DAB 委员,由对方批准,合同双方再与这二人协商确定第三位委员(作为主席)共同组成 DAB 委员会。DAB 委员会的报酬由双方平均支付。

7. 附件和补充条款

FIDIC 条款还规定了作为招标文件的文件内容和格式,以及在各种具体合同中可能出现的补充条款。其中,附件条款包括投标书及其附件、合同协议书;补充条款包括防止贿赂、保密要求、支出限制、联合承包情况下的各承包人的各自责任及连带责任、关税和税收的特别规定等五个方面内容。

五、FIDIC 合同条件在我国的运用

FIDIC 合同条件是在总结了各个国家、各个地区的雇主、咨询工程师和承包商各方经验基础上编制的,也是在长期的国际工程实践中形成并逐渐发展和成熟起来的国际工程惯例。它是国际工程中通用的、规范化的、典型的合同条件,具有国际性、通用性和权威性,它与工程管理相关的技术、经济、法律三者有机地结合在一起,构成了一个较为完善的合同体系。FIDIC 合同的最大特点是程序公开、机会均等、职责分明、程序严谨、易于操作,这是它的合理性,对任何人都不持偏见。这种开放、公平及高透明度的工作原则亦符合世界贸易组织政府采购协议的原则,所以 FIDIC 合同才在国际工程中得到了广泛的应用。

20 世纪 80 年代的鲁布格水电站引水系统工程是我国第一个使用 FIDIC《土木工程施工合同条件》的工程,项目取得了巨大的成功,创造了著名的"鲁布格工程项目管理经验",拉开了 FIDIC《土木工程施工合同条件》在中国广泛使用的序幕;20 世纪 90 年代的神延铁路、二滩水电站等项目亦成功采用了该合同条件,伴随着这些项目的实施,FIDIC 合同条件的学习和应用在中国得到迅速发展。除了国际金融组织贷款的项目直接采用 FIDIC 合同条件外,我国政府投资的一些重大工程项目也按 FIDIC 方式进行管理,参照 FIDIC 合同条件制定的

标准合同条件得到了广泛应用，如 1999 年由建设部和国家工商行政管理局联合制定的《建设工程施工合同(示范文本)》。同时，由政府投资的其他一些项目，对 FIDIC 合同条件作了一些修改后等效使用，FIDIC 合同条件在我国的适用范围正在逐步扩大和普及。采用 FIDIC 合同条件，加快了我国工程建设项目管理规范化和标准化的进程，使项目管理思路逐步与国际惯例接轨。当然 FIDIC 是一个民间的专业机构，其文本合同需要建立在一定的法律制度框架下，即双方当事人选择某种法律以用于解释合同，因此，应注意在不同的法律环境下对 FIDIC 条件理解。

在我国，FIDIC 合同条件的应用方式通常有如下几种。

1. 国际金融组织贷款和一些国际项目直接采用

在我国，凡世界银行、亚洲银行、非洲银行贷款的工程项目以及一些地区的工程招标文件中，大部分都采用了 FIDIC 合同条件。例如，凡亚洲银行贷款项目，全文采用 FIDIC“红皮书”；凡世界银行贷款项目，在执行世界银行有关合同原则的基础上，执行我国财政部在世界银行批准和指导下编制的有关合同条件。

2. 合同管理中对比分析使用

我国在学习和借鉴 FIDIC 合同条件的基础上，编制了符合中国国情的《建设工程合同(示范文本)》。其项目和内容与 FIDIC 的“新红皮书”有许多相似之处，主要差异体现在处理问题的程序规定上以及风险分担的规定上。

FIDIC 合同条件的各项程序是相当严谨的，处理雇主和承包商风险、权利及义务也比较公正。因此，雇主、咨询工程师、承包商通常都会将 FIDIC 合同条件作为一把尺子，与工作中遇到的其他合同条件相对比，进行合同分析和风险研究，制定相应的合同管理措施，防止合同管理上出现漏洞。

3. 在合同谈判中使用

FIDIC 合同条件的国际性、通用性和权威性使合同双方在谈判中可以以“国际惯例”为理由要求对方对其合同条款的不合理、不完善之处作出修改或补充，以维护双方的合法权益。这种方式在我国工程项目合同谈判中普遍使用。

4. 部分选择使用

即使不全文采用 FIDIC 合同条件，在编制招标文件、分包合同条件时，仍可以部分选择其中的某些条款、某些规定、某些程序甚至借鉴某些思路，使所编制的文件更完善、更严谨。在项目实施过程中，也可以借鉴 FIDIC 合同条件的思路和程序来解决和处理有关问题。

第三节 国际上其他施工合同条件

一、美国 AIA 系列合同条件

1. 美国 AIA 系列合同条件的主要内容

AIA 系列合同文件的核心是“一般条件”(A201)，即《施工合同通用条件》，类似于 FIDIC 的《施工合同条件》，是 AIA 系列合同中的核心文件，在项目管理的传统模式和 CM 模式中被广泛采用。采用不同的工程项目管理模式及不同的计价方式时，只需选用不同的“协议书格式”与“一般条件”即可。AIA 文件(A201)《施工合同通用条件》共计 14 条 68 款，14 个条款的主要内容包括：合同文件；建筑师；业主；承包商；分包商；由业主或其他承包商完成的工作;其他规定;工期;建造与支付;人员及财产的保护;保险;工程变更;工程剥露与修改;合同的终止。

将上述的合同文件用于具体工程时,还应针对具体工程进行条款的补充,补先条款具体约定工程的地点、工程范围、实施竣工、税收,工程临时设施、施工图纸、支付、保险以及场地清理等具体事宜。

2. 美国 AIA 系列合同条件的特点

(1) 适用范围广,合同选择灵活。AIA 是一套通用的系列文件,广泛被美国建筑业所采用并被作为拟定和管理项目合约的基础,它涵盖了所有项目采购方式的各种标准合同文件,内容涉及工程承包业的各个方面,主要包括业主与总承包商、业主与工程管理商(CM)、业主与设计商、业主与建筑师、总承包商与分包商等众多标准合同文本。这些标准合同文件适用于不同的项目采购方式和计价方式,为业主提供了充分的选择余地,适用范围广泛、灵活。

(2) 对承包商的要求非常细致。美国工程建设合同中业主和承包商之间的合同以固定价格合同和成本加补偿合同较为常见,这两类合同中关于承包商职责的条款有 21 条之多,要求非常细致。

(3) 适用法律范围较为复杂。美国是一个联邦国家,各州均有独立立法权和司法权,因此,AIA 系列合同条件中均有适用法律的有关条款,法律关系较为复杂,但是为了减少争端,一般选择适用于项目所在地的法律。

二、ICE《施工合同条件》

ICE《施工合同条件》是国际上流行的工程承包合同制式,其应用范围仅次于 FIDIC 合同条件,特别是英联邦国家和地区基本上普遍使用 ICE《施工合同条件》。目前,我国香港特区或其在内地投资项目也常使用 ICE《施工合同条件》或其变通形式。

ICE《施工合同条件》共计 71 条 109 款,主要内容包括:工程师及工程师代表,转让与分包,合同文件,承包商的一般义务,保险,工艺与材料质量的检查,开工、延期与暂停,变更、增加与删除,材料及承包商设备的所有权,计量,证书预支付,争端的解决,特殊用途条款,投标书格式。此外 ICE《施工合同条件》也附有投标书格式、投标书格式附件、协议书格式、履约保证等文件。

ICE《施工合同条件》与 FIDIC《施工合同条件》一样,属于固定单价合同,也是以实际完成的工程量和投标书中的单价来控制工程项目的总造价,但和 FIDIC 相比又具有许多自身特点。

(1) ICE《施工合同条件》采用的施工承发包运作模式,在许多责任和风险条款方面比 FIDIC《施工合同条件》的条款更严格。它的合同构架和管理模式代表了当今国际上成熟的企业管理和经营理念。例如:总承包方采用有关的替代物料或方案会导致工程费用增加,有关增加费用由总承包方承担,合同总价将不会作出任何调整;但如果采用有关的替代物料或方案会减少工程费用,则有关的替代物料或方案经建筑师书面认可后,合同总价将相应下调;同时对工程上的所有材料均要求提前按计划报验,提供样品和相关资料,任何工序施工前,均应按计划制作样板和报审施工方案,相关顾问单位审批通过后,才能进行实施和计量,这些都是对总承包方的严格要求。

(2) 项目一般采用议标机制,议标文件只发给资格预审合格的投标单位;资格预审过程烦琐和漫长,要求被考察单位提供其曾建造项目的施工图纸,考察时会根据施工图检查室内净高、进深、建筑外墙长度或外围面积、外露钢构机电设备的品牌等是否符合设计文件,如果投标单位准备不足或估计不足,则很难获得机会。

(3) 发包方将合同管理及项目统筹管理权限通过合同授予建筑师(建筑师可以是设计方代表),建筑师在合同授权范围内有至高无上的权力,发包方对承包方及专业分包方任何指令均通过建筑师发出,发包方不直接面对承包方及专业分包方;发包方又将项目成本控制权限通过合同授予专业的造价测量公司,由专业的造价测量公司对承包方及专业分包方的报量、进度款、变更签证、索赔处理进行管理和控制;为了符合国内法律要求,发包方将工程质量、安全管理及现场见证事宜权限授予监理公司。上述三家均称为发包方的顾问单位,共同对承包方及专业分包方实施管理。

(4) ICE《施工合同条件》注重沟通、合作与协调,通过对合同和各种信息的清晰定义促进对项目目标的有效控制,对参与各方工作效率、沟通能力和执行能力要求较高。但在合同构架下,项目由业主及业主聘请的众多的专业管理团队进行管理,管理环节多、过程复杂、沟通难度大,解决问题进程缓慢。各专业设计通常由不同设计单位组成,专业设计矛盾现象经常发生。在施工过程中涉及设计变更及澄清文件的程序繁杂、冗长,容易出现无任何人负责和出面承担责任的现象。

三、NEC《工程施工合同》

1. NEC《工程施工合同》的主要结构和内容

NEC《工程施工合同》包括以下几个部分。

(1) 核心条款。

核心条款是所有合同共有的条款,无论选择何种计价方式,核心条款均是通用的,核心条款包括 9 个部分。

(2) 主要选项条款。

主要选项条款包括:选项 A(带有工程量表的标价合同)、选项 B(带有工程量清单的标价合同)、选项 C 和 D(带有分项工程量表和工程量清单)、选项 E(成本偿付合同)、选项 F(管理合同)。主要选项条款针对 6 种不同的计价方式设置,任一特定的合同应该而且只能选择 1 个主要选项。

(3) 次要选项。

次要选项包括保函、担保等,当事人可根据需要选择部分、全部或根本不选择。

(4) 成本组成表。

成本组成表主要对成本组成项目进行全面定义,从而避免因计价方式不同、计量方式差异而导致不确定性。

2. NEC《工程施工合同》的特点(原则)

英同土木工程师学会设计新的《工程施工合同》旨在对以下几个方面作出改进。

(1) 灵活性。NEC《工程施工合同》可用于那些包括任一或所有的传统领域,诸如土木、电气、机械和房屋建筑工程的施工;可用于承包商承担部分、全部设计责任或无设计责任的承包模式。NEC《工程施工合同》同时还提供了用于不同合同类型的常用选项。

(2) 清晰和简洁。NEC《工程施工合同》是根据合同中指定的当事人将要遵循的工作程序流程图起草的,它的内容简化且通俗易懂,不包含条款之间的互见条目,易于阅读理解。

(3) 促进良好的管理。这是 NEC《工程施工合同》的最重要的特征。NEC《工程施工合同》基于这样一种认识：各参与方有远见，相互合作的管理能在工程内部减少风险，NEC《工程施工合同》的每道程序都专门设计，使其实施有助于工程的有效管理，主要体现在以下几点：

① 允许业主确定最佳的计价方式；

② 明确分摊风险；

③ 建立早期警告程序，承包商和项目经理有责任互相警告和合作；

④ 补偿事件的评估程序是基于对实际成本和工期的预测结果，从而选择最有效的解决途径。

3. NEC《工程施工合同》和 FIDIC《施工合同条件》的主要区别

(1) 对项目管理的执行人和准仲裁者的规定不同。FIDIC《施工合同条件》项目管理的执行人是工程师，而 NEC《工程施工合同》规定项目管理由项目经理和监理工程师共同承担，其中监理工程师负责现场管理及检查工程的施工是否符合合同的要求，其余的由项目经理负责；FIDIC《施工合同条件》中准仲裁的执行人是工程师，由于依附于雇主而很难独立，而 NEC《工程施工合同》的准仲裁人是独立于当事人之外的第三方，由雇主和承包商共同聘任，更具独立性和公正性。

(2) 在承包商的设计、施工方面，FIDIC 注重工作范畴的界定，而 NEC 却对实施的细节步骤加以明述。但在遵守法律、现场环境和物品、设备运输等方面，FIDIC 作出了细节性的阐述，而 NEC 却对这些方面没有涉及。

(3) NEC《工程施工合同》没有专门的索赔条款，它强调的是合同条件的简明和促进良好的管理，雇主和承包商以一种合作式的管理模式来完成项目。所以，为了促进这种关系，NEC 没有涉及法律中有规定而又是体现雇主和承包商之间矛盾的索赔问题。

四、JCT 合同

1. JCT 合同和 JCT 联合会

英国皇家建筑师学会(Royal Institute of British Architects，RIBA)1902 年编制出版的《建筑合同标准格式》是世界上第一部房屋工程标准合同，普遍适用于英联邦国家，在这些地区有很大的影响。该合同后来以 1931 年成立的“联合合同审理委员会”(Join Contract Tribunal，JCT)名义发行，因此一般称为“JCT 合同”。

JCT 是英国建筑业多个专业组织的联合会，它包括英国皇家建筑师学会、皇家特许测量师学会、咨询工程师协会、物业主联盟、专业承包商协会等。该联合会自 1931 年成立以来致力于私人和公共建筑的标准合同文本的制订与不断更新。其中最重要的文件是《建筑合同标准格式》，最新版本为 2005 年的 JCT05。

JCT 章程对“标准合同文本”的定义如下：“所有相互一致的合同文本组合，这些文本共同被使用，作为运作某一特定项目所必需的文件。”这些合同文本包括：顾问合同；发包人与主承包人之间的主合同；主承包人与分包人之间的分包合同；分包人与次分包人之间的次分包合同的标准格式；发包人与专业设计师之间的设计合同；标书格式，用于发包人进行主承包人招标、主承包人进行分包人招标以及分包人进行次分包人招标；货物供应合同格式；保证金和抵押合同格式。JCT 的工作是制作这些标准格式的组合，用于各种类型的工程承接。JCT 合同文本至今已在中国的上海、北京、广州、重庆、武汉等地的许多工程项目中被采用。

2. JCT合同的特点

JCT合同文本与ICE合同条件相比具有自身的一些特点。

(1) JCT合同文本适用于采用总价合同承包的计价方式,也适用于“交钥匙”承包合同形式。合同履行过程中如果工程量出入比较大或工程变更较多,可对合同总价进行调整。

(2) JCT合同文本主要适用于房屋建筑工程,而房屋建筑工程相对于一些大型的土木工程项目建设周期短、风险小,所以JCT合同文本中建筑师的权力比ICE合同的工程师小,对建筑师的临时决策权进行了限制,建筑师主要负责工程项目的现场监督。

(3) JCT合同文本采用其标准格式中的“增值税补充协议书”对税收作了详细的规定。

五、亚洲地区使用的合同条件

1. 我国香港特区使用的合同条件

我国香港特区建设工程合同文本是多元化的,但主要的有特区政府合同文本(HK. GOV. FORMS)、建筑师/测量师学会合同文本(HKIA/HKIS FORMS)、国际咨询工程师联合会合同文本(FIDIC);一些大型私营建设机构例如和记黄埔集团、九广铁路集团等还拥有自己的合同文本;香港特区政府还为重大建设项目编写特别的合同条件,例如为香港新机场核心工程编写的合同条件;此外,英、美等国的合同文本,例如RICS、JCT等也在香港特区的工程建设中被使用。香港特区的工程合同以英国工程合同为基础,其中,建筑工程合同参照JCT合同,设有建筑师和测量师,建筑分包合同也设有测量师;其余工程合同参照ICE合同系列,只设工程师。

在我国香港特区,政府投资工程主要有采用《土木工程通用合同条件》《房屋建筑通用合同条件》和《电气与机械工程通用合同条件》;而私人投资工程则多采用香港建筑师学会《标准房屋建筑合同格式(带或不带工程量清单)》,该合同除有明确的通用条款外,还有一些根据法院诉讼经验而订立的默示条款。这些条款暗中给予承包商一种权利,使之在甲方违约的情况下可以索赔。

2. 日本的建设工程合同

日本的建设工程承包合同的内容规定在《日本建设业法》中。该法的第三章“建设工程承包合同”规定,建设工程承包合同包括以下内容:工程内容、承包价款数额及支付、工程及工期变更的经济损失的计算方法、工程交工日期及工程完工后承包价款的支付日期和方法、当事人之间合同纠纷的解决方法等。

日本先进工程协会(ENAA)编制发行的工厂及电厂的建厂工程合同条件除了世界银行已开始采用外,也受到欧洲人士的肯定,认为其文句清楚、结构良好,而且编有大量的附表模板方便使用。由瑞典、丹麦及德国联合承包的跨海大桥合约就是采用这种合同条件。

3. 韩国的建设工程合同

韩国的建设工程合同的内容规定在国家的法律《韩国建设业法》中,该法于1994年1月7日颁布实施。在该法第三章“承包合同”中规定承包合同有以下内容:建设工程承包的限制,承包额的核定,承包资格限制的禁止,概算限制,建设工程承包合同的原则,承包人的质量保障责任,分包的限制,分包人的地位,分包价款的支付,分包人变更的要求,工程的检查和交接等。

【能力训练】

训练任务1:编制合同专用条款

请学生以引导案例为蓝本,分两组分别参照《建设工程施工合同(示范文本GF—2013—0201)》及FIDIC《施工合同条件》,为其编制专用合同的造价条款及进度条款。编制完成后,由老师抽取部分学生代表组成评审组,对内容进行对比分析。

训练任务2:编制索赔报告

请学生通过网络、文献等渠道收集本章引导案例的详细信息,学生可5~7人组成一个团队,每个团队作为施工单位的合同人员,为项目组编制一份索赔报告,学生编制索赔报告时要求报告结构完整,但可从造价、进度、不可抗力等方面选择重点进行详细分析。

从学生内部推选3~5名代表组成工程师团队,按照FIDIC合同条款的精神,对各组的索赔报告予以分析,明确索赔依据是否充分。

第十一章　信息技术辅助招投标与合同管理

【知识目标】

1. 掌握网络招标的特点。
2. 熟悉网络招标系统的主要内容和发展趋势。
3. 掌握招投标整体解决方案的特点和操作方法。
4. 了解投标报价软件的特点和操作方法。
5. 掌握合同管理软件的特点和操作方法。

【技能目标】

1. 具有网络招标采购的能力。
2. 具有网络上编制标书的能力。
3. 具有评标软件运用的能力。
4. 具有合同软件运用的能力。
5. 具有团队协作、及时沟通的能力。

【引导案例】

某省工业设备安装公司成立于1954年，是一家大型的国有建筑安装施工企业，具有机电安装工程总承包、建筑装饰装修工程专业承包、钢结构工程专业承包、建筑智能化工程专业承包、消防设施工程专业承包、机电设备安装专业承包一级资质，市政总承包、房屋建筑总承包一二级资质以及智能化集成设计甲级资质、轻型钢结构设计和装饰装修设计资质。公司属下设一～五分公司、建筑装饰分公司、建筑智能化分公司、房地产开发分公司，在深圳、珠海、东莞、江门、惠州、海南、重庆、大连等地设有分支机构。作为一个大型建筑安装工程施工单位，每天都为处理大量的采购需求而忙碌，特别是针对材料招标就更是烦琐了，虽然在公司的合格供应商库里也有大量的厂商信息，可以满足企业的部分采购需求，但还是要大量地查找，打电话询问、比价，在采购需求多、材料偏的情况下，更缺乏快速完成采购工作的解决方案。

该公司引入的某网络招投标购销平台，包括网上发布采购招标信息及询价信息，合格供应商管理，主材价格趋势分析，全国范围内各种建材厂商信息共享，同一平台上同一标准下的快捷比价等功能。在企业需要采购螺旋钢板的信息在网上发布后，当天即有四家厂商发布了报价，经过网上审核、评标等环节，公司迅速选定了中标单位，并签订了购销合同。

第一节　网络招标

一、网络招标的概念与特点

网络招标，也称网上招标采购，是在互联网上利用电子商务平台提供的安全通道进行招标信息的传递和处理，包括招标信息的公布、标书的下载与发放、投标书的收集、在线的竞标投标、投标结果的通知以及项目合同协议签订的完整过程。

建立这个功能完整的 B-B(企业-企业)、B-G(企业-政府)的网上招标系统不仅可以满足市场的需求，而且将有力地推动电子商务向深度和广度发展，实现招投标的网络化和自动化，最终提高招投标的效率以及实现整个过程的公正合理。

网络招标的特点可用三公开、三公平、三公正、三择优来表述。

1. 三公开

投标企业情况公开，即招标企业可以在网上查询企业的业绩、信用等基本情况，能在最大范围内选择好的投标人；招标公告及资格预审条件公开，即投标人可以在网上查询招标信息及投标条件，以确定是否要投标；中标人及中标信息公开，即任何人可在网上查询中标人及中标信息，使交易主体双方接受社会的监督。

2. 三公平

公平地对待投标人，即不设地方保护及门槛，只要达到资质要求的投标人均可在网上参加投标；公平地解答招标疑问，即招标人可在网上解答投标人疑问，并及时发放至所有投标人；公平地抽取评标专家，即在专家库中设立了回避规则，随机抽取与招标人和投标人没有任何利害关系或利益关系的专家。

3. 三公正

公正地收标，即采用计算机系统划卡，只要时间一到，计算机自动停止收标，杜绝任何人为因素；公正地评标，即通过计算机系统隐藏投标人的名称，统一投标格式，使专家不带偏向，公正客观地评分；公正地建立企业库，即利用计算机能有效地防止企业人员多头挂靠现象，保证企业资料的真实性。

4. 三择优

通过资格预审择优系统选择业主满意的投标人，即按照招标人依法制订的择优条件及评分原则，经招标办备案后，在网上和报名点公布，并在网上查询投标人的业绩、资信、财务、诉讼等其他基本情况，最大范围内选择合适的投标人。

通过专家库系统选择出能胜任评标工作的专家，即由招标人在已有的专家库中，根据评标专家需具备的条件，随机选取能胜任本次采购评标工作的技术、经济专家。

通过评标系统选择业主满意的中标人，即招标人根据事先约定的评标原则和评标办法，由专家对所有投标文件进行在线评价、打分，最终选出业主满意的中标人。

二、网络招标系统

网络招标系统主要由信息发布系统、招标过程管理及数据维护系统、中标评定系统和投标方管理系统组成，其具体过程及系统组成如图 11-1 所示。

1. 信息发布系统

传统的招标信息的发布是通过报纸、杂志这些传统媒体，目的是使尽可能多的供应商(货物、服务、工程)获得招标信息，以便形成广泛的竞争。供应商在获得有关招标信息后，必须到指定的地点按要求取得招标文件，互联网作为一种飞速发展的新型载体，同时具备信息发布和文件传输的双重功能，在招投标系统中，建设单位可以通过招标公告的形式在网上将信息和文件发布出去，从而可以使任何潜在的投标人随时查阅各种招标信息，并立即通过网络下载招标文件。

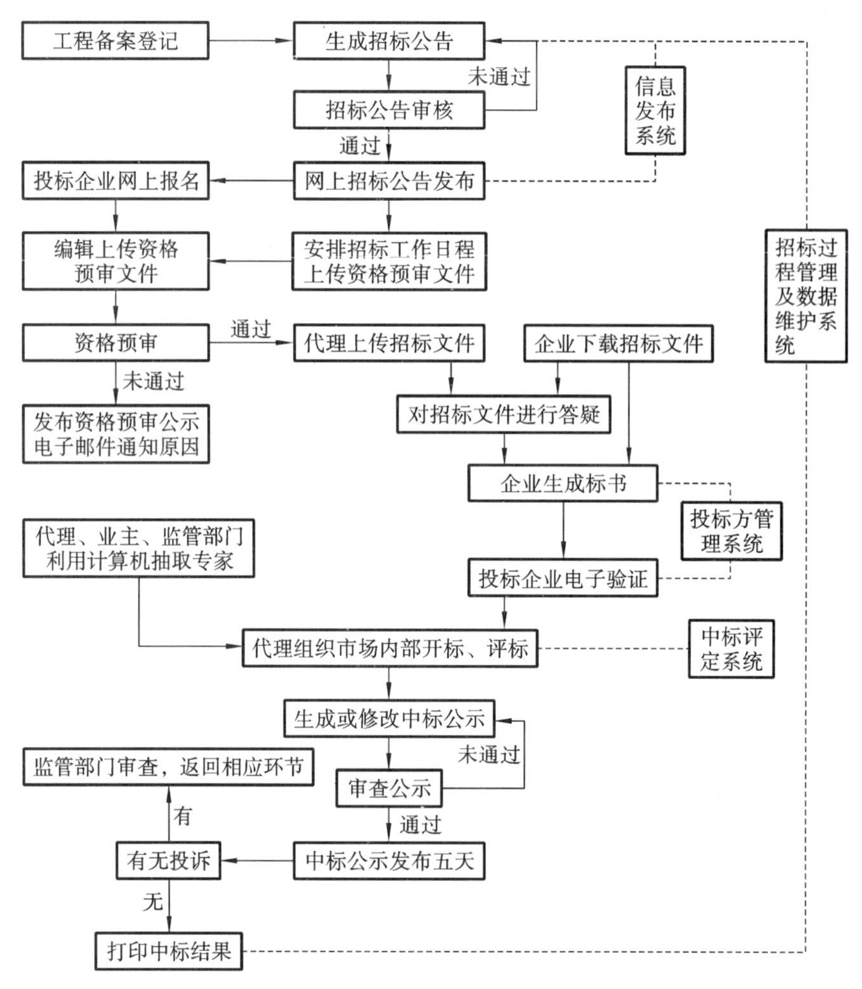

图 11-1 网络招投标流程

目前我国已经成立的招投标网站有中国招标投标网(http//www.cec.gov.cn/)、中国采购与招标网(http//www.chinabidding.com.cn/)等,这些网站能为用户提供招标公告、预中标人公告、中标信息、质量信息、企业名录、政策法规等种类的信息,招投标两方可通过信息发布系统进行招标申请、投标报名、招标答疑、发放中标通知书等,从而为招标人和投标人参加招投标活动提供便利,有力地提高招投标工作效率,减少招投标成本。

2. 中标评定系统

中标评定系统通过中标评定算法对各投标方进行评估。

3. 投标方管理系统

投标方管理系统通过对投标企业信息的收集进行管理。

三、网络招标的角色转换

网络招标中,共涉及招标代理、招标企业、管理部门、投标人和技术经济专家五个方面。其中,招标代理指的是具备各级招标资质的代理机构;招标企业是具备招标资质并进行采购项目的业主企业;管理部门是具有监督、管理招投标工作职能的有关机构;投标人是有独立法人资格的所有投标企业或供货商;技术经济专家指的是达到相关要求的各行业专家。

在进行网络招标后，各方所承担的职责见表 11-1。

表 11-1　网络招标各方职责

网络招标角色	承担的职责
甲方代表	整体采购策略和采购流程的制定；整体采购计划的制订和整体采购进度的推进；采购决策和采购变更决策的制订；网络招投标的主导和推进；商务谈判，确定中标单位
网络采购员	网上发布招标公告；通知供应商查看招标公告并准备预审资料；供应商网络投标操作培训；网上发布招标文件并提醒答疑；汇总网上供应商提出的问题；网上开标、经济评标、汇总技术文件；发布入围结果；网上开标，汇总投标报价相应文件；发布中标结果
投标商代表	提交报价文件在内的投标文件；提供分包商名单；参与合同谈判；配合其他工作
技术经济专家	技术方案评审论证；其他技术性问题咨询、服务

第二节　招投标软件的运用

一、招投标整体解决方案

一个完整的建设工程招投标管理信息系统可以实现招标文件制作、投标文件制作、交易办公、评标过程、专家管理等全过程管理的信息化，系统的各个组成部分模块性、独立性强，可以全部应用，也可以独立运行。图 11-2 为广联达招投标整体解决方案流程图。

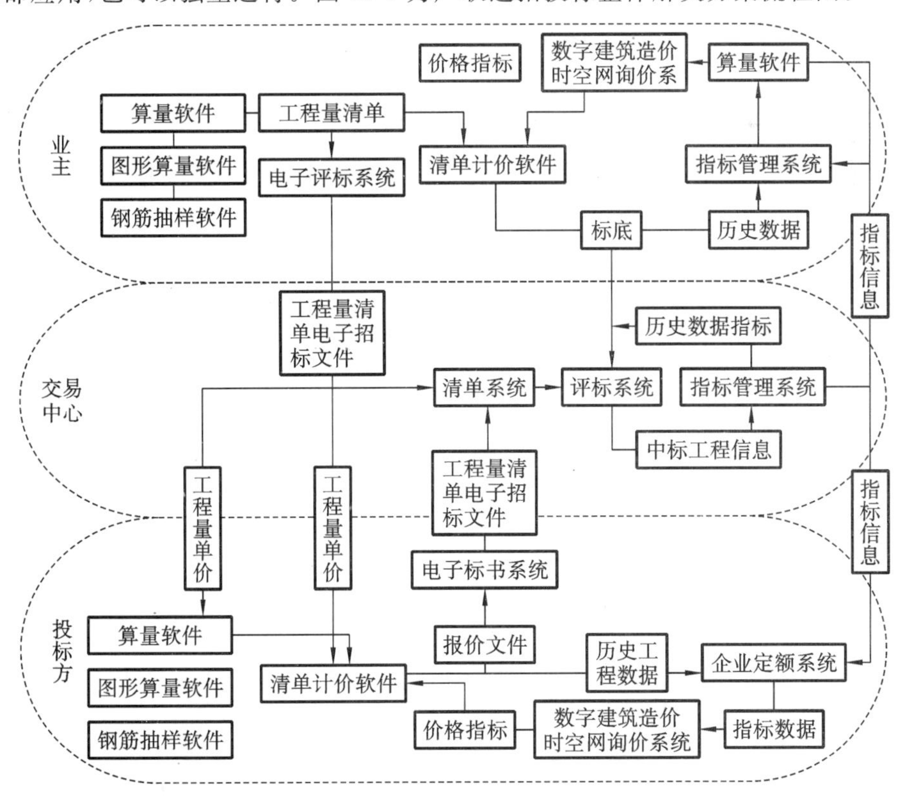

图 11-2　广联达招投标整体解决方案流程

二、标书编制软件

以下以某工程软件中“招标文件自动形成与管理系统”(以下简称“招标系统”)为例,说明招标方编制软件的基本操作过程。

1. 招标文件的建立

(1) 新建招标文件。对于新建一个招标文件,“招标系统”提供了两种操作方式:使用招标文件制作向导操作和按模板新建工程。使用招标文件制作向导新建文件过程见表 11-2。

表 11-2 使用招标文件制作向导新建文件

步 骤	操 作
使用生成向导	用鼠标左键单击工具条上的[新建]按钮或选择文件菜单下的[新建工程]菜单
选择招标方式	根据提示选择招标方式,拟招标工程是采取公开招标还是采取邀请招标方式
选择投标人资格审查方式	根据提示选择拟招标工程对投标申请人的资格审查是采取资格预审方式还是资格后审方式
选择投标报价方式	根据提示选择投标方式,是采取综合单价形式还是工料单价形式
选择担保方式	选择担保方式,拟招标工程对承包人履约担保和发包人支付担保方式,是采取银行保函还是担保机构担保书方式,选择完成后,单击[完成]按钮就新建好了一个招标工程文件
备注	如果中途想放弃新建,可以单击[放弃]按钮离开新建导向,如果想改变上一次的选择类型,只需单击[上一步]按钮,改变选择类型即可

按“招标系统”默认的选择方式完成操作步骤之后建立的招标文件的类型:公开招标—资格预审—综合单价—银行保函方式。系统总共可以建立 16 种不同招标文件的形式。

“招标系统”已将 16 种不同招标文件的形式做成了模板,同时使用者也可以建立自己的模板,通过选择相应的模板,可快速建立拟招标工程的招标文件。选择文件菜单下的[按模板新建]菜单,会出现多种选项,用鼠标左键在左边下面的窗口进行模板选择,上面显示选中的模板,右边窗口显示模板的适用条件说明。单击[确定]按钮,系统则按选中的模板新建工程,单击[关闭]按钮放弃新建工程。

(2) 输入招标工程信息。招标工程信息在[工程信息]页面输入,里面包括招标项目的主要信息,如工程项目信息、招标人信息、招标代理机构信息、投标人要求信息等。本页面输入的信息会在[快速自动替换功能]中使用,在生成招标文件时,输入的信息能自动填写到招标文件的各部分的相应位置。使用者可以根据工程的主要信息生成招标文件,这些修改的信息就能在全部文档中反映出来。输入的方法也很简单,只要在相应位置填入相关内容即可。

(3) 编辑招标文件的文档结构。“招标系统”管理招标文件的各个部分。招标文件的每个独立部分称为一个节点,通过增删节点,可以对招标文件进行调整,以增加标准格式以外的内容。文档结构树也是生成招标文件目录的依据。文档结构树在[招标文件]页面中操作,通过选择编辑菜单下的[增加节点][插入节点][删除节点][增加子节点]和[重命名],可以对招标文件的组织结构进行调整。通过在当前窗口中单击鼠标右键选择上述操作,对当前招标文件的结构进行调整。

(4) 编辑节点文档。“招标系统”提供了编辑招标文档的四种方式,见表11-3。

表11-3 招标文件编辑方法

编辑方式	操作方法
在“招标文件”页面编辑	在[招标文件]页面的文档结构树上,找到需编辑的文档节点,双击该节点的名称或单击鼠标右键选择[编辑文档]菜单(或者选择编辑菜单下的[编辑文档]菜单),对当前节点的文档进行编辑、修改、保存修改,只需单击[保存文档]菜单即可,单击[退出]可以退出此编辑窗口
单击工具条上的“浏览按钮”编辑	单击工具条上的[浏览]按钮,可以对所有文档进行编辑,单击之后会出现编辑窗口,使用者可以在左边的窗口通过用鼠标单击文档节点名称,在所有文档节点之间进行切换,右边窗口就会显示当前节点的文档信息,用户可以在右边窗口中对文档进行编辑。在文档节点切换的过程中,如果对当前文档资料进行了修改,系统会自动提示“招标系统”使用者是否需要保存修改,使用者可以根据需要选择是否保存
零散文档编辑	对于一些填写位置零乱或个别表格的文档,软件会自动给出一个集中填写页面,使用者可在页面下端处按提示填写内容,完成后单击[写入]按钮自动将数据填写到文档相应位置
工程量清单文档编辑	对于招标文件中的工程量清单表,系统设计了一个专用填表程序,在此页面,使用者可以通过点击鼠标右键选择菜单的[插入]、[删除]、[增加]、[增加子项]功能,对表内的相关数据进行调整,单击数据单元可对表格内容进行修改。在输入内容时不必考虑表格的行数问题,在数据填写完后,单击[写入]按钮,程序会自动将数据填入文档中,如果工程量清单表格超过一页,系统会自动生成多个续表,并自动对清单项目编号

(5) 生成招标文件。对所有文档编辑、修改完成之后,需要执行生成招标文件功能,才能形成完整的招标文件。根据所选择的招标文件类型的不同,系统会自动生成相应的招标文件。

在生成招标文件时,系统会自动完成招标文件的内容组织工作,自动生成封面、招标文件目录、自动生成页码、自动设置页眉,并利用[自动快速替换功能]将工程信息页面中的内容,例如工程名称、工程编号、招标人、招标代理等内容自动填写到相应位置,最终形成一份完整的招标文件。

(6) 保存正在编辑的招标工程。如果当前文件的编制未完成或需要以后进行修改,就需要将当前文件保存到需修改招标文件目录。

2. 招标文件的管理

“招标系统”还设置了对已完成的招标文件的简单管理功能,使用者可以将文件备份、归档,可以方便地将已经完成的招标文件传输到其他文件中去,保证了工程招标文件资料的收集和积累。

(1) 备份系统中的招标文件数据。为了实现资料积累,备份文件数据,或将文件传递给其他人使用,需要将已做完的招标文件从系统中转移出来。为达到这些目的,可使用[导出数据]的功能,单击工具条上的[导出]按钮或文件菜单下的[导出文件]菜单,在项目名称处输入准备用于导出的文件名称，在右边选择导出的目录，单击[确定]按钮以后，当前的文件被备份，单击[放弃]按钮则不备份。备份成功后，文件的所有数据被转移到了与项目名称相同的目录中。通过指定导出目录则可将数据转移到指定位置。

(2) 从备份中调入数据到系统中与导出功能相反，导入功能可将备份中的文件装入系统中，从而进行下一步的修改。单击工具条上的[导入]按钮或文件菜单下的[导入文件]菜单，选择备份数据所在目录，系统会提示该目录中所有的备份工程，从中选中要导入的备份文件，单击[打开]按钮，系统将新建一个工程将数据导入，单击[取消]按钮，放弃该操作。备份文件导入后，就可使用打开文件功能来操作了。

(3) 导出工程信息。在一些情况下，"招标系统"使用者可能仅仅希望将一个工程的信息传给另一个工程，或想将工程信息保存下来供以后工程使用，此时可以使用导出工程信息功能，将工程信息保存到一个文件中去，以便其他工程使用。单击维护菜单下的[导出工程信息]，在文件名处输入保存工程信息的文件名，单击[取消]按钮不保存文件，单击[保存]按钮进行保存。

(4) 导入工程信息。使用该功能首先要有其他工程的工程信息文件。单击维护菜单下的[导入工程信息]，在窗口中选择保存工程信息文件的目录，从中选择一个工程信息文件，单击[确定]按钮，工程信息会被导入当前工程的工程信息表中。

(5) 保存为文件模板。在招标过程中，招标人经常会遇到类似工程招标的情况。如果重新编制招标文件，则费时、费力。为此，"招标系统"提供了模板功能，可以将以前编制完成的招标文件保存下来。如果遇到编制类似工程的招标文件，只需将模板稍加修改，填入拟招标工程的相关信息，就能快速生成所需要的招标文件，且不易出现纰漏，极大地方便了招标文件编制人。

三、投标报价软件

1. 一般计价软件的主要特点

(1) 软件可提供清单计价和定额计价功能，清单计价功能细分为工程量清单、工程量清单计价(标底)、工程量清单计价(投标)等子功能。

(2) 多文档操作，可以同时打开多个预算文件，各文件间可以通过鼠标拖动复制子目，实现数据共享、交换，减轻数据输入量。

(3) 可通过网络使用，在服务器上或在任一工作站上安装后，客户端设置加密锁主机，服务器端启动服务程序后，即可实现网络使用。

(4) 灵活的换算功能，系统提供类别换算、批量换算等功能。

(5) 输入子目后，实时汇总分部、预算书、工料分析和费用。

(6) 报表导出到 Excel，用户可利用其强大的功能对数据进行加工。

2. 计价软件的使用

下面以某软件为例，说明计价软件的操作过程。该软件是融计价、招标管理、投标管理于一体的全新计价软件，旨在帮助工程造价人员解决电子招投标环境下的工程计价、招投标业务问题，使计价更高效、招标更便捷、投标更安全。软件包含三大模块：招标管理模块、投标管理模块、清单计价模块。软件使用流程如图 11-3 所示。

(1) 招标方的主要工作。

① 新建招标项目，包括新建招标项目工程，建立项目结构。

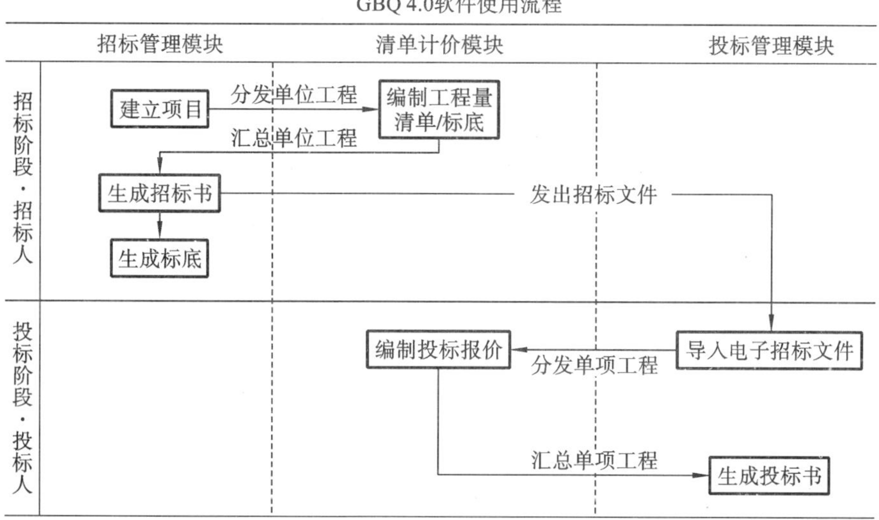

图 11-3　使用流程

② 编制单位工程分部分项工程量清单，包括输入清单项，输入清单工程量、名称，分部整理。

③ 编制措施项目清单。

④ 编制其他项目清单。

⑤ 编制甲供材料、设备表。

⑥ 查看工程量清单报表。

⑦ 生成电子标书，包括招标书自检、生成电子招标书、打印报表、刻录及导出电子标书。

(2) 投标人编制工程量清单。

① 新建投标项目。

② 编制单位工程分部分项工程量清单计价，包括套定额子目、输入子目工程量、子目换算、设置单价构成。

③ 编制措施项目清单计价，包括计算公式组价、定额组价、实物量组价三种方式。

④ 编制其他项目清单计价。

⑤ 人、材、机汇总，包括调整人、材、机价格，设置甲供材料、设备。

⑥ 查看单位工程费用汇总，包括调整计价程序、工程造价调整。

⑦ 查看报表。

⑧ 汇总项目总价，包括查看项目总价、调整项目总价。

⑨ 生成电子标书，包括符合性检查、投标书自检、生成电子投标书、打印报表、刻录及导出电子标书。

3. 软件操作

(1) 进入软件。在桌面上双击软件的快捷图标，软件会启动文件管理界面；在文件管理界面选择工程类型为清单计价，单击[新建项目]/[新建招标项目]，在弹出的新建招标工程界面中，选择地区标准为“北京”，项目名称输入“白云广场”，项目编号输入“BJ-070621-SG”，单击[确定]按钮，软件会进入招标管理主界面。

(2) 建立项目结构。

① 新建单项工程。选中招标项目节点“白云广场”，单击鼠标右键，选择[新建单项工程]，在弹出的新建单项工程界面中输入单项工程名称“01 号楼”。

② 新建单位工程。选中单项工程节点“01 号楼”，单击鼠标右键，选择[新建单位工程]，选择清单库“工程量清单项目设置规则(2002-北京)”，清单专业选择“建筑工程”，定额库选择“北京市建设工程预算定额(2001)”，定额专业为“建筑工程”。工程名称输入为“土建工程”，结构类型选择为“框架结构”，建筑面积为“3600 m^2”。在这里，建筑面积会影响单方造价。单击[确定]则完成土建单位工程文件的新建。

通过以上操作，就新建了一个招标项目。

(3) 编制土建工程分部分项工程量清单。

① 建立清单项。进入单位工程编辑界面，选择“土建工程”，单击[进入编辑窗口]，软件会进入单位工程编辑主界面，通过查询输入、按编码输入、简码输入、补充清单项、直接输入和图元公式输入方法输入工程量清单。

② 清单名称描述。

方法一：按项目特征输入清单名称。

选择平整场地清单，单击[清单工作内容/项目特征]，单击土壤类别的特征值单元格，选择为“一类土、二类土”，填写运距，单击[清单名称显示规则]，在界面中单击[应用规则到全部清单项]，软件会把项目特征信息输入项目名称中。

方法二：直接修改清单名称。

选择[矩形柱]清单，单击[项目名称]单元格，使其处于编辑状态，单击单元格右侧的小三点按钮，在编辑名称界面中输入项目名称，按以上方法，设置所有清单的名称。

③ 分部整理。在左侧功能区单击[分部整理]，在右下角属性窗口的分部整理界面勾选[需要章分部标题]，单击[执行分部整理]，软件会按照计价规范的章节编排增加分部行，并建立分部行和清单行的归属关系。

通过以上操作就编制完成了土建单位工程的分部分项工程量清单，接下来编制措施项目清单。

(4) 编制土建工程、其他项目清单等内容。

① 措施项目清单。选择“1.11 施工排水、降水措施”项，单击鼠标右键，选择[添加]，添加措施项，插入两空行，分别输入序号，名称为“1.12 高层建筑超高费”“1.13 工程水电费”。

② 其他项目清单。选中[预留金]行，在计算基数单元格中输入“100000”。

通过以上方式就编制完成了土建单位工程的工程量清单。

(5) 新建投资项目、土建分部分项工程组价。

① 新建投标项目。在工程文件管理界面，单击[新建项目]/[新建投标项目]；在新建投标工程界面，单击[浏览]，在桌面找到电子招标书文件，单击[打开]，软件会导入电子招标文件中的项目信息。

单击[确定]，软件进入投标管理主界面，就可以看到项目结构也被完整导入进来了。

② 进入单位工程界面。选择土建工程，单击[进入编辑窗口]，在新建清单计价单位工程界面选择清单库、定额库及专业。

单击[确定]后，软件会进入单位工程编辑主界面，能看到已经导入的工程量清单。

(6) 套定额组价。

① 内容指引。选择平整场地清单，单击[内容指引]，选择 1-1 子目，单击[选择]，软件即可输入定额子目和子目工程量。

② 换算。

选中挖基础土方清单下的 1-17 子目，单击[子目编码列]，使其处于编辑状态，在子目编码后面空一格输入"＊1.1"，软件就会把这条子目的单价乘以 1.1 的系数。选中散水、坡道清单下的 1-7 子目，在左侧功能区单击[标准换算]，在右下角属性窗口的标准换算界面选择 C15 普通混凝土，单击[应用换算]，则软件会把子目换算为 C15 普通混凝土。

标准换算可以处理的换算内容包括：定额书中的章节说明、附注信息，混凝土、砂浆标号换算，运距、板厚换算。在实际工作中，大部分换算都可以通过标准换算来完成。

③ 设置单价构成。在左侧功能区单击[设置单价构成]/[单价构成管理]，在管理取费文件界面输入现场经费 5.4%及企业管理费的费率 6.74%，软件会按照设置后的费率重新计算清单的综合单价。

(7) 措施项目组价。措施项目的计价方式包括三种，分别为计算公式计价方式、定额计价方式、实物量计价方式，这三种方式可以互相转换。

选择高层建筑超高费措施项，在组价内容界面，单击[当前的计价方式]下拉框，选择定额计价方式。

通过以上方式就把高层建筑超高费措施项的计价方式由计算公式计价方式修改为定额计价方式。

① 计算公式计价方式。选择临时设施措施项，在组价内容界面单击计算基数后面的小三点按钮，在弹出的费用代码查询界面选择分部分项合计，然后单击[选择]，输入费率为 1.5%，软件会计算出临时设施的费用。

② 定额计价方式。

混凝土模板：选择混凝土模板措施项，单击[组价内容]/[提取模板子目]。在模板类别列选择相应的模板类型，单击[提取]。

在组价内容界面查看提取的模板子目，再次单击[提取模板子目]，在提取模板子目界面修改模板系数，然后单击[提取]。

脚手架：选择脚手架措施项，单击[组价内容]，在页面上单击鼠标右键，单击[插入]，在编码列输入 15-7 子目。软件会读取建筑面积信息，工程量自动输入为 3600 m^2。

③ 实物量计价方式。选中环境保护项，将当前计价方式修改为实物量计价方式，单击[载入模板]，选择环境保护措施项目模板，单击[打开]，根据工程填写实际发生的项目即可。

(8) 其他项目清单投标人部分没有发生费用，直接在投标人部分输入相应的金额即可。

(9) 费用汇总。单击[费用汇总]，查看及核实费用汇总表。

四、评标软件

1. 计算机辅助评标系统整体流程

计算机辅助评标系统由"电子标书系统"和"辅助评标系统"两部分组成(图 11-4)：招标人在向投标人提供招标文件时，同时提供以光盘为存储介质的电子招标文件。投标人在计价软件中编制完投标报价后，将投标报价回填或导入电子标书系统中，形成电子投标文件，刻录投标光盘，并将光盘作为投标文件的一部分，与纸质投标文件一同递交到开标现场。开标时把电子投标文件导入辅助评标系统。商务标评委首先对各投标报价进行初步评审(清标)，并打印出清标结果报表，对清标结果进行分析、确认和判定。然后由辅助评标系统根据评标办法统计各投标报价排名，得出最终评审结果。电子评标过程如图 11-4 所示。

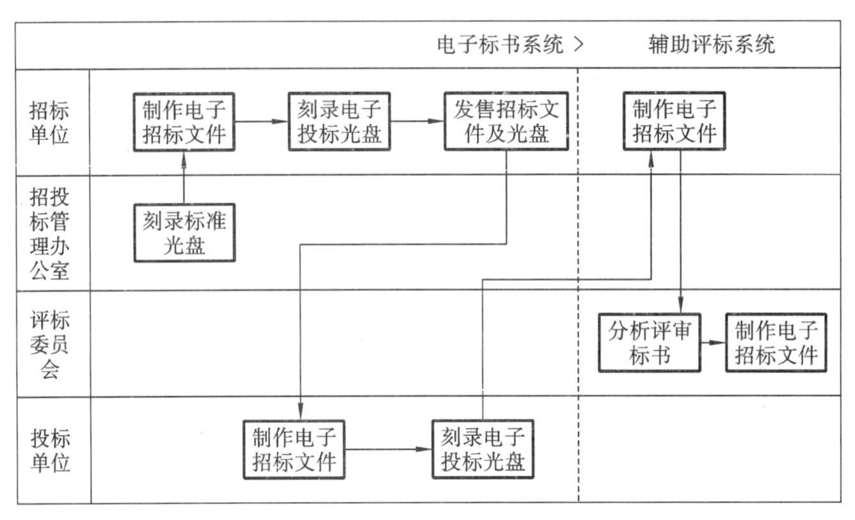

图 11-4 电子评标过程

2. 新建标段

招标代理公司在开标现场输入自己公司的名称和密码，登录辅助评标系统。即单击[快捷方式]，启动“工程询评标系统”，在弹出的登录界面里正确输入公司名称和密码，进入标段管理界面。要评标，首先必须确定要评标的工程项目是什么，将这个过程软件化，就是系统中的“标段管理”，在这里可以增加、查看或者删除要评标的工程项目(即标段)。

在“标段管理”界面的下半部，可以对工程的特征信息进行直接编辑修改，也可以[增加特征]和[删除特征]。点击鼠标左键进入“增加标段”页面，出现导入招标书功能，可以选择导入电子招标书文件。导入招标书后，项目的基本信息都导入辅助评标系统中。单击[确定]，直接进入评标准备界面。

3. 评标准备

要理解软件的流程操作很简单，关键在于理解评标业务，对评标实际业务理解了，对软件流程中的界面和功能就能很清晰地理解了。软件是用来辅助工作的，实际操作的还是业务工作，根据业务工作的内容操作软件即可。

(1) 查看项目信息。“项目信息”页面中显示的内容是新建项目时录入的标段信息。如果在新建标段时没有完整录入，此时可以继续完善，以便积累的数据中有完整的参考信息。

(2) 评标办法。确定评委之后，选择下一步“评标办法”，进入评标过程的第二步——“评标办法”设定。评标办法设定可以设置[评分汇总]、[技术标]、[商务标]、[综合标]。各页面中，因具体评标办法和业务流程不同，设置了不同的选项和参数，从而实现了一定规则下对评标办法的灵活设置。

针对实际评标过程中不同的工程项目，评标办法千差万别，手工维护工作量大，且无法方便地借用以往类似数据的情况，软件实现了评标规则的可维护，同时内置许多评标办法供选择使用，对评标办法可以进行灵活调整、保存和再次调用。

① [选择评标办法]为当前工程选择适用的评标办法，内置的和保存过的评标办法会显示出来以供选择。

② [保存评标办法]将维护过的评标办法保存在系统中，以便持续使用。

③ [导入评标办法文件]：软件中保存的评标办法不能满足需要的时候，可以将做好的其他评标办法文件导入使用。

4. 开标

为实现系统快速清标、评标，首先需要把各投标单位的电子投标文件导入系统中。单击评标流程中的[开标]按钮，进入系统的工程开标仪式界面，该界面中不需要进行任何编辑，直接单击[进入]或者单击标段名称进入导入标书界面。

(1) 添加投标单位、导入参考预算。选择[添加投标单位]按钮，弹出[添加投标单位]界面，根据提示，使用[导入投标书]按钮，导入投标单位的电子投标书。选择投标文件后，需要输入该投标单位的电子标书密码，正确输入后单击[确定]，投标书即可导入。同时相关的投标文件工程信息也会自动导入并显示在[添加投标单位]对话框内，确定信息准确无误后，单击[确定]，投标单位添加成功。重复上述操作，依次导入各投标文件即可。

(2) 标书管理。在招标书、投标单位文件、标底导入成功后的整体界面中可以看到投标单位下侧还有一个界面，分为[技术标]、[商务标]、[综合标]三栏，这一界面就是标书管理界面，单击总体界面最下面的[标书管理]按钮可以显示和隐藏标书管理界面。

标书管理操作时，可以[导入]、[查看]和[清除]各投标单位技术标；对商务标文件可以[查看标书版本]，投标单位电子标书导入后在商务标栏可以显示出标书文件信息。

所有投标单位的电子投标文件导入完成后，软件会提示输入标段密码。开标后如果再打开该标段查看数据，就必须输入密码。

5. 评标专家

抽取专家之后，招标人或招标代理登录系统，录入抽取的专家名单。

(1) 选择[新增专家]，弹出[增加评委]界面，直接录入或选择评委姓名、专业、职称等信息即可。

(2) 在评标委员选定之后，必须为各位评标委员指定所任职务。每个评标工程项目，必须有唯一的一个"评标负责人"，其他评委可分别设置为"技术评委""经济评委"，也可以两项都设置。

6. 初步评审(清标)

评委启动评标软件，选择评审的项目，输入评委的姓名。

现在的评标过程中，经常会发生投标人修改了招标工程量清单内容，标书中存在"单价×数量≠合价"等计算错误，招标人规定了最高价格的清单项、材料，投标人的报价却仍然高于该限价等情况。这些问题在初步评审过程中软件会自动进行计算、比对，将错误和不符的项目自动筛选出来，以供评审参考，在一定程度上保证评标的公平、公正、择优。

初步评审包括偏差审核、分部分项工程量清单检查、有效性检查、初步排序四部分。

(1) 偏差审核。偏差审核页面的上半部是各投标单位偏差审核的汇总结果显示部分，下半部是偏差审核的操作工作区。

系统内置了部分偏差审核项，实际使用时，可根据不同工程需要自行增减偏差项。另外对维护后的偏差项进行保存，以后工程中可以以模板的方式再调用。

在对投标文件的审核中发现存在的问题后，结合软件中提供的偏差项对号入座，在[存在]列中勾选该项，该项就被设置为存在偏差，并记入软件的"投标文件偏差一览表"中。

(2) 分部分项工程量清单检查。分部分项工程量清单检查主要检查投标文件中是否有修改招标文件的分部分项工程量清单的情况。

招标人在招标文件中制作的分部分项工程量清单的清单编码、名称、计量单位工程数量等内容，投标人是不可以随意修改的。评审前一般需要检查投标书是否修改了招标文件中的内容。以前手工进行符合性检查需要耗费大量人力和时间。现在软件自动将各投标文件与招标文件中的各项进行对比，快速、准确地列出符合性检查中的增减项和改动项，不再需要人工逐项校对。通过[选择评审报表]可以查看任一专业工程的工程量清单的符合性检查结果。

(3) 有效性检查。

① 最高限价检查。检查投标人的分部分项清单报价是否超出最高限价。超出最高限价的项会列在表格中，显示超出的金额和比例。

② 费用检查。检查"工程项目总价表""单位工程费汇总表"这两张表中的规费、税金的报出费率和规定费率是否一致。

③ 安全防护、文明施工措施费用检查。检查各家投标单位报出的安全防护、文明施工措施费用是否低于最低金额。软件自动计算比较报出费用与最低金额的差额，如果差额为负，说明投标人的费用报价低于最低金额，不符合要求。

④ 暂定金额检查。检查投标人的报价是否和招标人规定的暂定价一致。检查"主要材料(设备)价格表"中招标人规定了暂定价格的材料，投标人的报价是否与招标人的暂定价一致。

(4) 初步排序。

① 总报价。软件会按照总报价从低到高对各家投标单位进行排序。在界面上还能够显示比较价格。比较价格可以选择最低价、次低价、平均价、标底价、指定价、控制造价。

② 单位工程报价。软件可按某一个单位工程的报价对各家投标单位进行排序。

7. 详细评审

(1) 雷同性分析。招投标过程中，可能会有某个投标单位同时制作多份投标文件，且这些投标文件的报价是在预算软件中通过"按比例"调整各清单项的单、合价的方法而生成。雷同性分析就是针对这类情况而进行的一个比较筛选过程。

雷同性分析的计算分为以下三个过程：

① 计算任意两份投标文件中所有清单项的合价相除后的商；

② 比较相除后的商是否有相等的，并统计相同项数的个数；

③ 如果相同项的个数超过设置规定的数值，则汇总显示清单项。

最后，由评委分析判断这两份投标书是否雷同。

软件可以按相同项数和占总报价比率筛选出任意两家投标单位所有清单项的雷同性。

(2) 分部分项清单分析。分部分项清单分析是为配合评委对清单项的评审而设计的，所有清单项目设定范围的筛选、排序并对所有投标报价进行横向对比，即从清单项的总价到清单项费用组成，到工作内容组成，最后到工料机细项组成内容的逐层分析对比，从而判断清单项是否合理的过程。它主要是辅助评委对清单项报价的合理性进行评审。

① 清单分析。

分部分项清单分析包括如下内容。

a. [选择评审报表]：可以选择所有专业工程的分部分项报表，也可以选择某一个专业工程的分部分项报表。

b.［比较价格］：可以指定各种比较价格，软件会显示与比较价格的差额以及差额率。

c.［筛选］：按差额率和差额两种方式筛选超出既定范围内过高或过低的清单项。

d.［排序］：按照绝对值或相对值两种方式排序显示过高或过低的清单项。

e.［横向对比］：对所有投标单位的报价进行从清单总价到费用组成、工程内容及工料机细项的逐层分析对比过程。

选择某一要查看的清单后，单击［横向对比］按钮即弹出［各单位横向对比］页面，在页面的上半部分可以查看该清单项总价的各投标单位的横向对比、各投标单位的报价与平均价比较后的差额及差额率。

如果通过查看总价，发现某一投标单位的当前清单项明显过高或过低，需要进一步分析，可以选择页面下半部分中的［各投标单位横向对比］、［清单项子目组成］、［人材机材料］页签，逐层地分析报价合理性。

通过页面下侧的［上一条清单］和［下一条清单］可以方便地在各清单项间切换。

通过［设置为不合理］和［取消不合理］，评委可以对某一条清单项设置为“不合理”和“取消不合理”。这里的设置会显示在详细评审的报表中。

② 参数设置。

清单分析时的［比较价格］是在工具栏的［清标参数设置］里设置的。单击［清标参数设置］后，弹出设置框，可以在其中调整［控制造价］的具体数额，输入［单方造价］和［建筑面积］后，系统自动计算出［控制总造价］，供评审时调用；在［指定价］中指定哪一家投标单位的价格为比较价；计算［平均价］等。［比较价格设定］选择不符合的标书和标底（需在开标时导入标底后，此项才可设置）是否参与比较价格的计算。

（3）措施项目清单分析与分部分项清单分析的作用相似，分析各投标单位的［措施项目清单］报价的合理性。

（4）其他项目清单报价分析与分部分项清单分析、措施项目清单分析的作用相似，用来分析各投标单位的［其他项目清单］报价的合理性。

（5）主要人工（材料、机械）数量和单价分析表。［数量分析］将主要人工（材料、机械）数量和单价分析表中的人材机数量与所有投标单位的该条材料的平均数量（最低、次低）进行比较。系统自动按设定条件汇总计算，辅助评委确定其合理性。

（6）［成本价分析］显示的是各家投标单位的总报价信息，按“成本价分析参数设置”筛选出的投标单位显示为亮黄色，表示是低于成本价的投标单位。

（7）［浏览报价表］显示各家投标单位的报价。

（8）质询评委可以单击［询标］按钮，在出现的询标窗口中输入问题，可以打印和保存问题。

8. 评分汇总

（1）商务标打分。

［商务标打分］：根据［评标办法］中的设置，系统自动计算各打分项得分。

［计算机打分］：软件根据初步评审结果自动汇总商务标分值，并针对不同的评分项计算出各投标单位的商务标得分。

［按投标单位查看评分］：单击后可以查看各个单位的技术标、商务标和综合标的得分情况。

（2）技术标打分、综合标打分。由于在评标办法设定时定义的技术标打分方式是手工打分，所以在技术标打分时可以对每家单位的各个评分项输入得分值。如果评标办法设定时选择按照[优良中差]打分，所有打分进行后，单击软件功能菜单中的[汇总得分]按钮，分值就可汇总成功。在[得分汇总]界面上可以看到各家投标单位的总报价、技术标、经济标、综合标分数，以及总得分和排名。详细评审及评分汇总结束后，评标流程就基本完成了。对该评审工程的评审意见可以在界面下侧的[评审意见]界面中生成，各评委的评审意见将进入评标结果中的[评委评审意见记录]报表。

9. 报表

在评标工作结束后，评标委员会要形成评标报告，提交一系列的报表。软件在评标过程中的数据都自动进入报表系统形成表格，并按照流程进行分类，可以方便查找和预览，评标委员会可以直接在[报表]界面进行打印。

第三节　合同管理软件的运用

一、合同管理软件的开发现状及发展

20 世纪 90 年代后，工程项目管理软件发展迅速，不断有功能强大、使用方便的软件推出，在项目管理中发挥了重要作用，而部分合同管理软件也逐渐从项目管理软件中独立出来，在工程管理和招投标管理中起到越来越重要的作用。现在我国比较流行的合同管理软件一般是根据住建部和国家工商行政管理总局批准颁发的《建设工程施工合同(示范文本)》《建设工程施工专业分包合同(示范文本)》以及《建设工程施工劳务分包合同(示范文本)》开发编制的，可以快速、自动地编制、生成合同文件，并对合同文件进行管理。软件能提供包括合同文件制作向导、集中信息填写、文档结构编辑、文档结构浏览、自动快速替换、合同文件自动生成、合同文件目录自动生成、模板功能以及合同文件管理等多种功能。利用这些功能，能极大地减少合同文件编制过程中的重复和遗漏，减轻合同当事人的工作量，缩短编制周期，使合同文件的编制更快捷、更准确，成为合同当事人得心应手的管理工具。

二、合同管理软件操作

以下以某工程软件中“合同文件自动形成与管理系统”(以下简称“合同管理系统”)为例，说明合同管理软件的基本操作过程。

1. 合同的形成

(1) 新建合同文件。对于新建一个合同文件，“合同管理系统”提供了两种操作方式：使用合同文件制作向导新建合同文件和按模板新建合同文件。

① 使用合同文件制作向导新建合同文件。使用合同文件制作向导，只需用鼠标单击相关内容，即可得到拟建立的合同文件形式。具体操作是用鼠标左键单击工具条上的[新建]按钮或选择文件菜单下的[新建合同文件]菜单，如果想放弃新建，可以单击[放弃]按钮离开新建导向。

② 按模板新建合同文件。“合同管理系统”已将三种不同合同文件的形式做成了模板，同时合同当事人也可以建立自己的模板，通过选择相应的模板，可以快速编制合同文件。选择文件菜单下的[按模板新建]菜单，会出现模板窗口，用鼠标左键在页面左边的窗口进行模

板选择,页面左上方显示选中的模板,右边窗口显示模板的适用条件说明。单击[确定]按钮,系统则按选中的模板新建合同文件,单击[关闭]按钮放弃新建合同文件。从本步骤开始的后续操作界面,与招投标文件的操作界面相似,故不再重复展示。

(2) 输入合同信息。拟签订合同的主要信息可在[合同信息]页面输入。本页面输入的信息会在生成合同文件时,通过"合同管理系统"内置的"快速自动替换功能",自动填写到合同文件的相应位置,也就是说,合同当事人可以随时修改、替换合同的主要信息,只要重新生成二次合同文件,这些修改的信息就能在合同文件中反映出来。信息输入时,只要在页面相应的位置填入相关的内容即可。

(3) 编辑合同文件的文档结构。"合同管理系统"以一个树状的合同文件结构树来管理整个合同文件。合同文件的每个独立部分称为一个节点,通过增删节点,可以对合同文件的结构进行调整,增加标准格式以外的内容,或者删除标准格式的内容。同时,合同文件结构树也是生成合同文件目录的依据。编辑合同文件结构树在合同文件页面中操作,通过选择编辑菜单下的[增加节点]、[插入节点补]、[删除节点外]、[增加子节点]和[名],可以对合同文件的组织结构进行调整,调整时在当前窗口中单击鼠标右键,即可选择、完成上述操作。

(4) 编辑合同文档。合同当事人可以在左边的窗口通过用鼠标单击文档节点名称,在所有文档节点之间进行切换,右边窗口就会显示当前节点的文档信息,用户可以在右边窗口中对文档进行编辑。在文档节点切换的过程中,如果对当前文档进行了修改,系统会自动提示是否需要保存修改,合同当事人可以根据需要选择是否保存。需要注意的是,此处保存文档只是对当前节点的文档进行保存,但整个合同没有被保存,如果需要保存,应单击工具条上的[保存]按钮或者文件菜单下的保存合同文件菜单。不要修改文档资料中被符号"{}"包围起来的内容,因为它会被"合同信息"页面的相关信息自动替换掉。

(5) 生成合同文件。对所有合同文档编辑、修改完成之后,需要执行生成合同文件功能,才能形成完整的合同文件。根据所选择的合同文件类型的不同,"合同管理系统"会自动生成相应的合同文件。

在生成合同文件时,"合同管理系统"会自动完成合同文件的内容组织工作,自动生成合同文件封面、合同文件目录、自动生成页码、自动设置页眉,并利用[自动快速替换功能]将"合同信息"页面中的相关内容自动填写到合同文件的相应位置,最终形成一份准确、完整的合同文件。

单击工具条上的[生成合同]按钮或编辑菜单下的[生成合同文件]菜单,可自动生成合同文件的全部文档。如果在生成的过程中发现合同信息填入有误或其他原因,单击[终止]按钮,可以结束当前自动生成过程。

(6) 保存正在编辑的合同文件。如果当前合同文件的编制尚未完成或需要以后进行修改,就需要将当前文件保存到"合同管理系统"中。只需单击工具条上的[保存]按钮或文件菜单下的[保存合同文件]菜单就可以完成此项操作。

2. 合同的管理

"合同管理系统"还设置了对已完成的合同文件的简单管理功能,合同当事人可以将合同文件备份、归档,可以方便地将已经完成的合同文件传输到其他文件中去,保证了工程合同文件资料的收集和积累。

(1) 备份"合同管理系统"中的合同文件。为了实现资料积累、备份合同文件,或将文件传递给其他人使用,需要将已做完的合同文件从系统中转移出来,为达到这些目的,可使用导出功能。单击工具条上的[导出]按钮或文件菜单下的[导出合同文件]菜单,在文件名称处输入准备用于导出的文件名称,在右边选择导出的目录,单击[确定]按钮以后,当前的文件被备份;单击[放弃]按钮则不备份。备份成功后,文件的所有数据被转移到了与文件名称相同的目录中。通过指定备份目录则可将数据转移到指定位置。

(2) 从备份中调入数据到系统中。与导出功能相反,导入功能可将备份中的文件转入系统中,从而进行进一步的修改。单击工具条上的[导入]按钮或文件菜单下的[导入合同文件]菜单,出现选择备份数据的目录,系统会提示该目录中所有的备份文件,从中选中要导入的备份文件,单击[打开]按钮,系统将新建一个文件将数据导入,单击[取消]按钮放弃该操作。备份文件导入后,就可把它当做新建的合同文件操作。

(3) 导出合同信息。在某些情况下,合同当事人可能希望将一个合同的信息传递到另一个合同中去,或希望将合同信息保存下来供以后使用,此时可以使用[导出合同信息]功能将合同信息导出,保存到一个指定的文件中去,以备后用。单击维护菜单下的[导出合同信息],在文件名处输入保存合同信息的文件名,单击[取消]按钮则不保存文件;单击[保存]按钮则进行保存。

(4) 导入合同信息。与[导出合同信息]功能相对应,“合同管理系统”设置了[导入合同信息]功能,使用该功能首先要有其他工程项目的合同信息文件。单击维护菜单下的[导入合同信息],在窗口中选择保存的合同信息文件的目录,从中选择一个合同信息文件,单击[打开]按钮,合同信息会被导入当前的“合同信息”页面中,单击[取消]按钮,则选择的合同信息不会被导入。

(5) 保存为合同文件模板。在实际工作中,合同当事人经常会需要签订类似的工程合同。如果重新编制合同文件,则费时、费力。为此,“合同管理系统”提供了模板功能,可以将以前编制完成的合同文件保存下来,如果遇到编制类似工程的合同文件时,只需将模板稍加修改,填入合同文件的相关信息,就能快速生成所需要的合同文件,且不易出现纰漏,极大地方便了合同当事人。若要将当前合同文件保存为模板,选择维护菜单下的[保存为合同文件模板]菜单,按照窗口提示操作,输入模板名称及模板说明之后,单击[确定]按钮,则当前文件被保存为模板;单击[放弃]按钮,则不保存。

【能力训练】

某工程平整绿化用地 20 m^2,园路 10 m^2,水刷混凝土路面,厚 14 cm,宽 120 cm,3∶7灰土垫层,厚 10 cm,片植红花继木 10 m^2,5 株/平方米,修剪高度 100 cm,养护一年。现场安全生产措施费基本费费率 0.7%,考评费费率 0.4%,暂列金 10 000 元,工程排污费费率 0.1%,社会保险费费率 2.2%,税金费率 3.445%,试求此工程的工程造价。

[提示]:

(1) 分部分项工程量清单,见表 11-4。

表 11-4 分部分项工程量清单

序号	项目编码	项目名称	计量单位	工程量	综合单价	合 价
1	050101006001	平整绿化用地	m^2	20		
2	050201001001	园路	m^2	10		
3	050102007001	栽植色带	m^2	10		

(2) 需考虑的措施项目费用：现场安全文明生产措施费。

(3) 其他项目费——暂列金。

(4) 规费。

① 工程排污费。

② 社会保险费。

(5) 税金。

参考文献

[1] 成虎.建筑工程合同管理与索赔[M].南京:东南大学出版社,2000.

[2] 何伯森.国际工程承包[M].北京:中国建筑工业出版社,2000.

[3] 陈正,涂群岚.建筑工程招投标与合同管理务实[M].北京:电子工业出版社,2007.

[4] 刘钦.工程招投标与合同管理[M].北京:高等教育出版社,2003.

[5] 杨志中.建筑工程招投标与合同管理[M].北京:机械工业出版社,2008.

[6] 刘伊生.建筑工程招投标与合同管理[M].2版.北京:北京交通大学出版社,2014.

[7] 孙加宝,董海涛.工程招投标与合同管理[M].北京:化学工业出版社,2006.

[8] 刘元芳,李兆亮.建设工程招标投标实用指南[M].北京:中国建材工业出版社,2006.

[9] 刘伊生.建筑工程招投标与合同管理[M].北京:北方交通大学出版社,2002.

[10] 史商于,陈茂明.工程招投标与合同管理[M].北京:科学出版社,2004.

[11] 许高峰.国际招投标理论与实务[M].北京:人民交通出版社,1999.

[12] 本启明.土木工程合同管理[M].南京:东南大学出版社,2002.

[13] 周学军.工程项目投标招标策略与案例[M].济南:山东科学技术出版社,2002.

[14] 卢谦.建设工程招投标与合同管理[M].2版.北京:知识产权出版社,2005.

[15] 刘仲查.建设工程招标投标[M].南京:东南大学出版社,2007.

[16] 史商于,陈茂明.工程招投标与合同管理[M].北京:科学出版社,2004.

[17] 《标准文件》编制组.中华人民共和国标准施工招标资格预审文件(2007年版)[M].北京:中国计划出版社,2008.

[18] 《标准文件》编制组.中华人民共和国标准施工招标文件(2007年版)[M].北京:中国计划出版社,2008.